高职高专土建类系列教材
“互联网+”创新系列教材

BIM 技术应用——建模基础

主编　吴霄翔　石芳芳

北京航空航天大学出版社

内 容 简 介

本书内容共分为17个章节，内容包括Revit基本知识、标高与轴网、墙体和幕墙、柱和梁、门和窗、楼板、屋顶和天花板、栏杆扶手和楼梯、洞口和坡道、主体放样和项目构件、地形和场地、概念体量、族、视觉表现、模型精细化、成果整理和输出、设计协同。

本书可作为高职高专院校建筑工程技术、建筑工程管理等建筑类专业的教学用书，也可作为BIM方向的实训教材，供工程一线的施工管理人员参考。

图书在版编目(CIP)数据

BIM技术应用 ：建模基础 / 吴霄翔，石芳芳主编
. -- 北京 ：北京航空航天大学出版社，2021.7
ISBN 978-7-5124-3537-7

Ⅰ. ①B… Ⅱ. ①吴… ②石… Ⅲ. ①建筑设计－计算机辅助设计－应用软件－高等职业教育－教材 Ⅳ. ①TU201.4

中国版本图书馆CIP数据核字(2021)第114976号

BIM技术应用——建模基础
主编 吴霄翔 石芳芳
策划编辑 王红樱 责任编辑 董宜斌 王红樱
*
北京航空航天大学出版社出版发行
北京市海淀区学院路37号(邮编100191) http://www.buaapress.com.cn
发行部电话：(010)82317024 传真：(010)82328026
读者信箱：copyrights@buaacm.com.cn 邮购电话：(010)82316936
涿州市新华印刷有限公司印装 各地书店经销
*
开本：710×1 000 1/16 印张：15.25 字数：325千字
2021年8月第1版 2021年8月第1次印刷
ISBN 978-7-5124-3537-7 定价：59.00元

编 委 会

主　编　吴霄翔　石芳芳

副主编　沈　勇　陈佳琦　刘霏霏　张杭丽

参　编　刘　珊　何　琦　周　昀　洪乾坤　陈石磊

前　言

《BIM技术应用——建模基础》是在建筑施工技术和BIM管理技术飞速发展的情况下，通过校企合作、工学结合的模式编写的一本供建筑工程技术与管理人员使用的系列规划教材。全书着重培养BIM技术的应用能力，注重知识的科学性、实用性，体现了基本理论与实践的结合，对提高学者的学习兴趣，方便教学与实际应用提供了支持。

本书打破了传统施工技术类教材的理论体系，采用"任务驱动教学法"的编写思路，将工程项目根据工作流程分解为一连串的任务，完成全部任务即完成整个项目，根据分项任务编排各章节内容，章节内的每一模块都以具体任务模拟为目标，将相关的知识点融合在具体的操作环节，以实际工程中的应用作为切入点，坚持项目导向、任务驱动，使学习者能够高效地掌握每个模块的BIM技术应用。全书内容紧扣国家、行业的最新规范、标准和法规，并充分结合当前施工领域工程实际设计和施工要求，具有较强的适用性、实用性、时代性和实践性。

本书配套模块练习和素材请从百度云盘（地址：https://pan.baidu.com/s/1gpIpe6pvyg1q99qLo2e-gQ，提取码：GOOD）下载，相关教学视频请扫描教材内二维码观看。

本书由吴霄翔、石芳芳主编。华东勘测设计研究院的石芳芳和浙江潮远建设有限公司的沈勇编写第1、2章；浙江同济科技职业学院的吴霄翔编写第3、4章，刘霏霏编写第5、6章，张杭丽编写第7、8章，刘珊编写第9、10章，何琦编写第11、12章，周昀编写第13、14章，洪乾坤编写第15章，杭州市勘测设计研究院陈佳琦和杭州安控信息技术股份有限公司的陈石磊编写第16、17章。全书由吴霄翔负责统稿。本教材的编写得到杭州品茗安控信息技术股份有限公司和华东勘测设计研究院的大力支持，在此表示感谢。编者参阅了有关文献资料，谨向这些文献的作者致以诚挚的谢意。

由于编者水平有限，加上时间仓促，本书难免存在不足和疏漏之处，敬请各位读者批评指正。

作　者

2021年4月

目 录

第1章

Revit 软件基本知识

本章导读

从本章开始，我们依托 Autodesk Revit 2016 软件，介绍其基本知识。

1.1 节：Revit 软件概述。

介绍软件的 5 种图元要素及其应用特点。

1.2 节：Revit 软件工作界面介绍。

介绍欢迎界面和操作界面。

1.3 节：文件格式和基本操作。

介绍文件格式、鼠标和键盘基本操作、快捷键、视图切换、基本工具的应用。

1.4 节：Revit 软件三维设计制图基本原理。

介绍平面图的生成、立面图的生成、剖面图的生成、索引详图和大样图的生成、三维视图的生成。

1.5 节：Revit 软件基本路径设置。

介绍项目样板文件，族样板文件和族文件路径的设置。

本章建议学习课时：4 课时。

学习目标

能力目标	知识要点
掌握 Revit 软件概述	5 种图元要素及其应用特点
掌握 Revit 软件工作界面	欢迎界面和操作界面
掌握文件格式	常用文件格式和导入导出交互格式
掌握软件基本操作	鼠标和键盘操作，快捷键、视图切换、基本工具的应用
掌握 Revit 软件三维设计制图基本原理	平面图、立面图、剖面图、详图、大样图和三维视图的生成

1.1 Revit 软件概述

1.1.1 软件的 5 种图元要素

“模块 0-1：Revit 软件简介和界面介绍”教学视频

Revit 软件由 5 种图元要素构成，分别为主体图元、构件图元、注释图元、基准面图元和视图图元。对这些图元要素的设置、修改和定制等操作是 Revit 软件灵活应用的根本。读者可扫描右侧二维码观看模块 0-1 教学视频。

1. 主体图元：墙、楼板、屋顶、天花板、楼梯、坡道和场地

主体图元的参数是由软件系统预先设置，用户不能自由添加参数，只能修改原有的参数值。用户在创建、编辑主体图元的过程中，需要根据不同需要设置参数，如墙体图元，可以设置长度、厚度和高度等参数，如楼梯图元，可以设置梯段宽度、踏面宽度和踢面高度等参数，楼梯设置类型参数如图 1-1 所示。

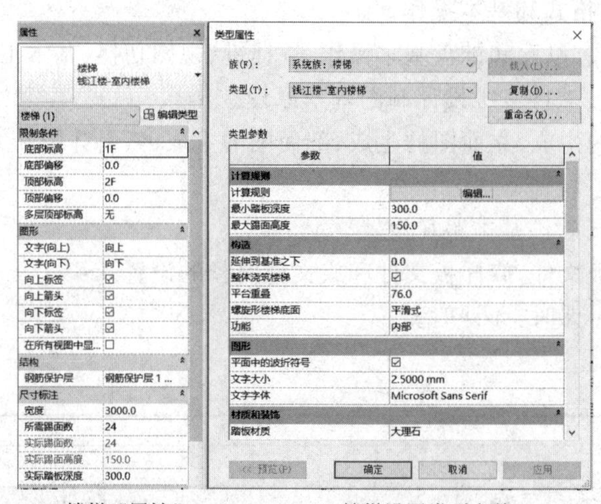

(a) 楼梯“属性”　　(b) 楼梯设置类型参数

图 1-1　楼梯设置类型参数

2. 构件图元：门、窗和三维模型构件

构件图元为主体图元的依附模型，如门安装在墙体上，一旦将墙体删除，安装在

墙体上的门也同时被删除。

构件图元的参数设置比较灵活，用户可以定制构件图元，并设置各种所需的参数类型，以实现参数化设计的需求，门设置类型参数如图 1 - 2 所示。

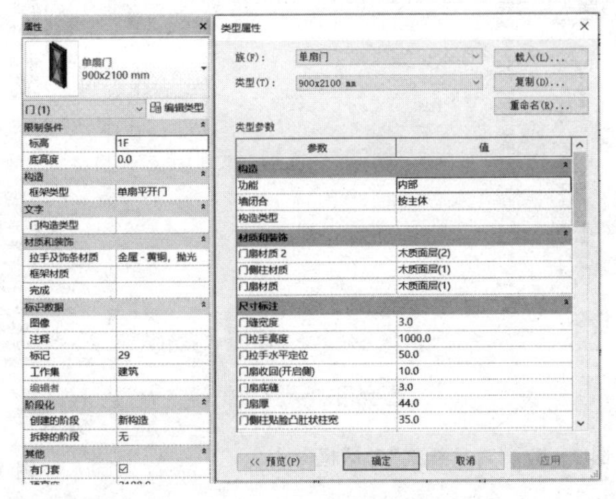

(a) 门“属性”浏览器　　　　(b) 门设置类型参数

图 1 - 2　门设置类型参数

3. 注释图元：尺寸标注、标高标注、文字注释、标记和符号

注释图元的样式可由用户自行定制，Revit 软件中，注释图元与标注的对象之间具有相互关联的特点，如墙体的定位尺寸标注，若修改墙体的位置，其尺寸标注会自动修改。

4. 基准面图元：标高、轴网和参照平面

标高、轴网和参照平面等基准面图元为 Revit 软件提供了三维设计的工作平面。建模过程中，用户也经常使用参照平面来绘制定位辅助线。

5. 视图图元：楼层平面图、立面图、剖面图和三维视图

视图图元的平面图、立面图、剖面图等都是基于模型的视图来表达的，它们之间是相互关联的，可以通过“对象样式”对话框（如图 1 - 3 所示），设置模型对象在各个视图的显示。

每个视图图元之间又保持相对的独立性，用户可以通过调整每个视图的“属性”浏览器来设置其独有的可见性、详细程度、视图比例等，如图 1 - 4 所示。

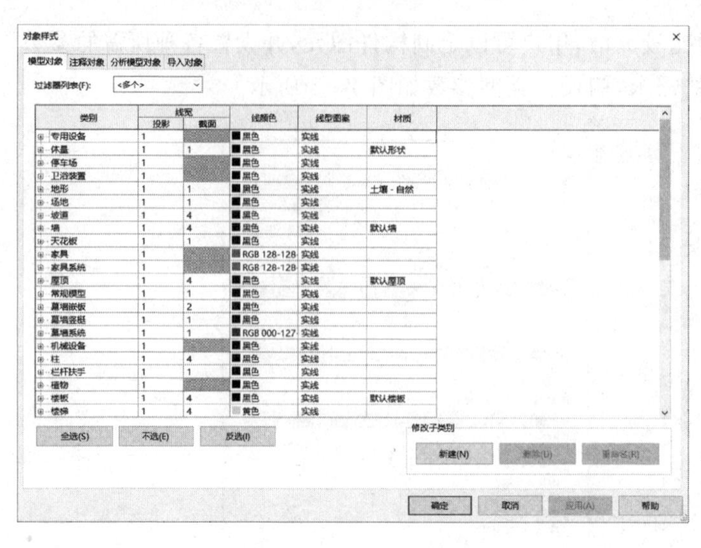

图 1-3 “对象样式”对话框

图 1-4 “属性”浏览器

1.1.2 Revit 软件的应用特点

1. 建筑模型信息化

Revit 软件是一款三维设计软件，它以三维模型为载体，叠加上了各种各样的工程信息，其创建的模型具有实际意义，比如创建墙体，它不仅是一个三维模型，而且具有墙体材料、分隔缝、装饰条、内外墙等差异，因此需要根据项目特点和实际需求设置合理的参数。

2. 图元的关联特性

各种图元之间具有关联性，如注释图元之于模型对象，构件图元之于主体图元，明细表之于模型对象等。

3. 参数化设计

通过类型参数、实例参数的修改，可对构件的尺寸、材质、项目信息等属性进行控制，以参数化设计驱动三维设计的实现。

4. 协同设计的工作模式

Revit 软件是一款协同设计软件，符合当下行业分工合作、团队协作的特点，通过工作集和链接文件管理实现工程项目的设计协同。

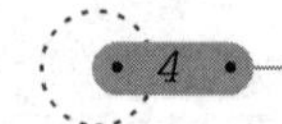

1.2　Revit 软件工作界面介绍

1.2.1　欢迎界面

启动 Revit 软件进入软件的欢迎界面,“欢迎界面”最多会在“项目”下列出5 个样板。“欢迎界面”会在中心位置显示最近使用过的项目,如图 1 - 5 所示。

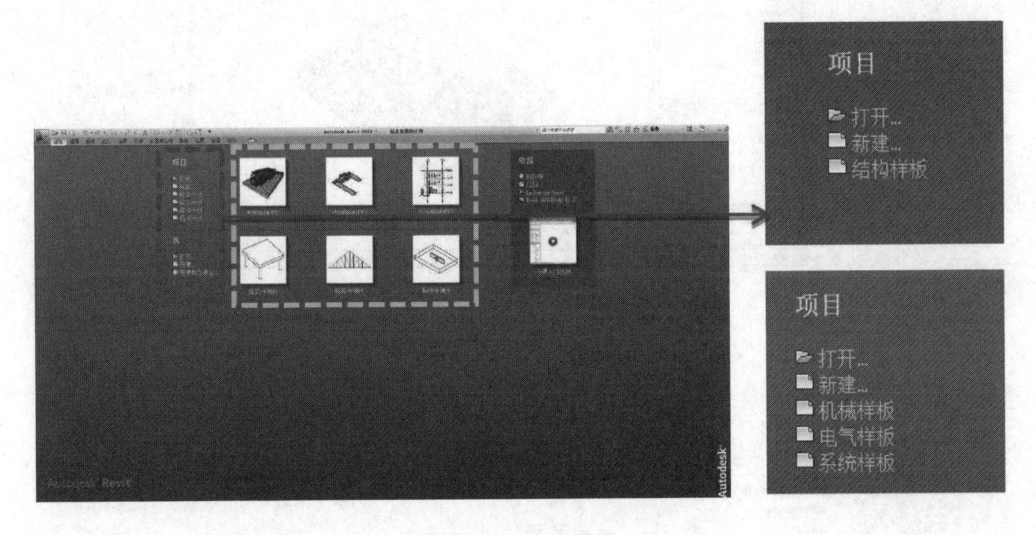

图 1 - 5　欢迎界面

1.2.2　操作界面

打开任一工程项目,将进入软件操作界面,操作界面包含:应用程序菜单、快速访问工具栏、信息中心、选项栏、类型选择器、属性选项板、项目浏览器、状态栏、视图控制栏、绘图区域和功能区 11 个区块,如图 1 - 6 所示。限于篇幅后文只讲了 5 项。

1. 应用程序菜单

应用程序菜单(见图 1 - 7)提供对常用文件操作的访问,例如“新建”“打开”“保存”。应用程序菜单还允许用户使用更高级的工具(如“导出”“发布”)来管理文件。单击操作界面左上角图标打开应用程序菜单,在应用程序菜单中有一个“选项”按钮,可对用户界面、背景颜色、文件位置和宏进行管理。

2. 快速访问工具栏

窗口顶部是快速访问工具栏,如图 1 - 8 所示,单击快速访问工具栏后的下三角按钮,弹出下列工具。用户若要向快速访问工具栏中添加功能区的按钮,可在功能区

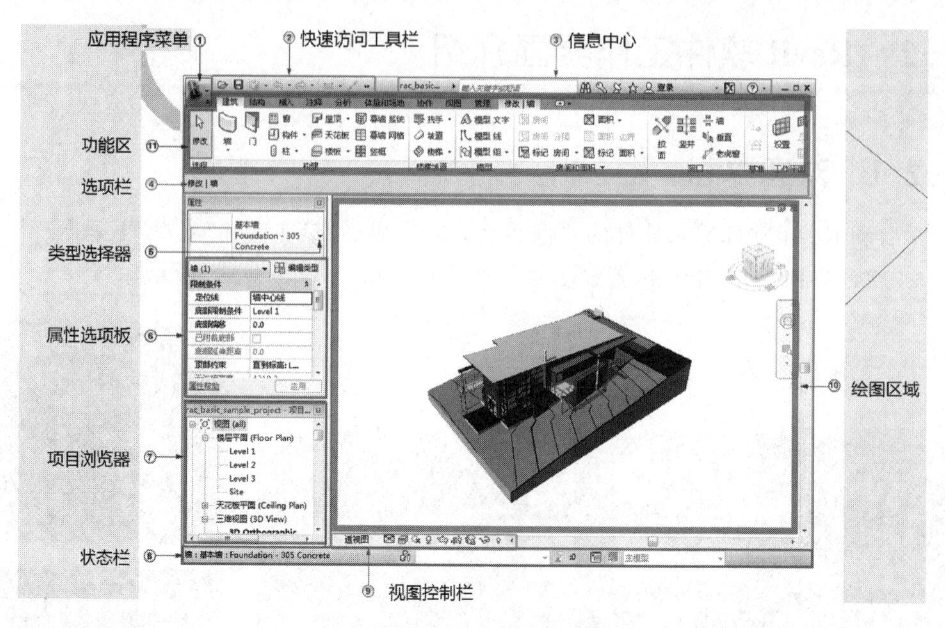

图 1-6　操作界面

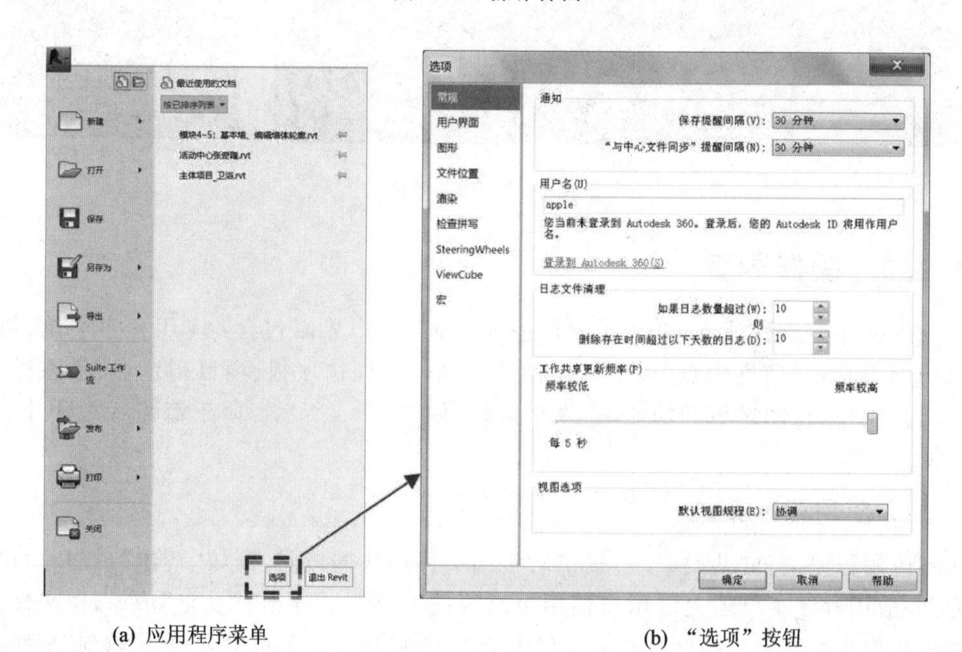

(a) 应用程序菜单　　　　(b) "选项"按钮

图 1-7　应用程序菜单

中右击相关功能按钮,然后单击"添加到快速访问工具栏",该按钮会添加到快速访问工具栏中默认命令的右侧。

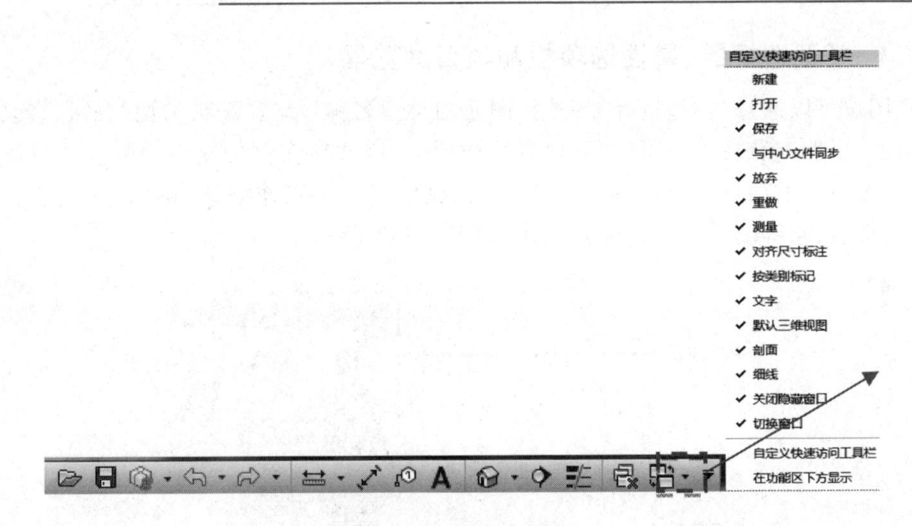

图1-8 快速访问工具栏

3. 功能区

功能区分为功能区选项卡和上下文功能区选项卡。功能区选项卡提供创建模型或族所需的全部工具应用程序菜单，如图1-9所示。

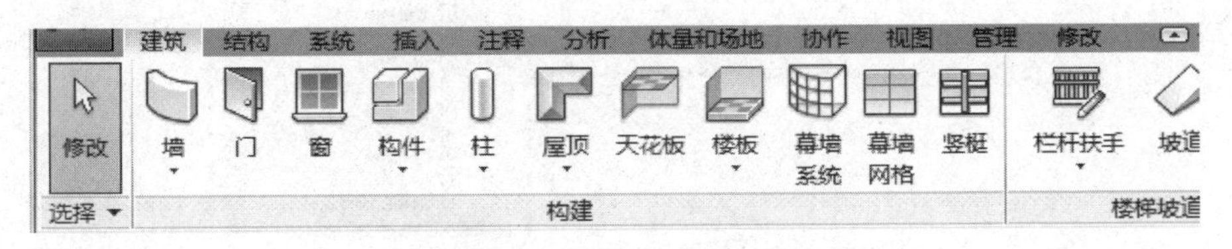

图1-9 功能区选项卡

激活某些工具或者选择图元时，会自动增加并切换到一个“上下文功能区选项卡”，其中包含一组只与该工具或图元的上下文相关的工具。例如，单击“墙”工具时，将显示“修改/放置墙”的上下文选项卡，如图1-10所示。

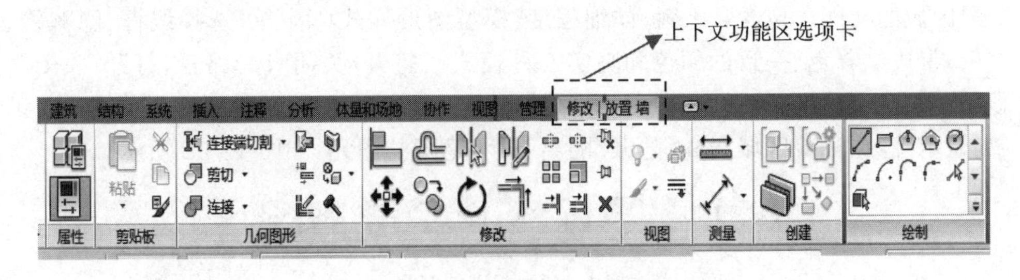

图1-10 “修改/放置墙”上下文选项卡

4. 类型选择器、属性选项板和项目浏览器

用户可以通过“类型选择器”选择图元的类型名称，单击“编辑类型”按钮，修改该类型的“属性”参数；用户可以通过“属性选项板”修改该实例的属性参数；“项目浏览器”涵盖了当前项目所有的图元元素，并且提供了一个工作框架，可以进行视图、图纸、明细表、族等图元之间的相互切换，如图 1－11 所示。

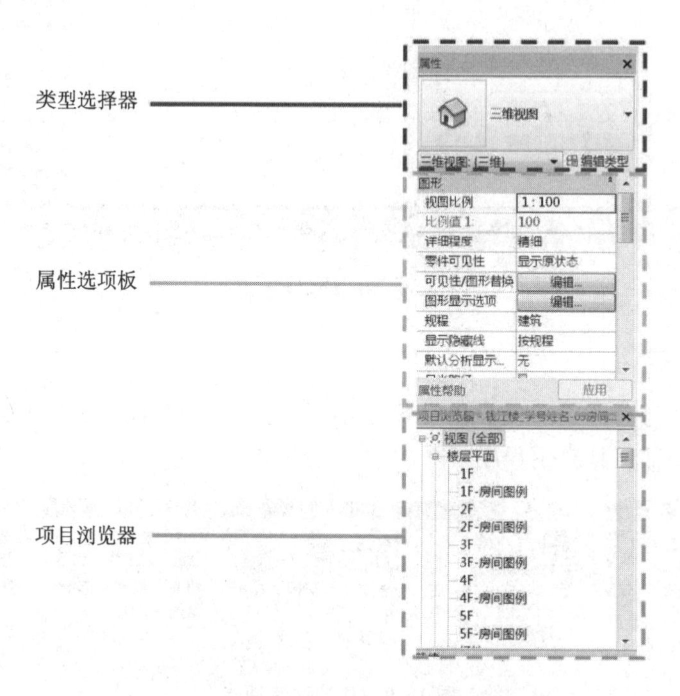

图 1－11　类型选择器、属性选项板和项目浏览器

5. 视图控制栏

视图控制栏位于 Revit 软件窗口底部的状态栏上方，通过它可以快速访问影响绘图区域的功能。包含：比例、详细程度、模型图形样式（单击可选择线框、隐藏线、着色、带边框着色、一致的颜色和真实 6 种模式）、打开/关闭日光路径、打开/关闭阴影、显示/隐藏渲染对话框（仅当绘图区域显示三维视图时才可用）、打开/关闭裁剪区域、显示/隐藏裁剪区域、临时隐藏/隔离、显示隐藏的图元，如图 1－12 所示。

图 1－12　视图控制栏

1.3　文件格式和基本操作

1.3.1　文件格式

1. Revit软件四种基本文件格式

Revit软件四种基本文件类型包含项目文件、项目样板文件、族文件和族样板文件，它们对应的格式后缀，如表1-1所列。读者可扫描右侧二维码观看模块0-2教学视频。

"模块0-2：Revit软件常用文件格式"教学视频

2. 支持的其他文件格式

在项目交互设计中，为实现多软件环境下的协同工作，Revit软件提供了"导入""链接""导出"工具，可以支持CAD、IFC、FBX、NWC、gbXML等多种文件格式，如图1-13所示。

表1-1　基本文件格式

序　号	常用文件名类型	格式后缀	包含内容
1	项目文件	*.rvt	作为设计使用的项目文件
2	项目样板文件	*.rte	包含标准样式等设置，便于用户新建项目文件时使用
3	族文件	*.rfa	可载入族的文件格式，用户可根据项目需要自行创建
4	族样板文件	*.rft	可载入族的样板文件格式

1.3.2　鼠标和键盘基本操作

用户操作Revit软件，需要熟练操作鼠标和键盘，鼠标和键盘基本操作如表1-2所列。读者可扫描下面的二维码观看模块0-3教学视频。

"模块0-3：基本操作和快捷键"教学视频

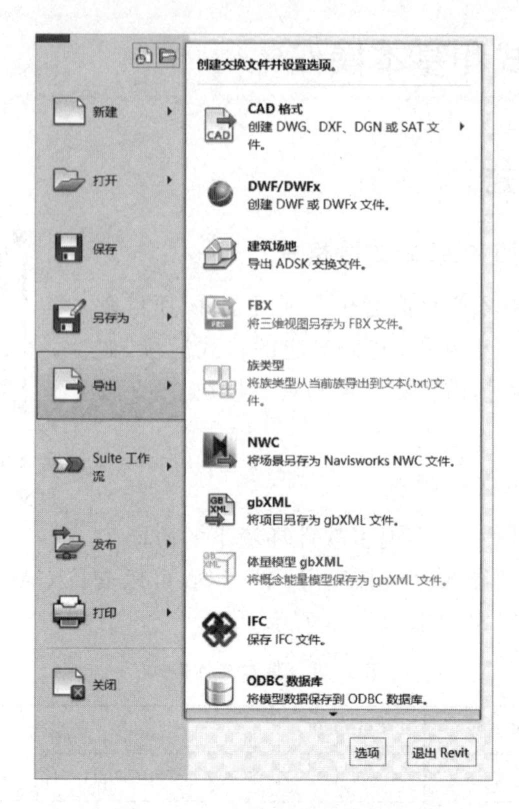

图 1-13　支持多种文件格式

表 1-2　鼠标和键盘基本操作

序　号	基本操作	操作意义
1	鼠标左键	点选和框选
2	鼠标右键	对当前图元进一步操作
3	鼠标滚轴(按住)	移动视角
4	鼠标滚轴(滚动)	放大/缩小视角
5	键盘 Shift+按住鼠标滚轴	旋转视角(三维视图下)
6	键盘 Ctrl+鼠标左键	多选
7	键盘 Shift+鼠标左键	减选
8	键盘 Tab 键	辅助旋转切换
9	键盘 Esc 键	取消当前操作

1.3.3　快捷键

用户灵活使用快捷键可以加快创建模型的速度，由于 Revit 软件操作步骤较多，不需要熟记所有快捷键，只需掌握常用的几个即可，如表 1-3 所列。用户也可根据自身需求，通过单击“应用程序菜单”→“选项”→“用户界面”→“快捷键自定义”定制快捷键。

表 1－3 快捷键

序 号	快捷键	操作意义	序 号	快捷键	操作意义
1	WT	平铺绘图窗口	11	WV	移动
2	ZA	缩放全部图元以匹配视图	12	CO	复制
3	VV	“可见性图形替换”对话框	13	RO	旋转
4	WA	创建墙体	14	AR	阵列
5	DR	创建门	15	MM	镜像拾取轴
6	WN	创建窗	16	AL	对齐
7	CM	放置构件	17	SL	拆分图元
8	GR	创建轴线	18	TR	修剪/延伸
9	LL	创建标高	19	OF	偏移
10	DE	删除	20	MA	匹配对象类型

1.3.4 视图切换

Revit 软件汇总的视图分为三维视图、平面视图、立面视图和剖面视图，用户可以双击“项目浏览器”中的视图名称进行视图间的切换，Revit 软件还提供了 Viewcube 功能，Viewcube 是一个三维导航工具，用户可以单击 Viewcube 上的任意面或者角，调整到该视图方向，如图 1－14 所示。

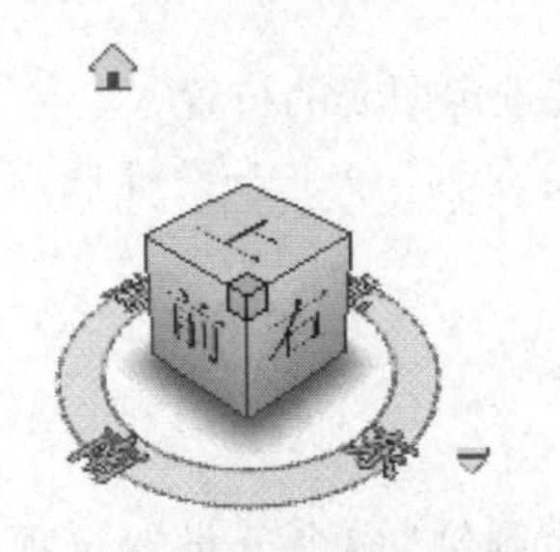

(a) Viewebe三维导航工具(轴侧视角)

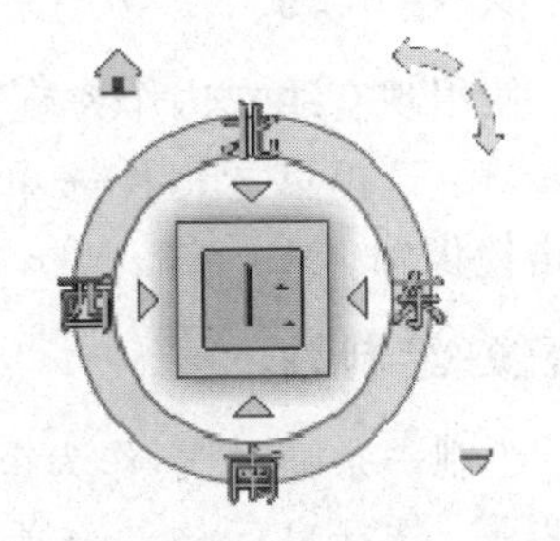

(b) Viewebe三维导航工具(顶部视图)

图 1－14 Viewcube 三维导航工具

1.3.5 基本工具的应用

常规的“修改”基本工具适用于软件的整个绘图过程，如对齐、偏移、移动、复制、旋转、镜像、阵列、旋转等命令，如图 1－15 所示。读者可扫描右方的二维码观看模块 0－4 教学视频。

1. 对　齐

作用：将一个或多个图元与选定的图元对齐。

操作步骤：选择目标构件→单击“对齐”命令→单击对齐目标位置→单击需要对齐的位置。

“模块 0－4：修改工具”教学视频

2. 偏　移

作用：将选定的图元复制或移动到其长度的垂直方向上的指定距离处。

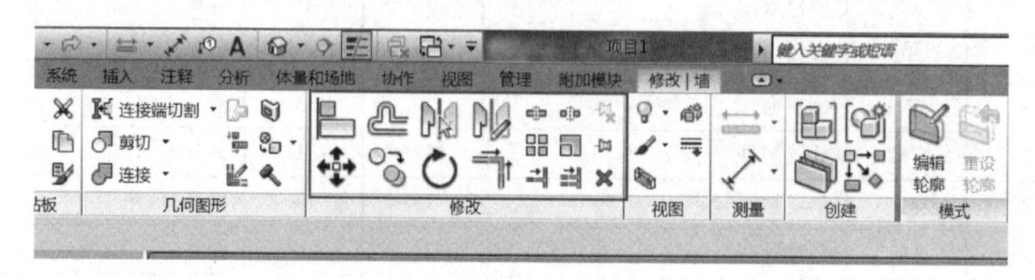

图 1－15　“修改”基本工具

操作步骤：选择目标构件→单击“偏移”命令→设置选项栏(对齐方式：图形或者数值输入偏移数值，勾选“复制”，如图 1－16 所示)→单击构件进行偏移。

图 1－16　“偏移”选项栏

3. 镜像-拾取轴

作用：使用现有线或边作为镜像轴，来反转选定图元的位置。

操作步骤：选择目标构件→单击“镜像-拾取轴”命令→设置选项栏(勾选“复制”)→单击镜像轴。

4. 镜像-绘制轴

作用：绘制一条临时线，作为镜像轴。

操作步骤：选择目标构件→单击“镜像-绘制轴”命令→设置选项栏(勾选“复制”)→绘制镜像轴。

5. 移　动

作用：将选定图元移动到当前视图中的指定位置。

操作步骤：选择目标构件→单击“移动”命令→设置选项栏(勾选 “约束”“分开”)→单击移动起点→单击移动终点(也可输入数值后按 Enter 键)。

6. 复　制

作用：复制选定图元，并将它们放置在当前视图中的指定位置。

操作步骤：选择目标构件→单击“复制”命令→设置选项栏（勾选“约束”“多个”）→单击复制起点→单击复制终点（也可输入数值后按 Enter 键）。

7. 旋　转

作用：选定图元绕指定轴旋转。

操作步骤：选择目标构件→单击“旋转”命令→设置旋转圆心（按键盘空格键）→设置选项栏→单击旋转起点→单击旋转终点（也可输入角度：逆时针为正，顺时针为负，如图 1-17 所示）。

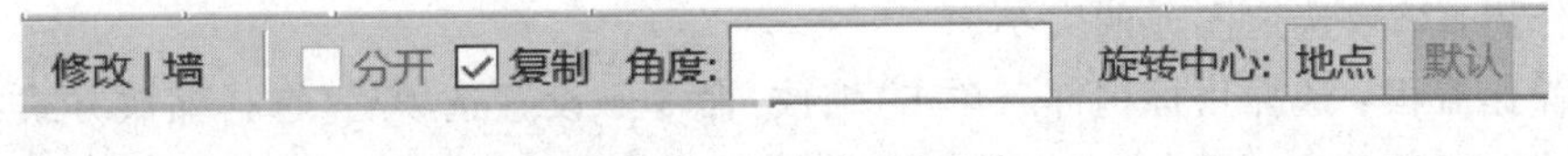

图 1-17　“旋转”选项栏

8. 修剪/延伸为角

作用：修剪或延伸图元以形成一个角。

操作步骤：单击“修剪/延伸为角”命令→单击目标图元 1→单击目标图元 2。

9. 修剪/延伸单个图元

作用：修剪或延伸一个图元到其他图元定义的边界。

操作步骤：单击“修剪/延伸单个图元”命令→单击延伸参考图元→单击需要延伸的构件。

10. 修剪/延伸多个图元

作用：修剪或延伸多个图元到其他图元定义的边界。

操作步骤：单击“修剪/延伸多个图元”命令→单击延伸参考图元→单击需要延伸的构件（多个）。

11. 拆分图元

作用：在选定点剪切图元或删除两点之间的线段。

操作步骤：单击“拆分图元”命令→设置选项栏（勾选“删除内部线段”）→单击拆分图元的位置。

12. 用间隙拆分

作用：将图元按间隙拆分。

操作步骤：单击“用间隙拆分”命令→设置选项栏（输入“连接间隙数值”）→单击拆分图元的位置。

13. 阵　列

作用：创建选定图元的线性阵列或半径阵列。

操作步骤：选择目标构件→单击“阵列”命令→设置选项栏（选择“线性阵列”“径向阵列”，勾选“成组并关联”，设置阵列项目数，勾选“约束”，如图1-18所示）→单击阵列起点→单击阵列终点（亦可输入数值，按键盘Enter键）。

修改 | 墙　激活尺寸标注　☑成组并关联　项目数: 2　移动到: ◉第二个 ○最后一个　☑约束

图1-18　“阵列”选项栏

14. 缩　放

作用：缩放选定图元的大小。

操作流程：选择目标构件→单击“缩放”命令→设置选项栏（选择缩放方式：“图形方式”或“数值方式”，输入比例值）→绘图区域单击鼠标左键。

15. 解　锁

作用：解锁图元，使其可以移动。

操作流程：单击“解锁”命令→单击目标构件。

16. 锁　定

作用：锁定图元，使其不能移动。

操作流程：单击“锁定”命令→单击目标构件。

17. 删　除

作用：删除选定图元。

操作流程：旋转目标构件→单击“删除”命令。

1.4　Revit软件三维设计制图基本原理

在Revit软件中，平面、立面、剖面、明细表都是视图，且视图的显示都是由其各自视图属性控制的，因此可以独立设置每一个视图属性，而不影响其他视图的显示表达。

1.4.1　平面图的生成

影响平面图表达的因素包括：详细程度、可见性图形替换、视图过滤器、图形显示样式和视图范围等。

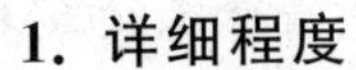

1. 详细程度

由于在建筑设计中，模型表达的要求不同，图纸的视图表达的也不相同，所以需要对视图进行详细程度的设置。

在楼层平面的“属性”浏览器中，单击“详细程度”下拉按钮，可以选择“粗略”“中等”“精细”三种程度，如图 1－19 所示。软件还可以直接在“视图控制栏”中找到“详细程度”按钮，如图 1－20 所示。

软件通过预定义详细程度，可以影响不同视图比例下同一几何图形的显示。例如，创建一堵 L 型建筑墙，从内向外分层为面层、保温层、结构层和面层，以粗略程度显示时，它会显示为轮廓线；以精细程度显示时，它会表达得更精细，显示更多的几何图形，如图 1－21 所示。

2. 可见性图形替换

在建筑设计的图纸表达中，可以通过“可见性/图形替换”的设置来控制不同对象的视图显示和可见性。

图 1－19 “详细程度”下拉按钮

详细程度: 精细

1 : 100

图 1－20 “详细程度”按钮

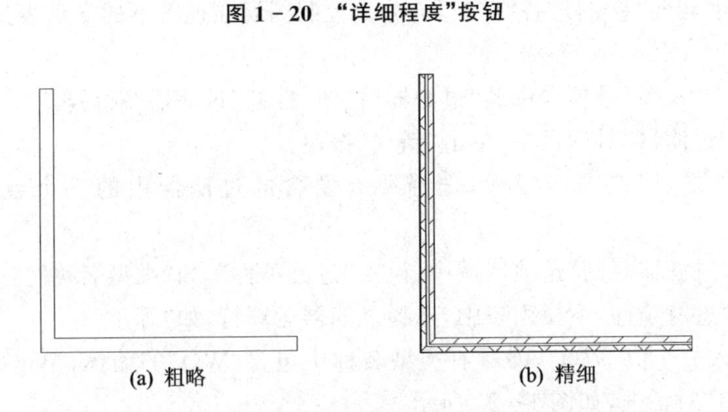

(a) 粗略　　(b) 精细

图 1－21 同一堵墙体在不同详细程度下的显示

单击“视图”选项卡中的“可见性/图形替换”对话框，打开“可见性/图形替换”对话框，这里可以设置各种类别的投影、表面、截面、半色调和详细程度等。如果已经替换了某个类别的图形显示，单元格会显示图形的预览；如果没有进行替换，单元格会显示空白，如图 1 - 22 所示。楼梯的截面填充图案设置为“对角线”，而结构柱和结构框架的截面填充图案设置为“黑色实体”。

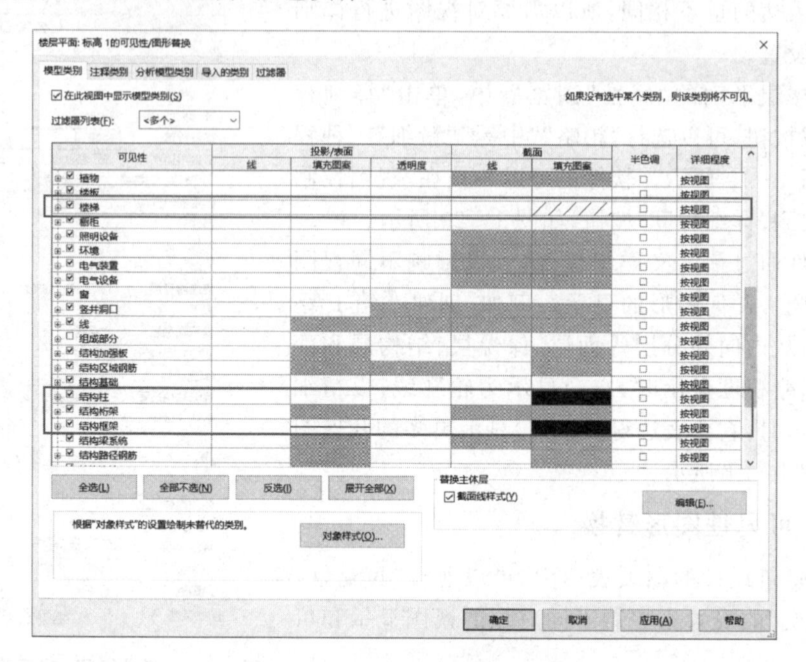

图 1 - 22 “可见性/图形替换”对话框

3. 视图过滤器

“过滤器”是一个非常实用的图元筛选工具，可以将符合特定条件的图元筛选出来，配合使用“可见性/图形替换”工具，分类控制图元在视图下的显示表达，具体操作如下：

(1) 单击“视图”选项卡中的“过滤器”按钮，打开“过滤器”对话框。

(2) 在“过滤器”对话框中，单击“新建”按钮。

(3) 在“类别”选项区域中，选择所有要含的过滤器中的一个或多个类别，如“墙”。

(4) 在“过滤器规则”选项区域中，设置“过滤条件”，如“类型名称”。

(5) 从“过滤条件”下拉列表中，选择过滤器运算符，如“等于”。

(6) 输入一个值“WQ”，即所有类型名称中包含“WQ”的墙体，单击“确定”按钮完成“过滤器”对话框，如图 1 - 23 所示。

打开“可见性/图形替换”对话框中的“过滤器”面板，添加已设置好的过滤器，对符合该过滤器条件的图元的“可见性”“投影/表面”“截面”和“半色调”进行设置，如图 1 - 24 所示。

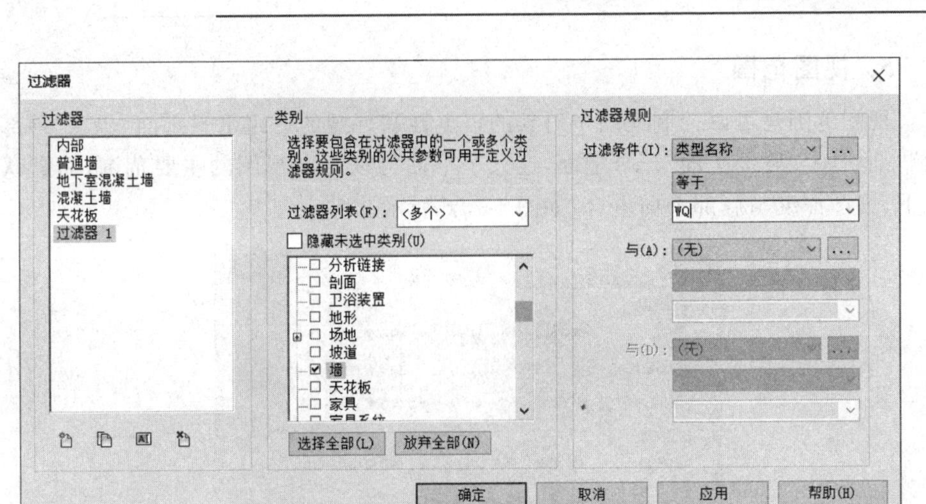

图 1-23　“过滤器”对话框

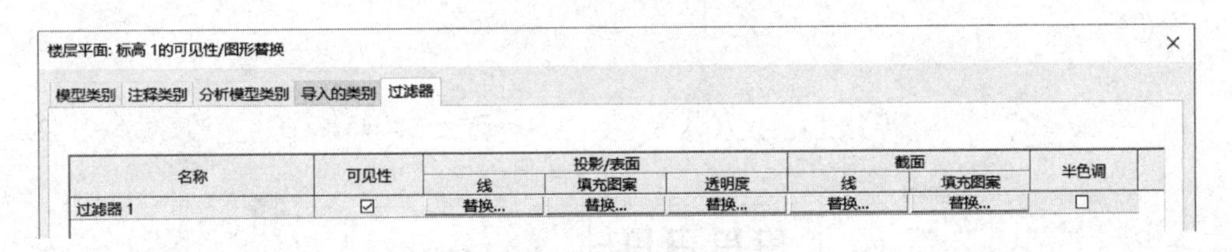

图 1-24　“过滤器”面板

4. 图形显示样式

在“视图控制栏”中，单击“视觉样式”按钮列表中“图形显示选项”按钮，选择对话框中“线框”“隐藏线”“着色”“一致的颜色”和“真实”样式选项，如图 1-25 所示。

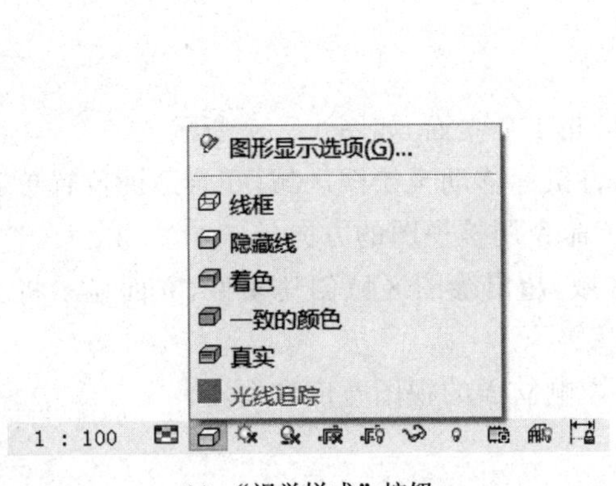

(a) “视觉样式”按钮

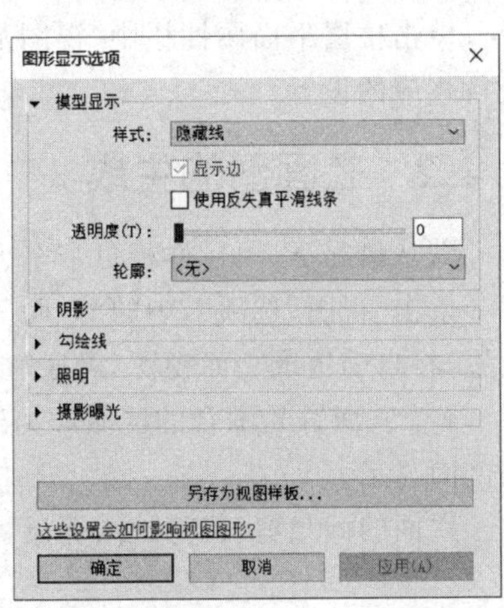

(b) “图形显示选项”对话框

图 1-25　图形显示样式

5. 视图范围

视图范围是可以控制视图中对象的可见性和外观的一组水平平面，包含“顶部平面”“剖切面”“底部平面”三个平面，这三个平面可以定义视图的主要范围，而默认情况下，视图深度与底部平面重合，如图 1-26 所示。

平面视图 - 视图范围平面(如果能在平面视图中看到视图范围平面)

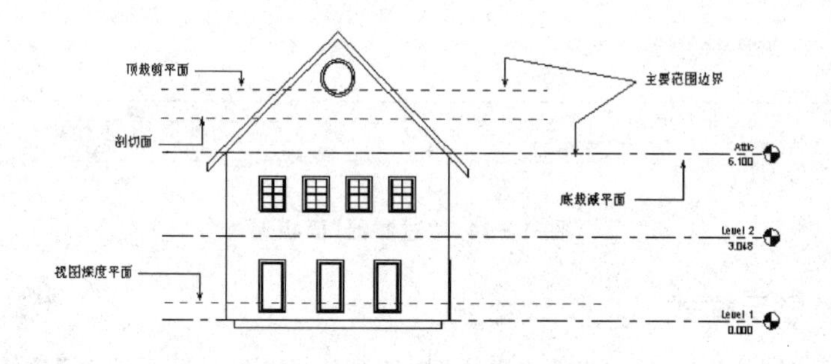

图 1-26　视图范围

单击楼层平面属性栏中“视图范围”项的“编辑”按钮，打开“视图范围”对话框，可进行相应的设置。

1.4.2　立面图的生成

默认情况下，项目样板自带东、南、西、北 4 个立面，如图 1-27 所示。

单击“视图”选项卡中的“立面”按钮，将鼠标移动至绘图区域，在合适的位置单击放置，将自动生成立面视图，可通过“旋转”命令调整视图的方向。

4 个立面符号围合的区域即为绘图区域，超出绘图区域创建模型，立面显示将会是剖面显示。

立面的截裁剪、裁剪视图等设置都会影响立面的视图宽度和深度。

图 1-27 东、南、西、北 4 个立面符号

1.4.3 剖面图的生成

单击“视图”选项卡中的“剖面”按钮，将鼠标移动至绘图区域。将光标放置在剖面的起点处，并拖拽光标穿过模型图元，当光标达到剖面终点时，单击完成剖面的创建。单击“查看方向控制柄”，可翻转视图查看方向。用鼠标选中“剖面符合”，并单击“修改/视图”选项卡中的“拆分线段”按钮，在剖面线上要拆分的位置单击并拖动鼠标到新位置，再次单击放置剖面线线段，可创建阶梯剖面视图，如图 1-28 所示。右键可转到该剖面视图。

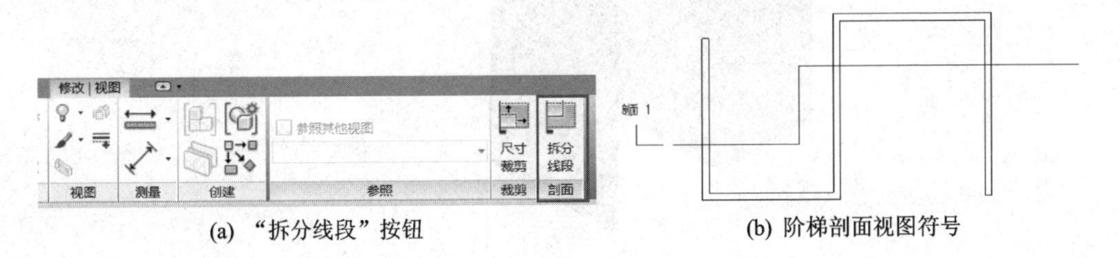

(a) “拆分线段”按钮　　(b) 阶梯剖面视图符号

图 1-28 拆分线段

1.4.4 索引详图、大样图的生成

可以从平面图、剖面图或立面图创建详图索引，然后使用模型几何图形作为基础，添加详图构件。创建索引详图或者剖面详图时，可以参照项目中的其他详图视图或者包含导入 DWG 文件的绘图视图。

1.4.5 三维视图的生成

1. 透视图

单击“视图”选项卡中的“相机”按钮,创建三维透视视图,如图 1-29 所示。

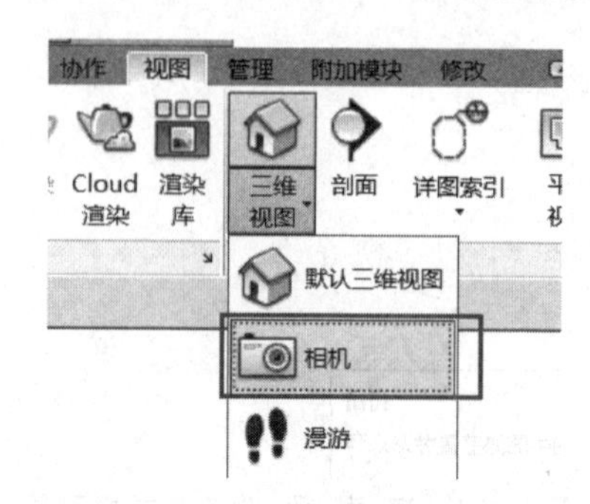

图 1-29 “相机”按钮

2. 轴测图

进入三维视图后,可单击“绘图区域”右上角的 Viewcube 立方体顶角,创建轴测图,如图 1-30 所示。

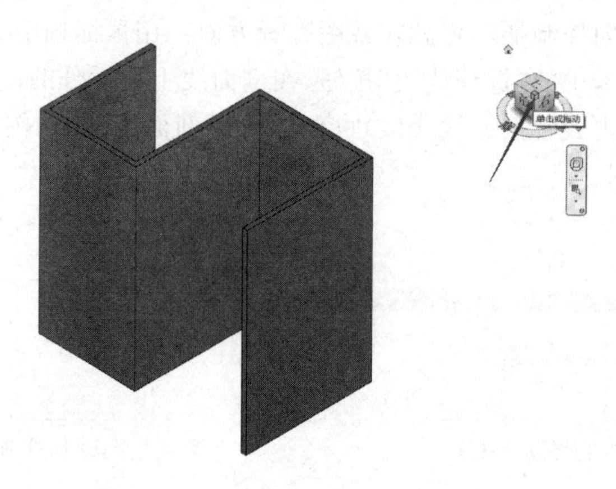

图 1-30 Viewcube 操作创建轴测图

3. 三维剖切图

进入三维视图后,在视图的“属性”浏览器中勾选“剖面图”复选框,可创建三维剖切图,如图 1-31 所示。

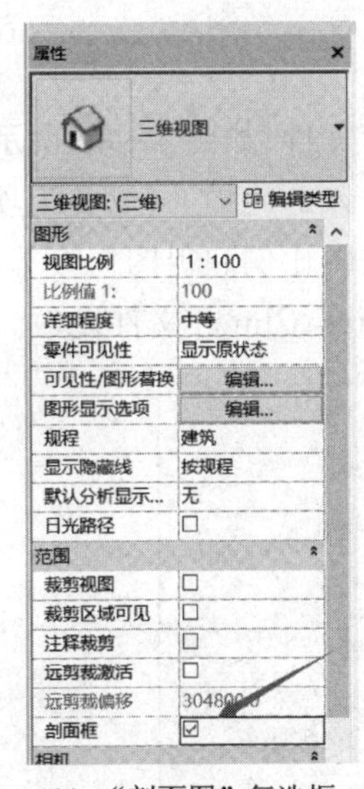

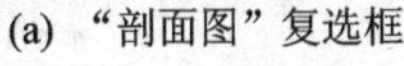
(a) “剖面图” 复选框

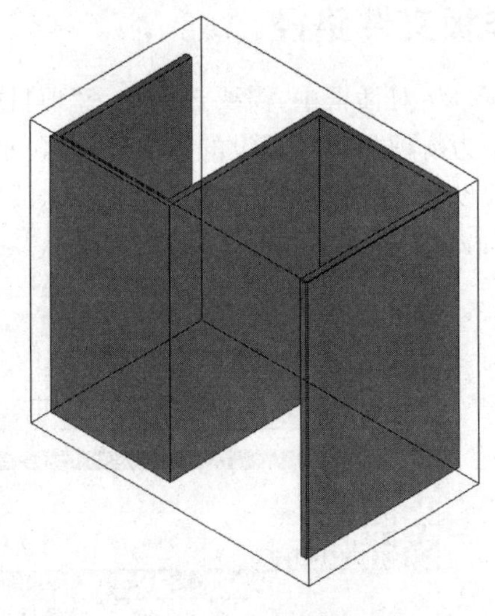

(b) 三维剖切图

图 1 - 31　三维剖切图

1.5　Revit 软件基本路径设置

在 Revit 软件中，有一个后台环境，其中涉及软件应用所需的样板、族等文件，用户需要对这些文件的默认路径进行设置。用户可以单击“应用程序菜单”下面的“选项”对话框中的“文件位置”选项卡，如图 1 - 32 所示。

图 1 - 32　“文件位置”选项卡

1.5.1 样板文件路径

在“新建项目”对话框中，需要选择一个“项目样板”文件，如图 1－33 所示。项目样板主要用于为新项目提供预设的工作环境，包括已载入的族构件，以及为项目和专业定义的各项设置，如单位、填充样式、线样式、线宽、视图比例和视图样板等，默认设置在“C:\ProgramData\Autodesk\RVT 2016\Templates\China”文件夹内。

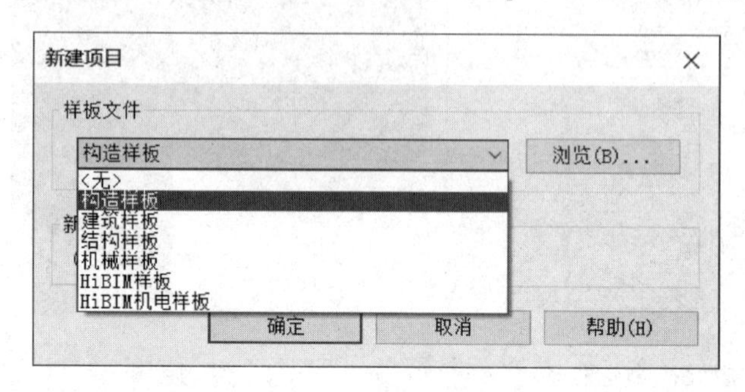

图 1－33 “新建项目”对话框

1.5.2 族样板文件路径

在新建“族”时，需要选择一个“族样板”文件，类似于新建项目要基于相应的项目样板文件，默认设置在“C:\ProgramData\Autodesk\RVT 2016\FamilyTemplates\Chinese”文件夹内。

1.5.3 族文件路径

“族”是 Revit 软件中最基本的图形单元，通常在完成工程项目时，需要载入各种各样的“族”文件，默认设置在“C:\ProgramData\Autodesk\RVT 2016\Libraries\China”文件夹内。

习 题

一、选择题

1. 下列属于主体图元的是(　　)。

A. 门和窗　　B. 墙体　　C. 尺寸标注　　D. 参照平面

2. Revit 软件中工程项目文件的后缀格式是(　　)。

A. rvt　　B. rte　　C. rfa　　D. rft

3. Revit 软件中族文件的后缀格式是(　　)。

A. rvt　　B. rte　　C. rfa　　D. rft

4. 在 Revit 软件中，按住鼠标滚轴实现的操作功能是(　　)。

A. 放大/缩小视角　　B. 移动视角

C. 放大/缩小图元　　D. 移动图元

5. 在Revit软件中,按住键盘Ctrl和鼠标左键实现的操作功能是(　　)。

A. 多选　　B. 减选　　C. 移动　　D. 复制

6. 在Revit软件中,“平铺绘图窗口”的快捷键是(　　)。

A. VV　　B. ZA　　C. WT　　D. DT

7. 在Revit软件中,“缩放全部以匹配绘图窗口”的快捷键是(　　)。

A. VV　　B. ZA　　C. WT　　D. DT

二、操作题

1. 创建项目文件,命名为“练习1.rvt”。

2. 创建项目样板文件,命名为“练习2.rte”。

3. 创建族文件,命名为“练习3.rfa”。

4. 使用“参照平面”图元和“阵列”命令,创建如图1-34所示的图案。

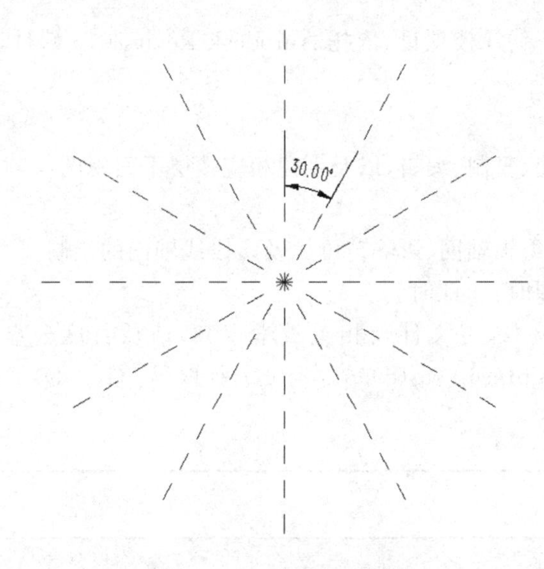

图1-34　参照平面图案

第 2 章

标高与轴网

本章导读

本章我们将基于钱江楼项目，依托 Autodesk Revit 2016 软件，进行标高和轴网的教学。

2.1 节：标高。

介绍标高的创建、复制、编辑，以及创建相应楼层平面视图。

2.2 节：轴网。

介绍创建轴网、编辑轴网、影响范围以及多段线轴网的绘制。

本章建议学习课时：4 课时。

本章配套的素材、练习文件及相关教学视频，请从百度云盘（地址：https://pan.baidu.com/s/1gpIpe6pvyg1q99qLo2e-gQ，提取码：GOOD）下载。

学习目标

能力目标	知识要点
掌握三维轴网的分类	标高、轴网
掌握标高的构成要素	定位轴线、端线符、标识名称、线型、颜色
掌握轴网的构成要素	定位轴线、轴线编号、尺寸标注、线型、颜色
熟悉标高的软件操作	标高的绘制方式、族类型属性修改等
熟悉轴网的软件操作	轴网的绘制方式、族类型属性修改等

2.1　标　高

运用 Autocad 软件进行二维制图时，由于是在二维平面空间中作业，因此只需要创建平面轴网，而运用 Autodesk Revit 软件（以下简称 Revit 软件）进行三维模型创建时，由于是在三维空间中作业，因此需要建立三维轴网。三维轴网是由标高和轴网组成的。其中，标高用来定义楼层层高及生产平面视图，是建筑项目设计的第一步。

“模块1：标高”教学视频

下面以钱江楼项目为例，说明创建项目标高的一般步骤。双击打开“模块1：标高.rvt”文件，并完成相应的模块练习。读者可扫描右侧二维码观看模块1教学视频。

2.1.1　创建标高

在项目浏览器中展开“立面”项，双击“南”立面，进入南立面视图。

在工具栏中，单击“建筑”选项卡子菜单“基准”面板中的“标高”按钮，可进入放置标高模式，Revit 软件将自动切换至“修改/放置标高”上下文选项卡，选择“绘制”面板中的标高生成方式为“直线”，如图2-1所示。

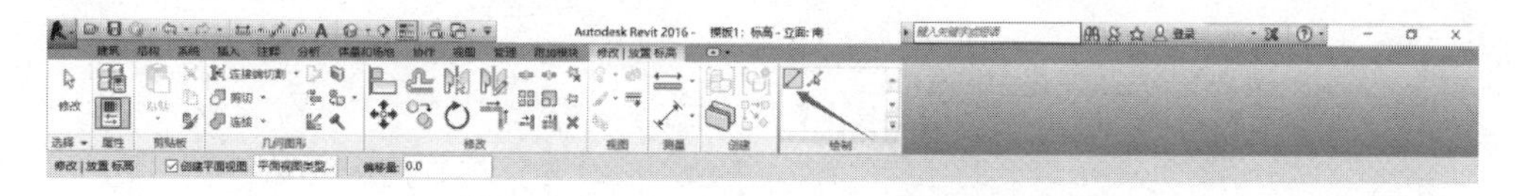

图2-1　“修改/放置标高”上下文选项卡

在“属性”浏览器中，选择族类型为“下标头”，移动鼠标至“标高1”下方位置，单击确定标高起点，沿水平方向向左移动鼠标至左侧端点，与“标高1”对齐，单击完成标高绘制，Revit 软件将自动将该标高命名为“标高2”。

单击选择“标高2”，在“标高1”“标高2”之间会显示临时尺寸标注，修改临时尺寸标注值为“600 mm”，如图2-2所示。

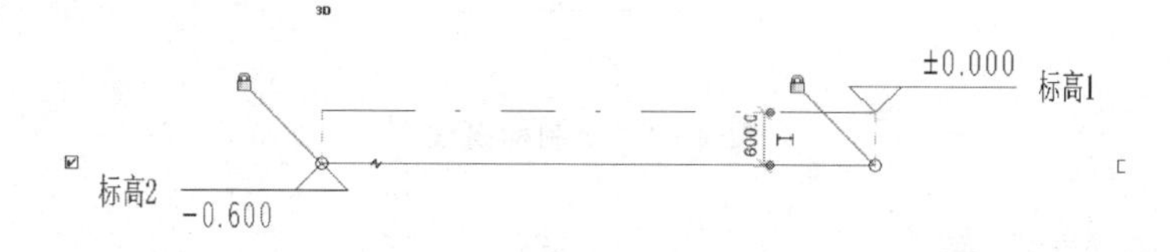

图2-2　临时尺寸标注

2.1.2 复制标高

选中“标高 1”,单击“修改/标高”上下文选项卡下面“修改”面板中的“复制”按钮,勾选“选项栏”中的“约束”“多个”复选框,如图 2-3 所示。

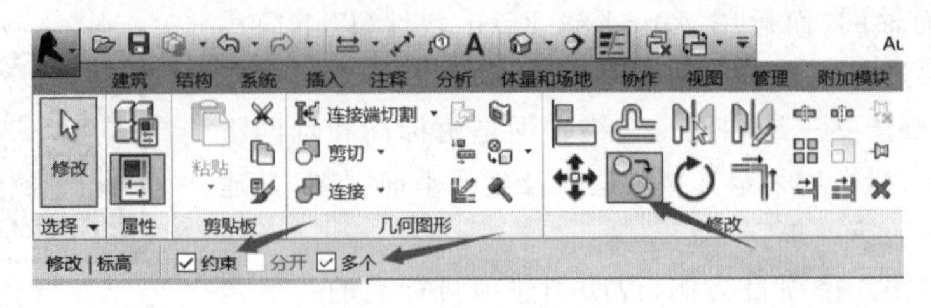

图 2-3 “复制”按钮

移动鼠标,在“标高 1”上单击捕捉一点作为复制参考点,垂直向上移动鼠标,输入间距“3 600 mm”,按键盘 Enter 键;重复刚才的操作,继续垂直向上移动鼠标,输入间距“3 600 mm”,按键盘 Enter 键,直至完成“标高 6”的复制,如图 2-4 所示。

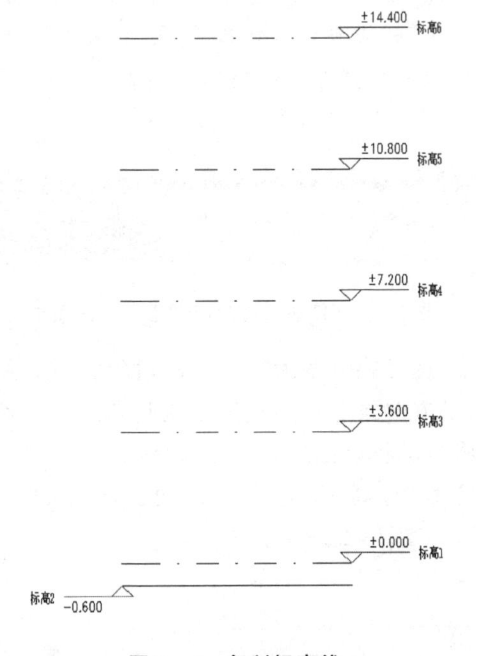

图 2-4 复制标高线

2.1.3 编辑标高

标高由定位轴线、端线符和标高标识名称构成,在 Revit 软件中,既可以通过“类型属性”统一设置标高图形中的参数,也可以通过修改“实例属性”的方式修改标高属性。

1. 通过"实例属性"方式修改

直接双击标高名称,分别修改为"室外地坪""1F""2F""3F""4F"和"5F"。

2. 通过"类型属性"方式修改

单击"室外地坪"标高,切换"属性"浏览器中的族类型名为"室外地坪",然后单击"编辑类型"命令,打开"类型属性"对话框,勾选"端点 1 处的默认符号",取消勾选"端点 2 处的默认符号",如图 2-5 所示。

选中"2F""3F""4F"和"5F"标高,切换"属性"浏览器中的族类型名为"上标头 4",完成标高的编辑,如图 2-6 所示。

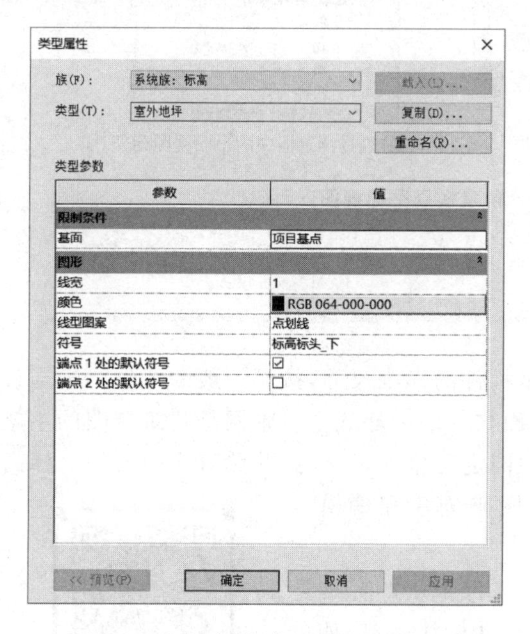

图 2-5　标高的"类型属性"对话框

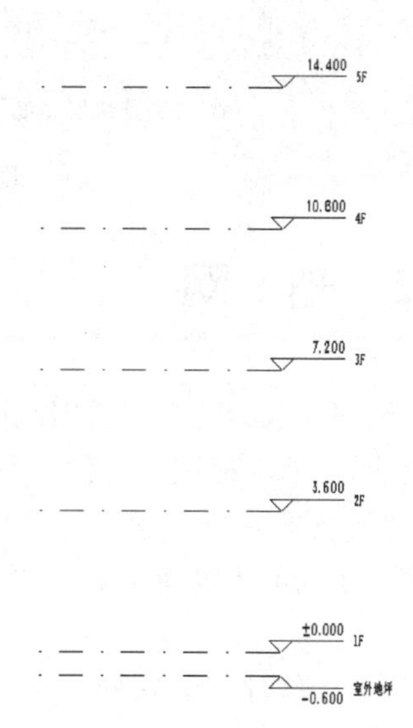

图 2-6　项目标高

2.1.4　创建楼层平面视图

采用"创建标高"的方式,软件将会自动创建与其标高名称一致的楼层平面视图,而采用"复制标高"方式,将不会自动创建相应的平面视图,需要手动创建该平面视图。

单击"视图"选项卡子菜单的"平面视图"按钮列表中的"楼层平面"按钮,在"新建楼层平面"对话框中,全选标高,单击"确定"按钮,新建楼层平面视图,如图 2-7 所示。

保存文件,完成该模块练习。

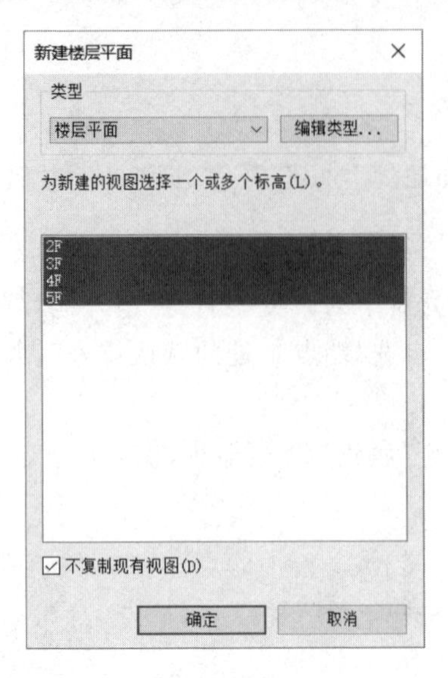

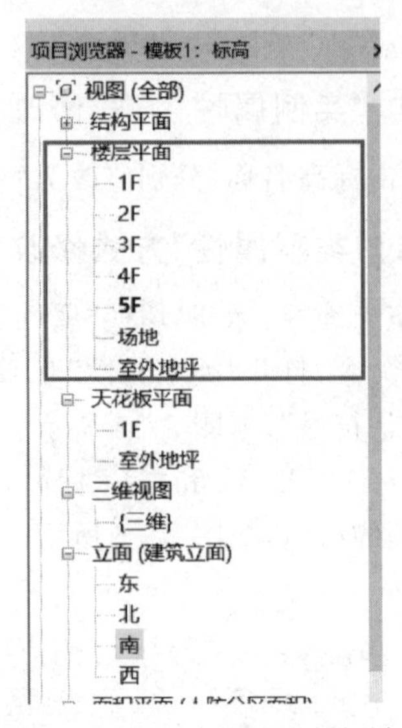

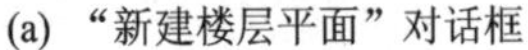

(a) “新建楼层平面”对话框　　(b) 项目浏览器中的平面视图列表

图 2-7　创建楼层平面视图

2.2　轴　网

轴网是人为地在建筑图纸中标示构件的详细尺寸,按照一般的习惯标准虚设的定位线,习惯上标注在对称界面或截面构件的中心线上。轴网是建筑制图的主题框架,建筑物的主要支承构件需按照轴网定位排列,以达到井然有序的目的。标高创建完成后,可以切换至任意平面视图来创建和编辑轴网。

Revit 软件中的轴网与 Autocad 软件采用的标准类似,由定位轴线、定位轴线编号和尺寸标注组成,如图 2-8 所示。下面以钱江楼项目为例,说明创建项目轴网的一般步骤。双击打开“模块 2: 轴网. rvt”文件,并完成相应的模块练习。读者可扫描右侧二维码观看模块 2 教学视频。

“模块 2: 平面轴网”教学视频

2.2.1　创建轴网

在项目浏览器中展开“楼层平面”项,双击“1F”平面,进入 1F 楼层平面。

在工具栏中,单击“建筑”选项卡子菜单的“基准”面板中的“轴网”按钮,可进入放置轴网模式,Revit 软件将自动切换至“修改/放置轴网”上下文选项卡,选择“绘制”面板中的标高生成方式为“直线”,如图 2-9 所示。

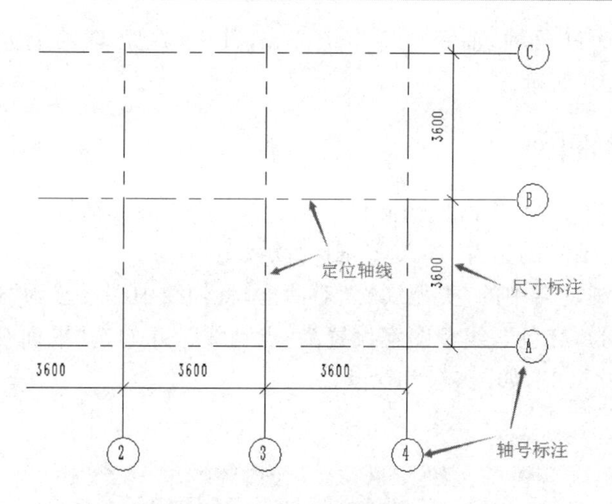

图 2-8　轴网组成

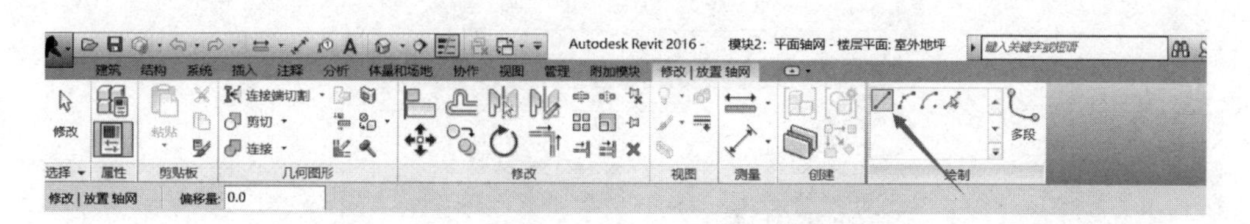

图 2-9　"修改/放置轴网"上下文选项卡

移动鼠标至绘图区域，创建横向 1～8 号轴，其中 2、3 号轴轴间距为 14.4 m，其他均为 7.2 m，如图 2-10 所示。

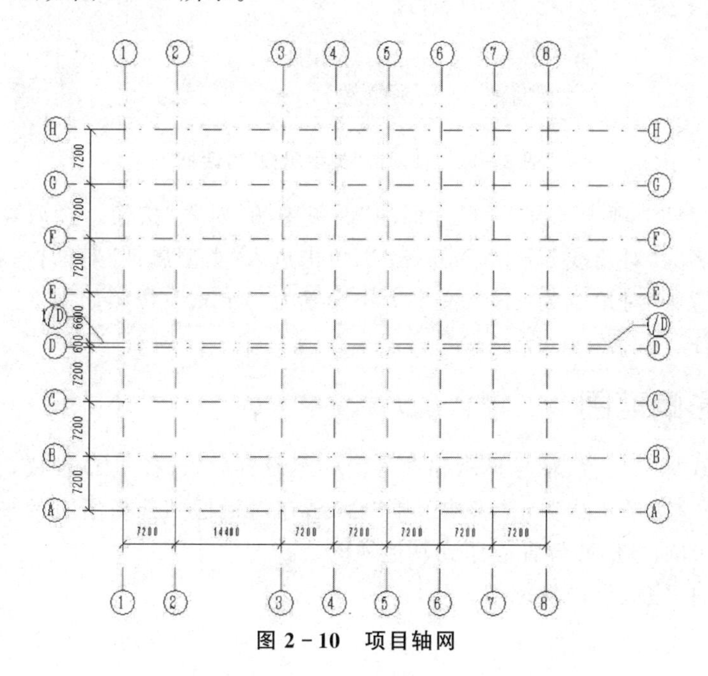

图 2-10　项目轴网

创建竖向 A－H 号轴，轴间距均为 7.2 m，其中，在距 D 轴上方 0.6 m 处创建 1/D 轴，如图 2－10 所示。

2.2.2 编辑轴网

单击选中 1/D 轴线，单击标头附件的“折线符号”“偏移轴号”，单击“拖拽点”，按住鼠标不放，调整轴号的位置，如图 2－10 所示。

单击“属性”浏览器中的“类型属性”对话框，将轴线中端设置为“连续”，线宽设置为“1”，颜色设置为“红色”，线型图案设置为“点划线”，并勾选“平面视图轴号端点 1”“平面视图轴号端点 2”，如图 2－11 所示。

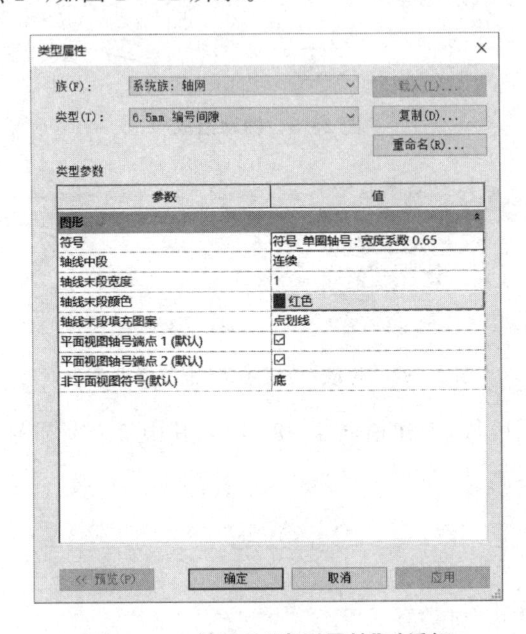

图 2－11　轴网的“类型属性”对话框

单击“注释”选项卡子菜单“尺寸标注”面板中的“对齐”按钮，在“属性”浏览器中选择族类型名为“对角线 5 mm RomanD”，单击进入“类型属性”对话框，将类型参数中的记号设置为“对角线 3 mm”，文字大小设置为“5 mm”；按照如图 2－10 所示，对轴网进行标注。

2.2.3 影响范围

完成轴线标头位置、轴号显示和轴号偏移等设置后，选择 1/D 轴线，在“修改/放置轴网”上下文选项卡中单击“影响范围”命令，在对话框中选择所有的平面视图，可以将 1/D 轴的轴号偏移设置应用到其他视图。

保存文件，完成该模块练习。

2.2.4　多段线轴网

由于项目复杂多样，轴网并非都是横平竖直的，运用轴网的“多段线”功能可以创建更为复杂的轴网形式。双击打开“模块 3：深化练习(多段线轴网).rvt”文件，完成相应的模块练习。读者可扫描右侧二维码观看模块 3 教学视频。

“模块 3：轴网的多段线练习教学视频

1. 绘制竖向轴网

采用“轴网”命令中的“直线”绘制方式，配合使用“复制”“旋转”工具，创建完成 1～11 号轴。

2. 绘制横向轴网

A 轴至 D 轴为多段线轴网，如图 2－12 所示。单击“建筑”选项卡子菜单“基准”面板中的“轴网”按钮，自动跳转到“修改/放置轴网”上下文选项卡，在该选项卡中单击“多段”按钮，进入“编辑草图”模式，如图 2－13 所示。

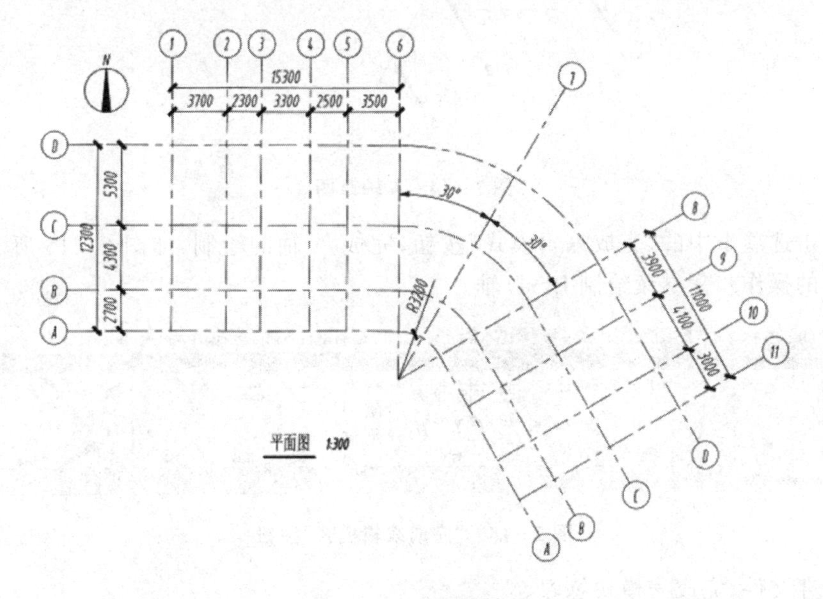

图 2－12　多段线轴网

单击选择绘制方式为“直线”，移动鼠标至绘图区域，完成 A 轴第一部分直线段的绘制。

单击选择绘制方式为“圆心-端点弧”，完成 A 轴第二部分圆弧段的绘制。

单击选择绘制方式为“直线”，完成 A 轴第三部分直线段的绘制，A 轴草图绘制如图 2－14 所示。

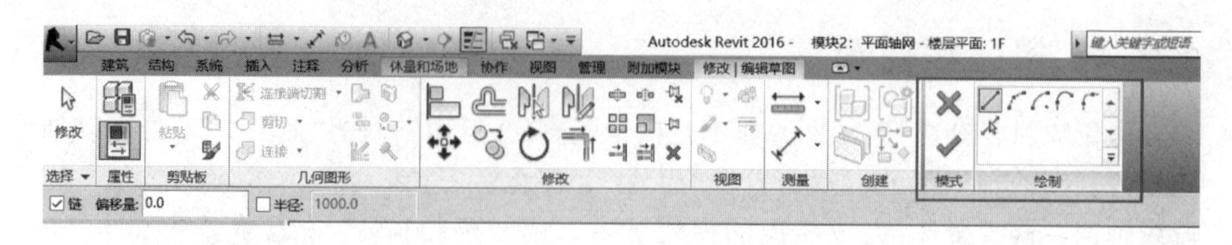

图 2－13 “修改/编辑草图”上下文选项卡

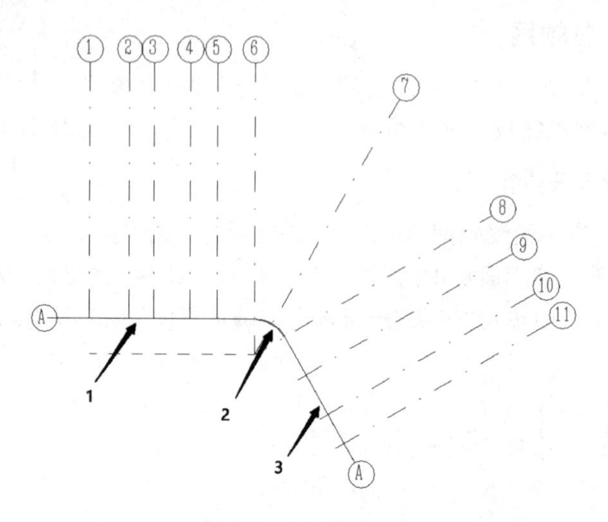

图 2－14 A 轴草图

单击选项卡中的“完成编辑模式”按钮，完成 A 轴的绘制，如图 2－15 所示。采用同样的操作步骤继续绘制 B～D 轴。

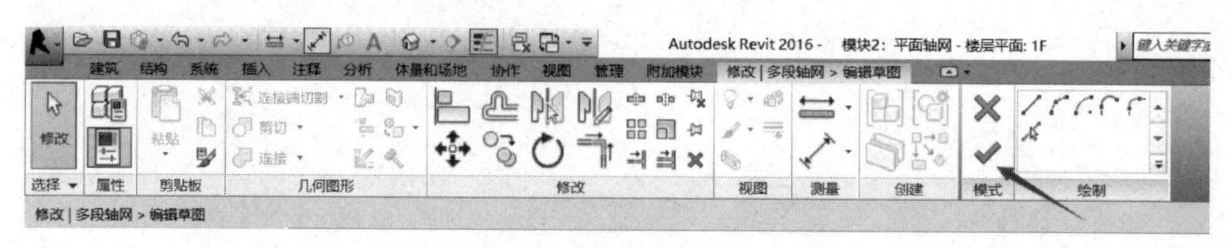

图 2－15 “完成编辑模式”按钮

保存文件，完成该模块练习。

习　题

一、选择题

1. 在 Revit 软件中，三维轴网是由(　　)两部分组成的。

A. 平面轴网和立面轴网　　B. 平面轴网和标高

C. 平面轴网和斜轴网　　D. 平面轴网和弧形轴网

2. 在 Revit 软件中，平面轴网需绘制在（　　）视图中。

A. 平面　　B. 立面　　C. 三维　　D. 任意

3. 在 Revit 软件中，标高需绘制在（　　）视图中。

A. 平面　　B. 立面　　C. 三维　　D. 任意

4. 在 Revit 软件中，平面轴网是由定位轴线、定位轴线编号和（　　）构成的。

A. 图例　　B. 尺寸标注　　C. 端线符　　D. 标高标识名称

5. 在 Revit 软件中，标高是由定位轴线、端线符和（　　）构成的。

A. 图例　　B. 尺寸标注　　C. 端线符　　D. 标高标识名称

二、操作题

1. 如何将轴网的族类型名修改为“1 号楼项目轴网”？

2. 如何将轴网的定位轴线颜色改为“红色”？

3. 如何将标高的“标识名称”标注在定位轴线的下方，如图 2－16 所示？

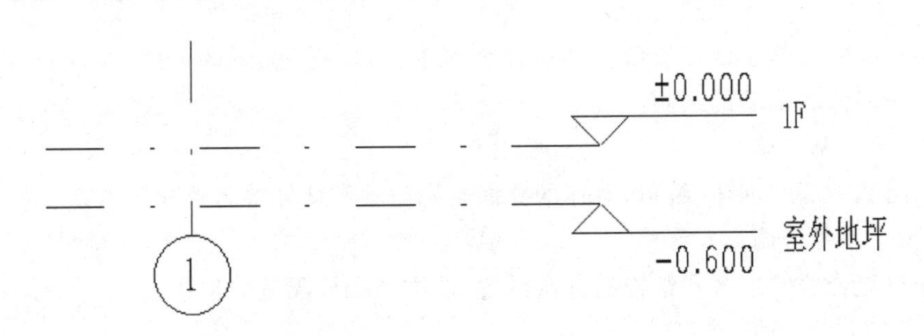

图 2－16　标高的“标识名称”

第3章

墙体和幕墙

本章导读

本章我们将基于钱江楼项目和深化练习素材，依托 Autodesk Revit 2016 软件，完成项目墙体和幕墙的绘制。

3.1 节：基本墙。

介绍基本墙的创建、编辑，墙体的立面轮廓编辑和墙体的附着和分离。

3.2 节：复合墙。

介绍复合墙的概念和结构的分层设置，墙饰条和分隔缝的创建。

3.3 节：叠层墙。

介绍叠层墙的概念和设置。

3.4 节：异型墙。

介绍异型墙的概念和创建方式。

3.5 节：幕墙。

介绍幕墙的创建、幕墙的立面轮廓编辑、幕墙网格划分、幕墙嵌板和幕墙竖挺。

本章建议学习课时：8 课时。

本章配套的素材、练习文件及相关教学视频，请从百度云盘（地址：https://pan.baidu.com/s/1gpIpe6pvyg1q99qLo2e-gQ，提取码：GOOD）下载。

学习目标

在 Revit 软件中，墙属于系统族，可以根据指定的墙结构参数定义生成三维墙体模型，根据墙体特点，可以分成基本墙、复合墙、叠层墙、异型墙和幕墙，本章将通过若干个模块练习来学习不同类型墙体的创建和编辑方法。

能力目标	知识要点
掌握基本墙的创建、编辑方法	基本墙的创建、立面轮廓编辑、附着和分离
掌握复合墙的概念和结构分层设置	复合墙的设置方法
掌握分隔缝和墙饰条的设置方法	分隔缝和墙饰条的设置方法
掌握叠层墙的概念和设置	叠层墙的设置方法
了解异型墙的概念和创建	异型墙的创建方法
掌握幕墙的创建和编辑	幕墙的创建、立面轮廓编辑、网格划分，添加嵌板和竖挺

3.1 基本墙

基本墙是 Revit 软件墙体中最常见的墙体类型，下面以钱江楼项目为例，说明创建基本墙的一般步骤。双击打开“模块4～5：基本墙、编辑墙体轮廓.rvt”文件，完成相应的模块练习。读者可扫描右侧二维码观看模块4教学视频。

“模块4：基本墙”教学视频

3.1.1 编辑墙体

1. 基本命令

单击“建筑”选项卡子菜单“构件”面板中的“墙”工具下拉列表，在列表中单击“墙：建筑”按钮，自动切换至“修改/放置墙”上下文选项卡，如图3-1所示。

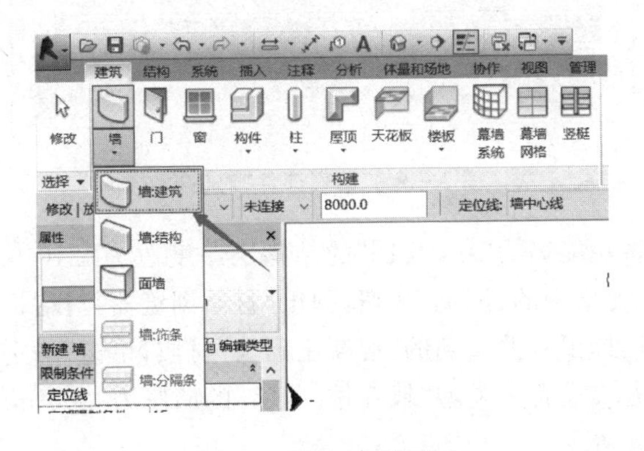

图3-1 “墙：建筑”按钮

2. 设置墙的类型参数

单击“属性”浏览器中的“编辑类型”按钮，打开墙的“类型属性”对话框，在类型列表中，选择当前类型为“常规－200 mm”，单击“复制”按钮，在“名称”对话框中输入“钱江楼-外墙”；采用同样的方式复制并创建“钱江楼-内墙”族类型，如图 3－2 所示。

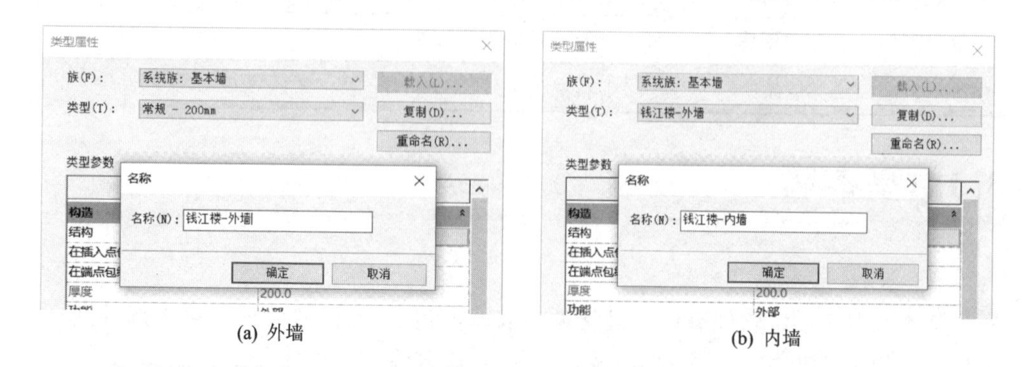

(a) 外墙　　(b) 内墙

图 3－2　墙体的族类型名称复制

如图 3－3 所示选择“钱江楼-外墙”族类型，并单击“结构”参数后的“编辑”按钮，打开“编辑部件”对话框。

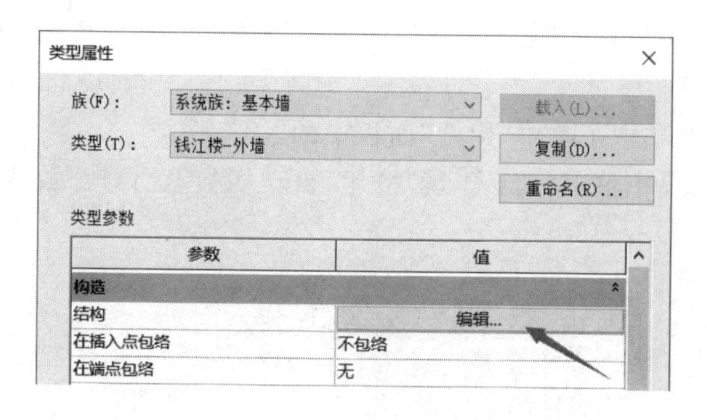

图 3－3　“编辑部件”对话框

在层列表中，将功能名为“结构[1]”的结构层厚度改为“240 mm”，如图 3－4 所示。单击“材质”单元格中的“浏览”按钮，弹出“材质浏览器”对话框，在左侧搜索栏输入“混凝土砌块”，选择下方搜索到的“混凝土砌块”材质，单击“确定”按钮回到编辑部件，再采用同样的方式设置族类型“钱江楼-内墙”的墙厚为“200 mm”，材质为“砌体-普通砖”，如图 3－5 所示。

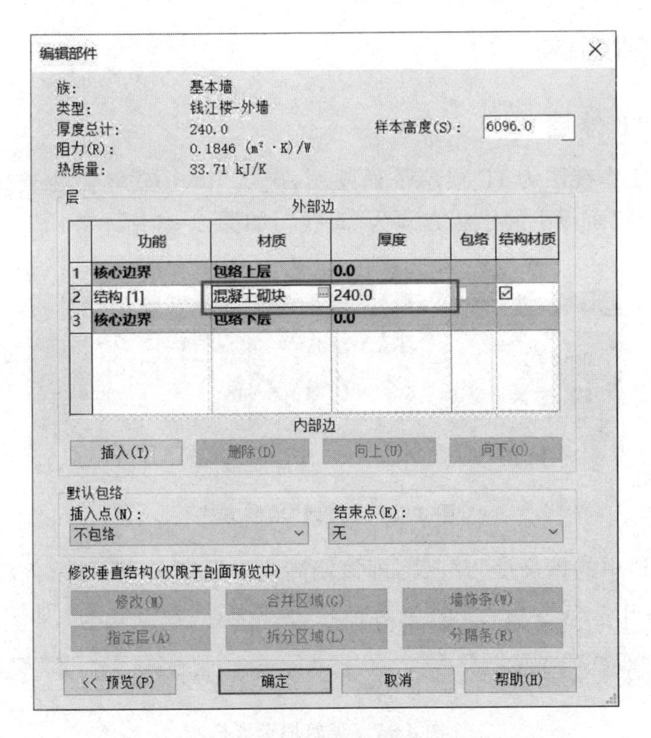

图 3-4　基本墙“编辑部件”对话框

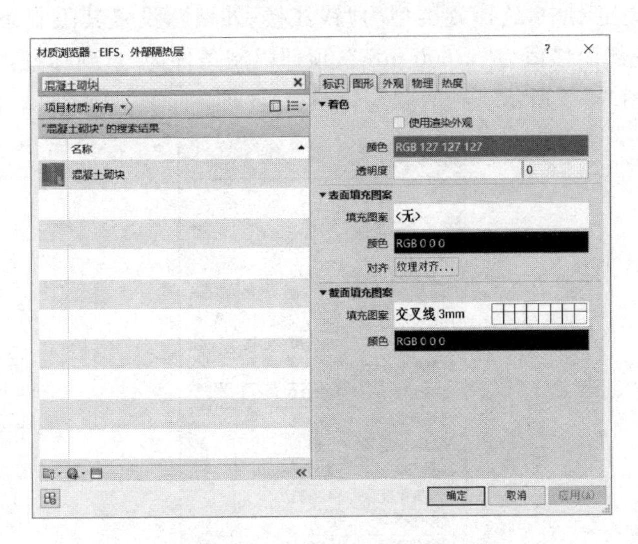

图 3-5　“材质浏览器”对话框

3.1.2 绘制墙体

1. 绘制 1F 外墙

确认当前工作视图为 1F 楼层平面视图，确认 Revit 软件仍处于“修改/放置墙”模式，设置“绘制”面板中的绘制方式为“直线”，如图 3-6 所示。

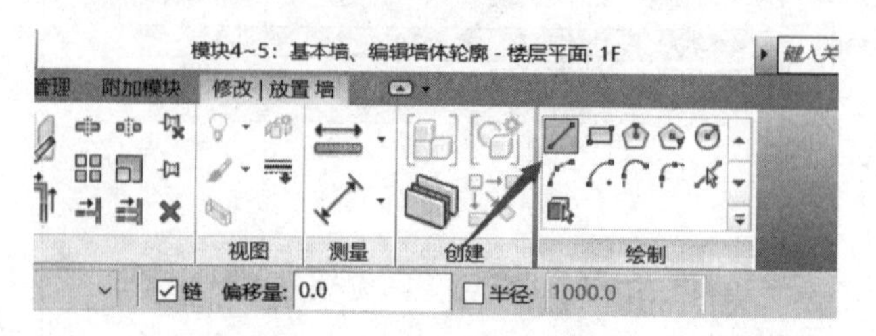

图 3-6 “直线”绘制方式

设置选项栏中的墙高度为“F2”，即该墙高度由标高 1F 直到标高 2F，设置墙的定位线为“核心层中心线”，勾选“链”复选框，设置偏移量为“0 mm”，如图 3-7 所示。

图 3-7 建筑墙选项栏

在“属性”浏览器中，选择族类型为“钱江楼-外墙”，设置其限制条件：底部限制条件为“1F”，底部偏移值为“－600 mm”，顶部限制条件为“直到标高：2F”，顶部偏移为“0 mm”，如图 3-8 所示。

图 3-8 族类型为“钱江楼-外墙”的“属性”对话框

绘制钱江楼外墙（外侧墙体），如图 3-9 所示。

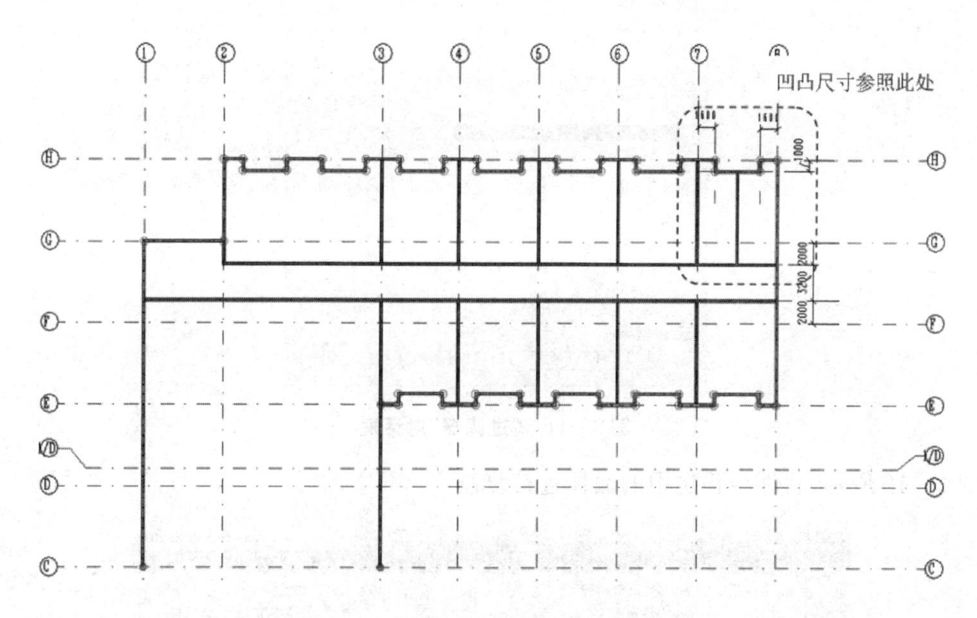

图3-9 “钱江楼-外墙”上墙体布置图

2. 绘制1F内墙

确认当前工作视图为1F楼层平面视图，确认Revit软件仍处于“修改/放置墙”模式；设置“绘制”面板中的绘制方式为“直线”，设置选项栏中的墙高度为“F2”，即该墙高度由标高1F直到标高2F，设置墙的定位线为“核心层中心线”，勾选“链”复选框，设置偏移量为“0”。

在“属性”浏览器中，选择族类型名为“钱江楼-内墙”，底部偏移值为“0 mm”。

按照如图3-9所示为墙体分布图，绘制钱江楼内墙(内侧墙体)。

3. 批量创建2-5F基本墙

单击鼠标左键框选1F所有图元，如图3-10所示单击“修改/选择多个”选项卡子菜单“选择”面板中的“过滤器”按钮。

图3-10 “过滤器”按钮

在“过滤器”对话框中，只勾选“墙”复选框，单击“确定”按钮，如图3-11所示。

单击“修改/墙”选项卡子菜单“剪贴板”面板中的“复制到剪贴板”按钮，如

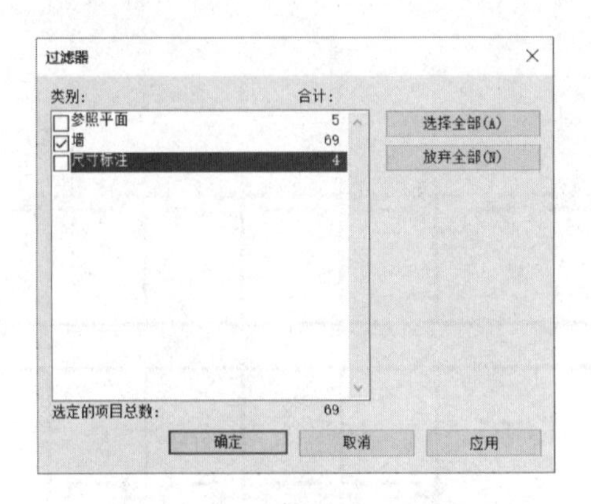

图 3-11 “过滤器”对话框

图 3-12 所示，软件会将选中的墙体进行复制。

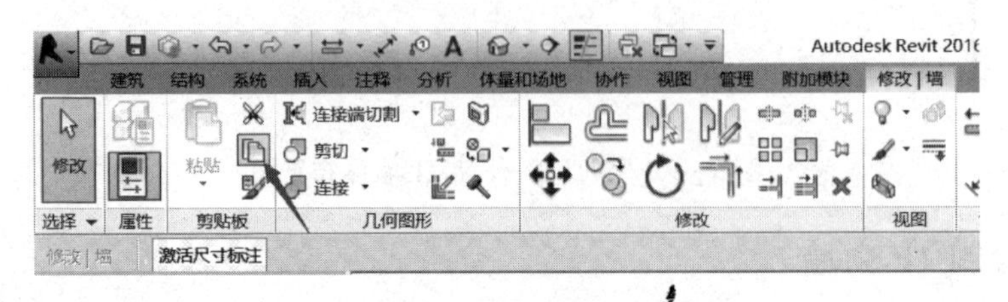

图 3-12 “复制到剪贴板”按钮

如图 3-13 所示单击左侧“粘贴”按钮下拉列表中的“与选定的标高对齐”按钮，弹出“选择标高”对话框，如图 3-14 所示；按住键盘“Shift”键，多选 2F-5F，单击“确定”按钮，软件将 1F 墙体粘贴至 2-5F；完成后的墙体如图 3-15 所示。

图 3-13 “与选定的标高对齐”按钮

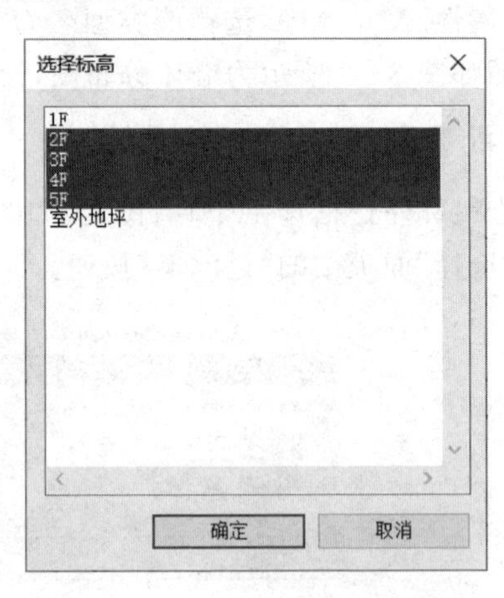

图 3-14 “选择标高”对话框

图3-15 建筑墙三维视图

3.1.3 立面轮廓编辑

参照3.1.2节操作，在[1～3,C]轴处，绘制一段族类型为“钱江楼-外墙”的基本墙，墙厚240 mm，墙长21.84 m，墙高18 m，墙底标高为“1F”。

“模块5：墙面立面轮廓编辑”教学视频

单击该段墙体，双击“项目浏览器”中的“南”立面视图，单击“视图控制栏”中将“隐藏/隔离”列表下面的“隔离图元”按钮如图3-16所示，将该墙从其他图元中隔离出来。读者可扫描右侧二维码观看模块5教学视频。

单击“修改/墙”选项卡下面的“模式”面板中的“编辑轮廓”按钮，进入“草图”模式，如图3-17所示。

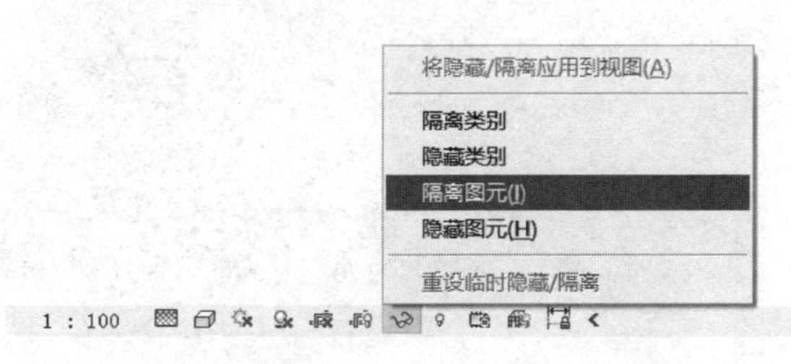

图3-16 “隔离图元”按钮

在草图编辑模式下，如图3-18所示，修剪墙体的轮廓线，修剪过程中需灵活应用“修改”面板中的工具；之后单击“完成编辑模式”，如果出现软件报错，需检查是否有交叉、多余的线段。

单击进入三维视图，完成后的图形，如图3-19所示，保存文件，完成该模块练习。

图 3-17 “编辑轮廓”按钮

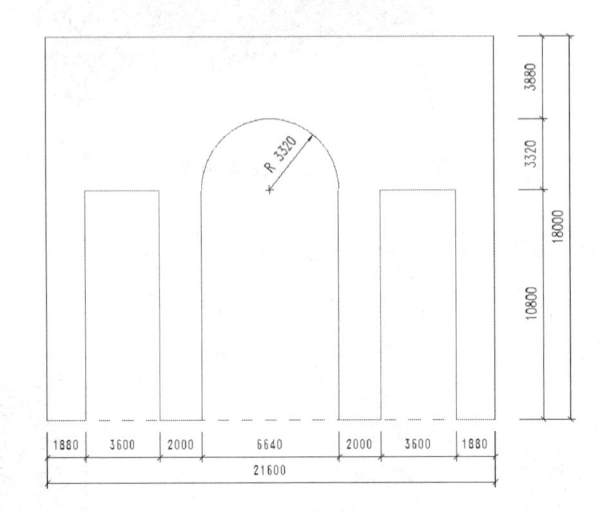

图 3-18 墙体轮廓线

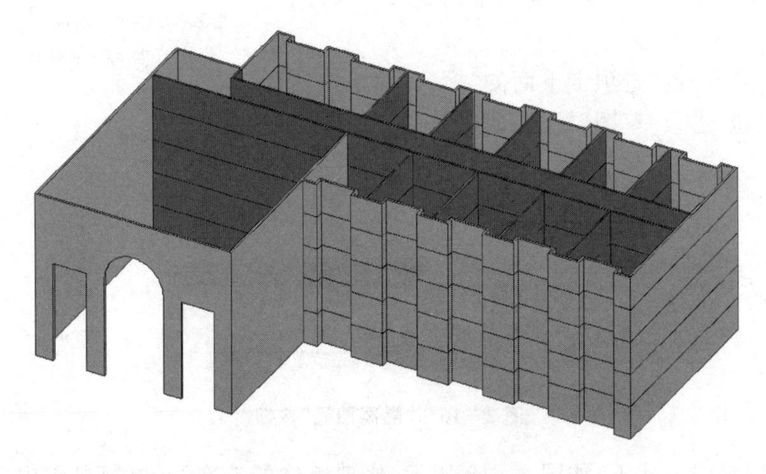

图 3-19 完成后的图形

3.1.4 墙体的附着和分离

墙体底部和顶部都可以附着到屋顶、楼板、天花板和参照平面上，使墙体的高度可以根据被附着图元的移动而变化。同时也可以将墙体从屋顶、楼板、天花板和参照平面上分离开，使墙体形状恢复原状。双击打开“模块 6：墙体的附着和分离.rvt”文件，并完成相应的模块练习。读者可扫描右侧二维码观看模块 6 教学视频。

“模块 6：墙体的附着和分离”教学视频

1. 墙体的附着

如图 3－20 所示鼠标框选中两段弧形墙体，单击“修改/墙”选项卡中的“附着顶部/底部”按钮，在“选项栏”中勾选“底部”复选框，移动鼠标至绘图区域，单击下方的楼板图元。两段弧形墙体将附着到底部的楼板上，如图 3－21 所示。

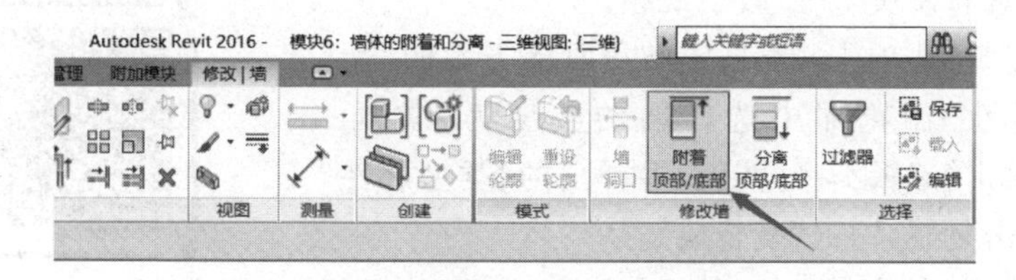

图 3－20　“附着顶部/底部”按钮

图 3－21　墙体底部附着到楼板

2. 墙体的分离

如图 3－22 所示鼠标框选中两段弧形墙体，单击“修改/墙”选项卡中的“分离顶

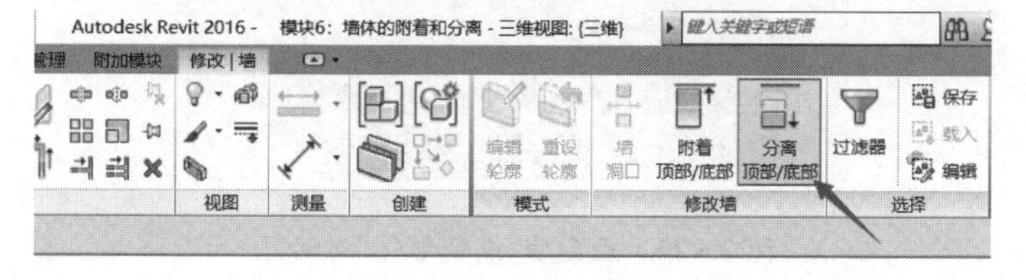

图 3－22　“分离顶部/底部”按钮

部/底部”按钮，在“选项栏”中单击“全部分离”按钮，两段弧形墙体将从底部的楼板上分离。保存文件，完成该模块练习。

3.2 复合墙

复合墙是在基本墙体的基础上，对墙体的材质分层进行更细化的表达，同时可添加墙饰条和分隔缝，使之更加贴近工程实际。

3.2.1 复合墙的设置

双击打开“模块 7－1：复合墙. rvt”文件，并完成相应的模块练习。读者可扫描右侧二维码观看模块 7－1 教学视频。

“模块 7－1：复合墙”
教学视频

单击“建筑”选项卡，单击“构件”面板下面的“墙”按钮，在“属性”浏览器中选择墙的类型为“常规－200 mm”，单击“编辑类型”按钮，在弹出的“类型属性”对话框中单击复制，输入“复合墙”。

单击“结构”参数后面的“编辑”按钮，进入“编辑部件”对话框，如图 3－23 所示。

单击“插入”按钮，添加“构造层”，并为其制定功能、厚度，使用“向上”“向下”按钮调整其上、下位置，如图 3－24 所示。

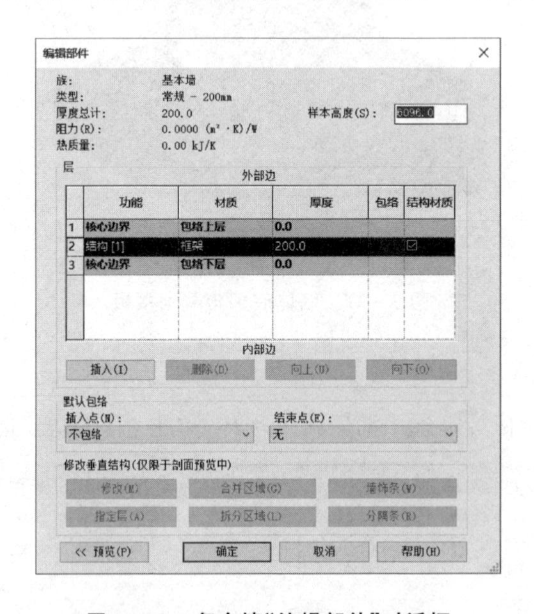

图 3－23　复合墙“编辑部件”对话框

单击“拆分区域”，在左侧视图中墙外侧距墙底 800 mm 处单击鼠标左键进行拆

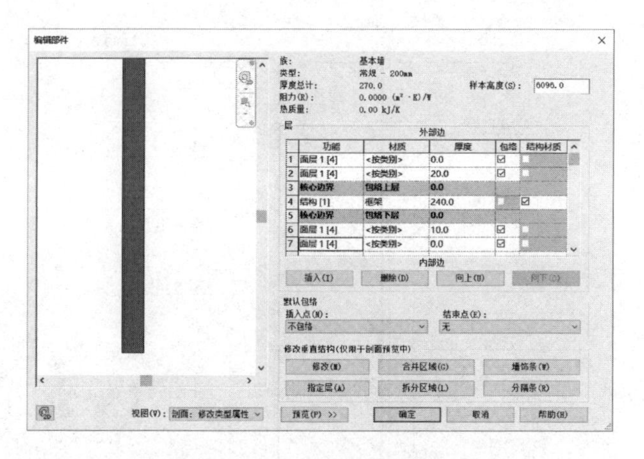

图 3-24 “构造层”设置

分,并选中层列表中的第 1 行,单击指定层,单击墙体外侧底部区域进行指定,如图 3-25 所示。

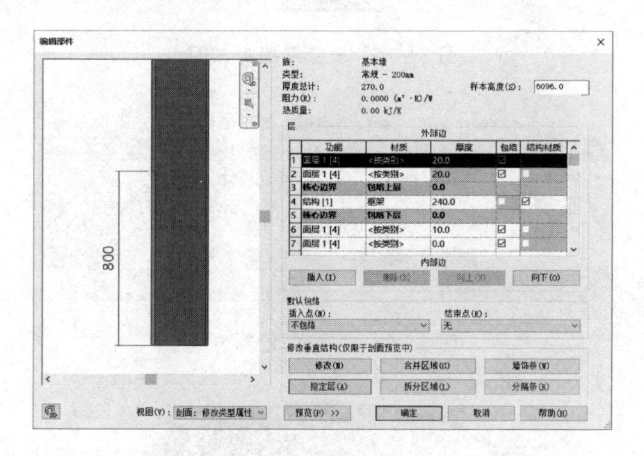

图 3-25 拆分层操作

采用相同的方法,按照如图 3-26 所示拆分墙体内侧面层,并进行指定,完成后按图设置各面层的材质。

单击“确定”按钮退出“编辑部件”对话框,再单击“确定”按钮,退出“类型属性”对话框。

如图 3-27 所示单击“修改/放置墙”选项卡下面的“绘制”面板中的“圆形”绘制方式,绘制一堵高 3 m,半径为 5 000 mm(以墙核心层内侧为基准)的圆形墙体,完成后的图形,如图 3-28 所示。

保存文件,完成该模块练习。

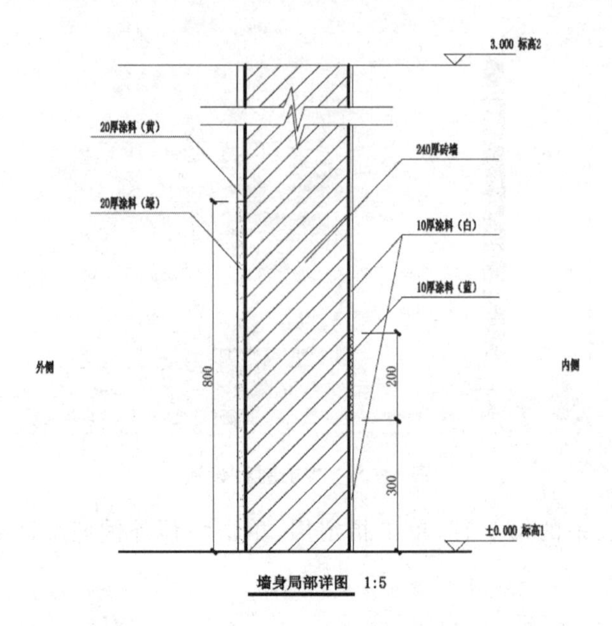

图 3-26　复合墙墙身详图

图 3-27　“圆形”绘制方式

图 3-28　圆形墙体三维图

3.2.2　墙饰条和分隔缝

双击打开“模块 7-2：墙饰条和分隔缝.rvt”文件，并完成相应的模块练习。读者可扫描右侧二维码观看模块 7-2 教学视频。

单击“建筑”选项卡，单击“构件”面板下面的“墙”按钮，在“属性”浏览器中选择墙的类型为“常规-200 mm”，单击“编辑类型”按钮，在弹出的“类型属性”对话框单击“结构”参数后面的“编辑”按钮，进入“编辑部件”对话框。

“模块 7-2：墙饰和分隔缝”教学视频

单击“墙饰条”按钮，弹出“墙饰条”对话框，单击“载入轮廓”，将“800 mm 宽散水”“分隔缝 10 mm×20 mm”“欧式线脚”这三个族载入，单击“添加”按钮，如图 3-29 所示设置墙饰条的参数，单击“确定”按钮。

单击“分隔缝”按钮，弹出“分隔缝”对话框，单击“添加”按钮，如图 3-30 所示设置分隔缝的参数，单击“确定”按钮。

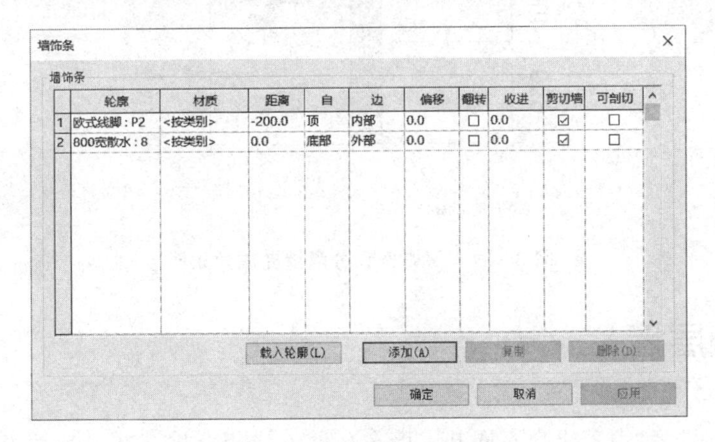

图 3-29　“墙饰条”对话框

分隔条

分隔条

	轮廓	距离	自	边	偏移	翻转	收进
1	分隔缝10X20 : 分隔缝10X20	1850.0	底部	外部	0.0	☐	0.0
2	分隔缝10X20 : 分隔缝10X20	1450.0	底部	外部	0.0	☐	0.0
3	分隔缝10X20 : 分隔缝10X20	1050.0	底部	外部	0.0	☐	0.0
4	分隔缝10X20 : 分隔缝10X20	650.0	底部	外部	0.0	☐	0.0

载入轮廓(L)　添加(A)　复制　删除(D)

确定　取消　应用

图 3-30　“分隔缝”对话框

完成后的图形，如图 3-31 所示，保存文件，完成该模块练习。

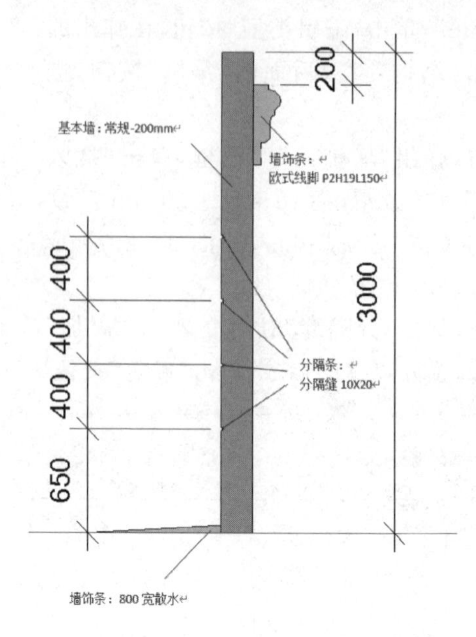

图 3－31　墙饰条和分隔缝完成效果图

3.3　叠层墙

叠层墙是一种由若干个不同基本墙在高度方向相互堆叠在一起而组成的墙体，因此可以在不同高度定义不同的墙厚、复合层和材质，打开“模块 8：叠层墙.rvt”，完成相应的模块练习。读者可扫描右侧二维码观看模块 8 教学视频。

“模块 8：叠层墙”教学视频

选择“建筑”选项卡，单击“构建”面板下面的“墙”按钮，自动跳转到“修改/放置墙”上下文选项卡，从类型选择器中选择“叠层墙：外部-带金属柱的砌块上的砖”类型，单击“编辑类型”，在“编辑类型”对话框中单击“复制”，输入“叠层墙”，按“确定”按钮；再单击“结构”后的“编辑”按钮，弹出“编辑部件”对话框，在“类型”列表中，将名称 1 改为“内部-砌块墙 190 mm”，名称 2 改为“基础- 300 mm 混凝土”，如图 3－32 所示。单击“确定”按钮退出“编辑部件”对话框，再单击“确定”按钮退出“编辑类型”对话框。

如图 3－33 所示确认仍处于“修改/放置墙”模式下，在“修改/放置墙”上下文选项卡中选择“绘制”面板下面的“矩形”绘制方式，在“选项栏”中输入高度值为“3 000 mm”，移动鼠标至绘图区域，绘制一个边长为 7 200 mm 的正方形墙体。完成后的图形，如图 3－34 所示。

保存文件，完成该模块练习。

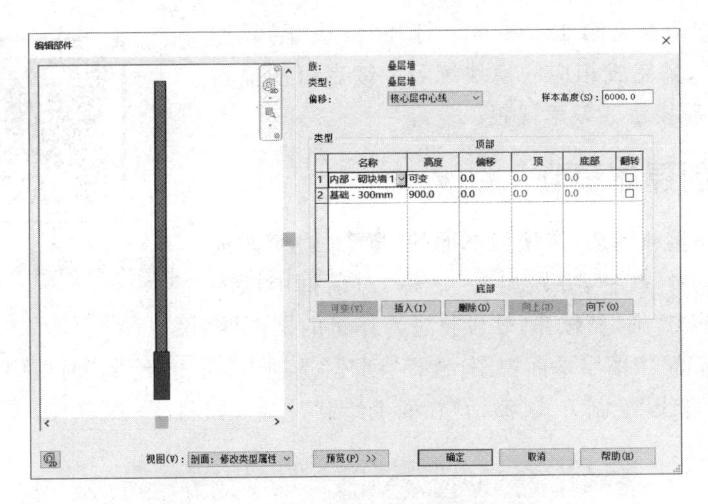

图 3-32　叠层墙“编辑部件”对话框

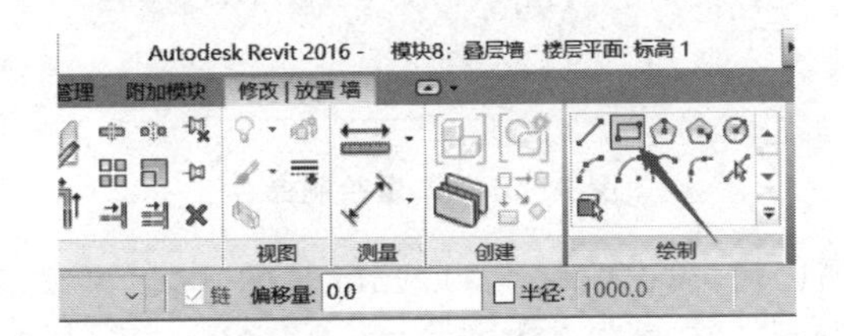

图 3-33　“矩形”绘制方式

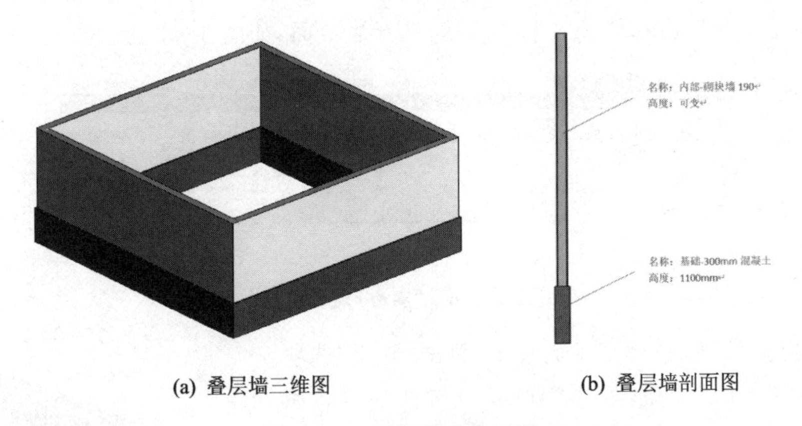

(a) 叠层墙三维图　　　(b) 叠层墙剖面图

图 3-34　叠层墙完成图形

3.4　异型墙

异型墙是指造型特异的墙体，如倾斜墙、扭曲墙等，这些墙体不能直接应用绘制墙体命令生成，需要用到体量和族的方法，下面通过案例说明使用体量工具生成异型墙，体量和族请参见第 12、13 章。打开“模块 9：异型墙.rvt”文件，并完成相应的模块练习。读者可扫描右侧二维码观看模块 9 教学视频。

“模块 9：异型墙”教学视频

3.4.1 创建体量面

单击“体量和场地”选项卡下面的“概念体量”面板中的“内建体量”按钮，在跳出的“名称”对话框中输入“异型墙”，单击“确定”按钮，软件将进入体量的操作界面。

双击“标高 1”楼层平面视图，选择“创建”选项卡，单击“绘制”面板中的“模型”按钮，再单击“直线”绘制方式，激活“在面上绘制”按钮，如图 3－35 所示。

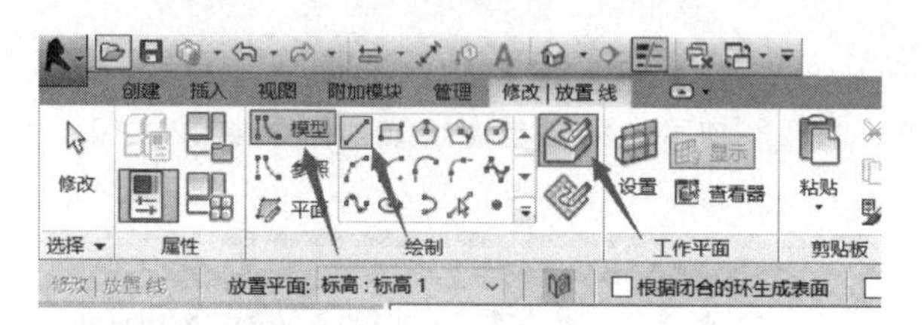

图 3－35 体量绘制命令

鼠标移动至绘图区域，单击绘制 4 000 mm 长的直线，再双击“标高 2”楼层平面视图，采用同样的方法，在距离第一条线 1 650 mm 处，平行绘制 4 000 mm 长的直线。切换至三维视图，选中这两条直线，单击“修改/线”选项卡中的“创建形状”列表中的“实心形状”按钮，如图 3－36 所示，选择生成面，如图 3－37 所示。

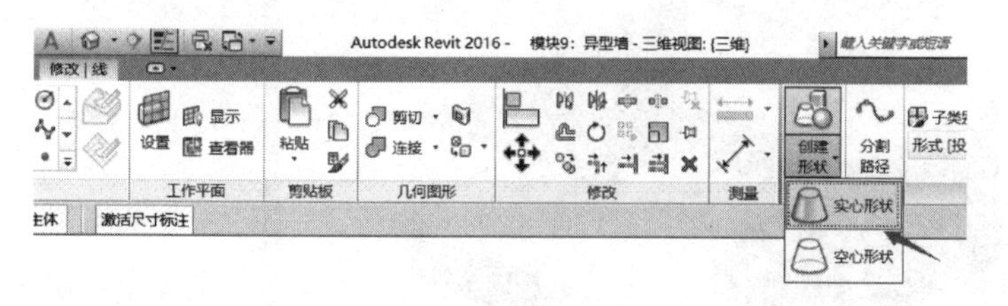

图 3－36 “实心形状”按钮

切换至“标高 1”楼层平面视图，单击“创建”选项卡中“参照平面”按钮，使用“直线”方法在绘图区域沿竖向绘制一根参照平面，单击“创建”选项卡中“工作平面”按钮，在弹出的“工作平面”对话框中勾选“拾取一个平面”，单击“确定”按钮如图 3－38 所示；移动鼠标单击刚才绘制的参照平面，在弹出的“转到视图”对话框中选择“立面：东”视图，单击“打开视图”按钮，如图 3－39 所示。

图 3－37 体量面

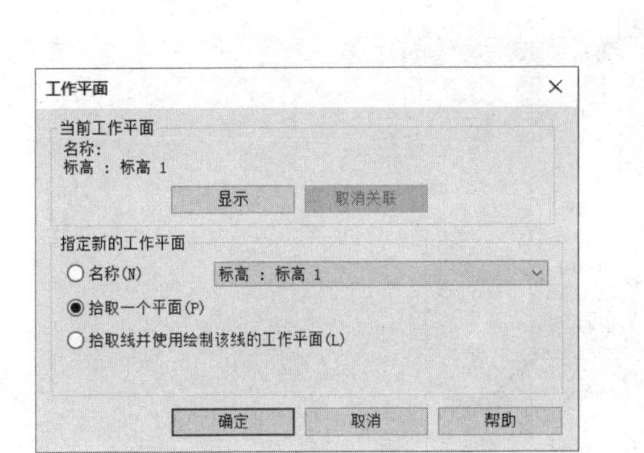

图 3-38　“工作平面”对话框

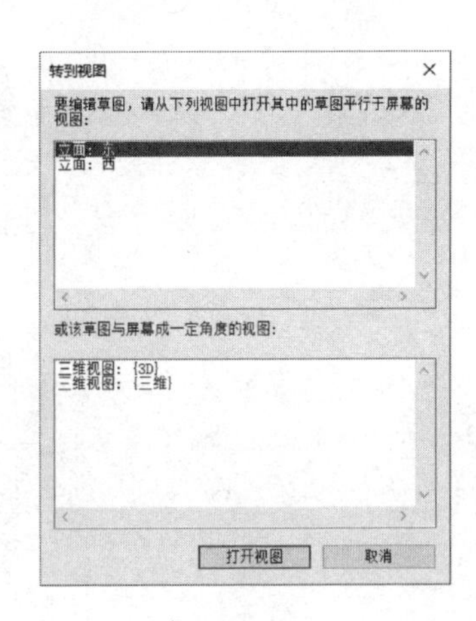

图 3-39　“转到视图”对话框

选择“创建”选项卡，单击“绘制”面板中的“模型线”按钮，再单击“圆形”绘制方式，激活“在工作平面上绘制”按钮，如图 3-40 所示。

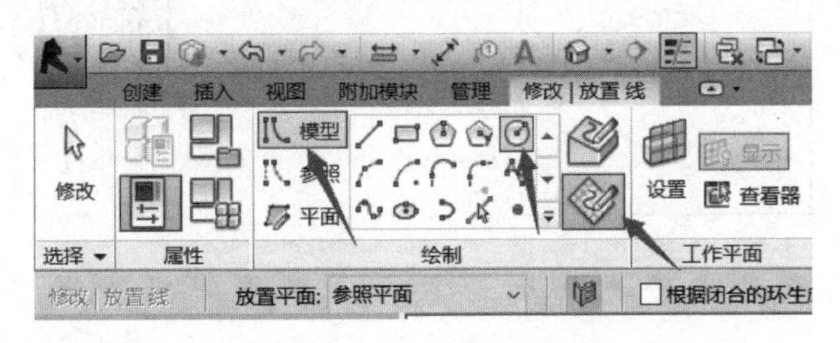

图 3-40　“圆形”绘制方式

移动鼠标至绘图区域，参照模块练习的尺寸要求绘制圆形线，并选中圆形线，单击“修改/线”选项卡中“创建形状”列表下的“空心形状”按钮，生成空心圆柱体，在三维状态下，配合使用键盘 Tab 键选中空心圆柱体的平面，并拉动使之与实心面相交，单击“修改”选项卡中的“剪切”按钮，鼠标依次单击实心面和空心圆柱体，剪切成功后单击“完成体量”按钮。

3.4.2　生成倾斜墙

如图 3-41 所示单击“建筑”选项卡中“墙”列表下面的“面墙”按钮，在“修改/放置墙”选项卡中选择“绘制”面板中的“拾取面”按钮，选择“常规-200 mm”族类型，单击绘图区域的体量形体，生成倾斜墙，如图 3-42 所示。

保存文件，完成该模块练习。

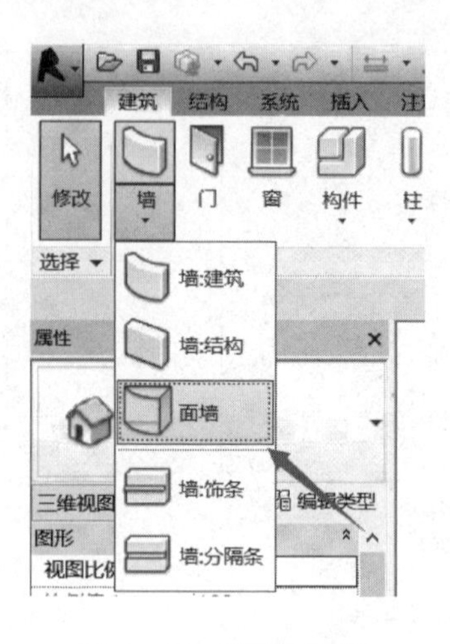

图 3-41 “面墙”按钮

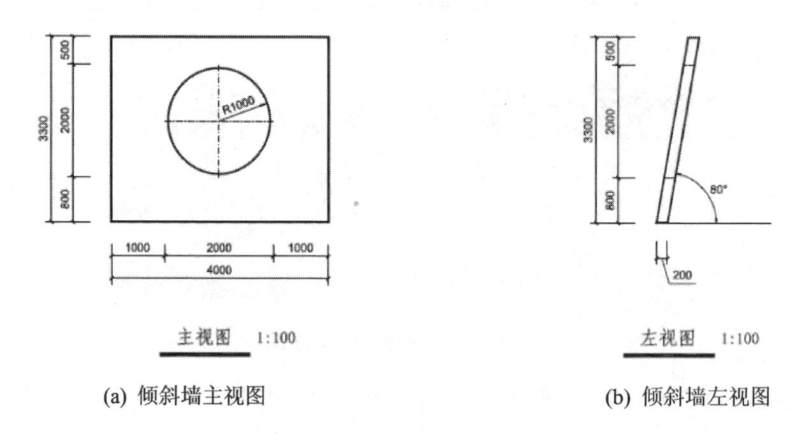

(a) 倾斜墙主视图

(b) 倾斜墙左视图

图 3-42 倾斜墙

3.5 幕 墙

幕墙默认有店面、外部玻璃和幕墙三种类型：其中外部玻璃的网格划分较小，店面的网格划分较大，幕墙未做网格的预先划分。幕墙的立面轮廓、网格分割形式、嵌板样式和竖挺样式均可根据项目实际进行编辑和修改。打开“模块 11：幕墙练习”，完成相应的模块练习。读者可扫描右侧二维码观看模块 11 教学视频。

“模块 11：幕墙练习”教学视频

3.5.1 绘制幕墙

双击“标高 1”楼层平面视图，单击“建筑”选项卡中“墙”列表中的“墙：建筑”按钮，选择绘制方式为“直线”，选择属性面板族类型为“幕墙”，确认墙体高度为“4 000 mm”，移动鼠标至绘图区域，绘制一段高 4 000 mm，长8 000 mm 的幕墙。

3.5.2 幕墙立面轮廓编辑

双击进入“南”立面视图，选中幕墙，单击“修改/墙”选项卡中的“编辑轮廓”按钮，将幕墙的立面轮廓修剪成如图 3-43 所示，单击“确定”按钮。

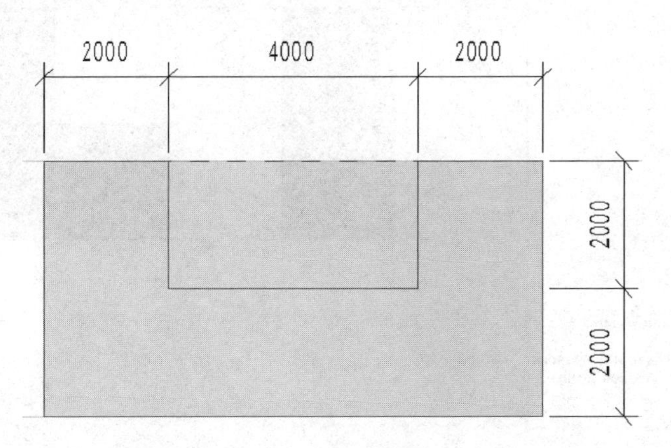

图 3-43 幕墙轮廓线

3.5.3 幕墙网格划分

如图 3-44 所示单击“建筑”选项卡中的“幕墙网格”按钮，在“修改/放置幕墙网格”上下文选项卡中，单击“全部分段”按钮，移动鼠标至绘图区域，移动至幕墙左右边绘制横向网格线，移动至幕墙上下边绘制竖向网格线。

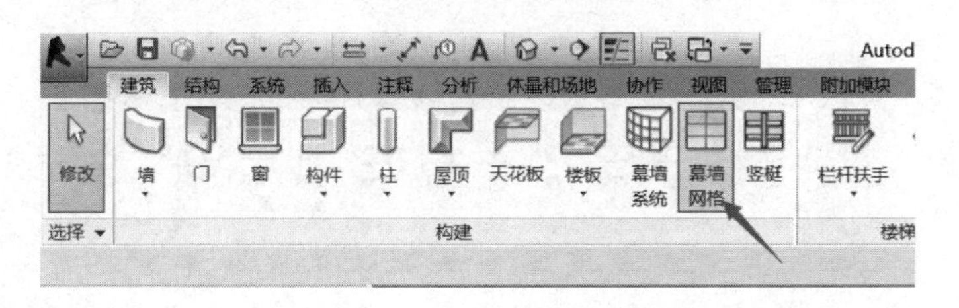

图 3-44 “幕墙网格”按钮

3.5.4 添加嵌板

单击“插入”选项卡中的“载入族”按钮，进入到“载入族”对话框，定位到该模块练习“RFA”文件夹下的“幕墙双开门”族文件，单击“确定”按钮，将其载入。

移动鼠标至玻璃嵌板边缘，按键盘 Tab 键进行切换，直至选中该玻璃嵌板，选择“属性”面板中的族类型为“幕墙双开门”按钮，如图 3-45 所示。

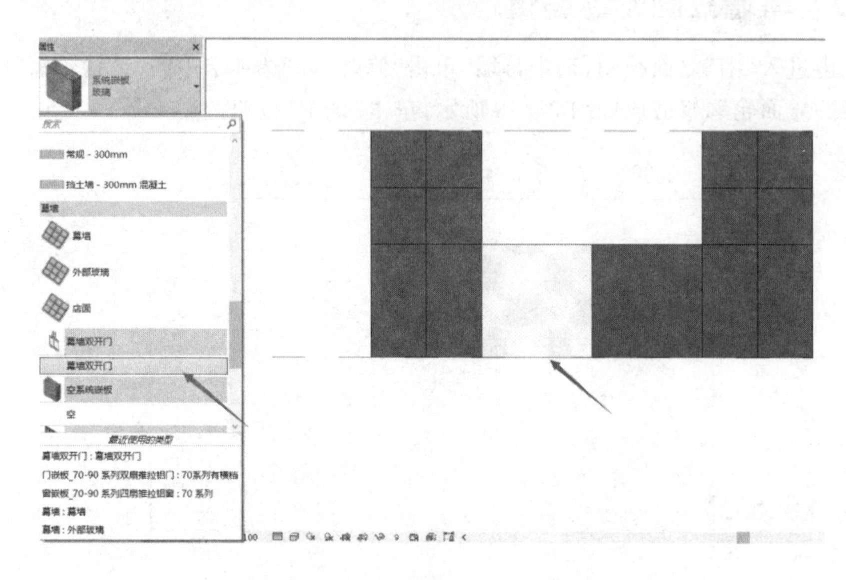

图 3-45 “幕墙双开门”按钮

3.5.5 添加竖梃

如图 3-46 所示单击“建筑”选项卡中的“竖梃”按钮，在“修改/放置竖梃”上下文选项卡中，单击“全部网格线”按钮，移动鼠标至幕墙边缘，当捕捉到幕墙后单击鼠标左键放置竖梃，完成的图形，如图 3-47 所示。

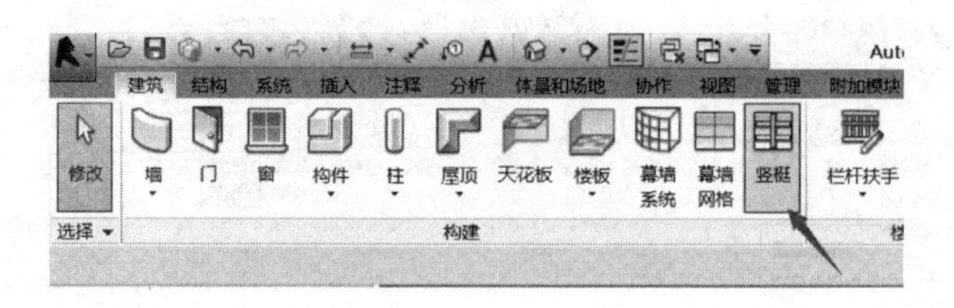

图 3-46 “竖梃”按钮

保存文件，完成该模块练习。

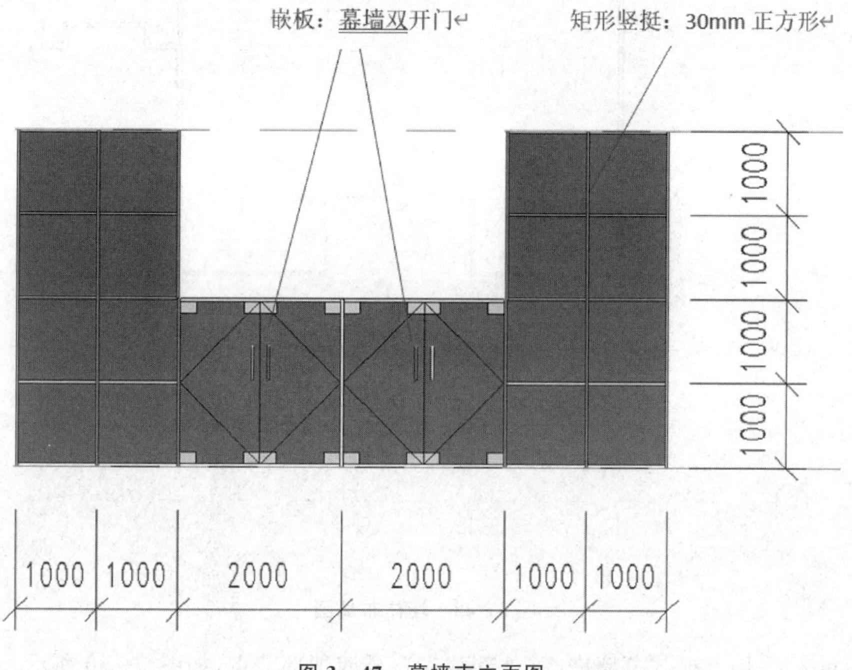

图 3-47 幕墙南立面图

习 题

操作题

打开“模块 12：项目幕墙.rvt”文件，完成钱江楼幕墙的绘制，墙体布局如图 3-48 所示，具体要求如下：

1. 幕墙命名：墙 1 处为钱江楼-幕墙 1，墙底标高 0 m，墙顶标高 18 m；墙 2-5 处为钱江楼-幕墙 2，墙底标高 0 m，墙顶标高 18 m。读者可扫描下面的二维码观看模块 12 教学视频。

“模块 12：项目幕墙”教学视频

2. 墙 1 处采用手动绘制幕墙网格，采用墙嵌板（钱江楼外墙）和幕墙双开门嵌板（外部载入），幕墙细部节点，如图 3-49 所示。

3. 墙 2-5 处采用自动绘制幕墙网格，水平尺寸固定 3 600 mm，垂直尺寸固定

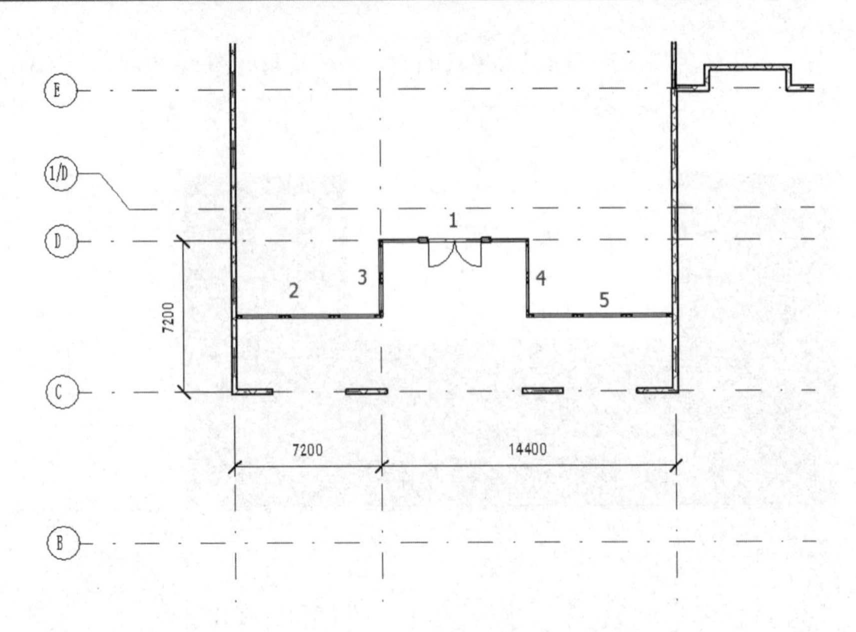

图 3-48　墙体布局图

2 400 mm，采用点抓式幕墙嵌板(外部载入)，幕墙细部节点，如图 3-50 所示。

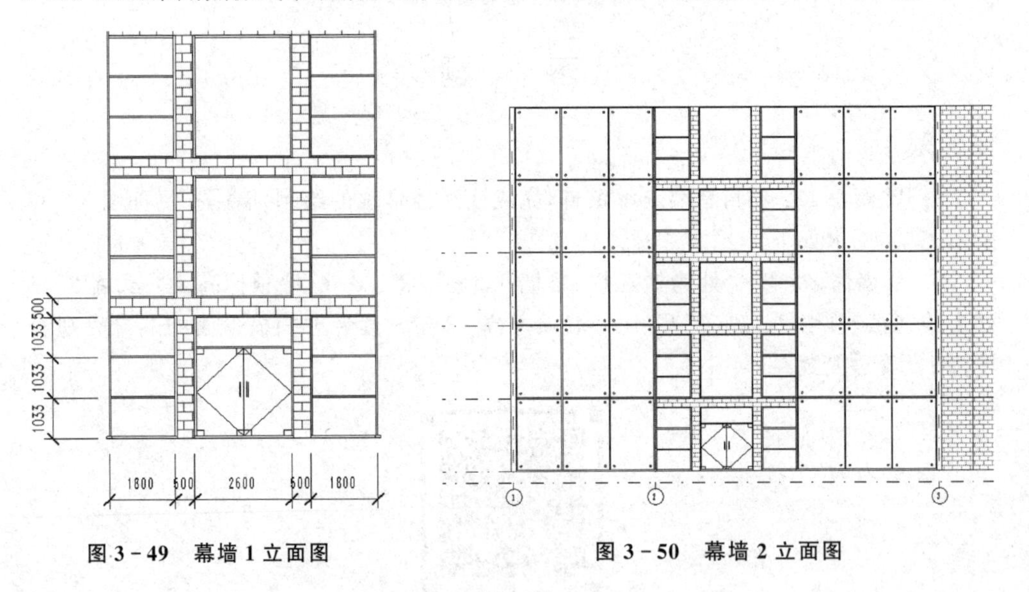

图 3-49　幕墙 1 立面图

图 3-50　幕墙 2 立面图

4. 添加的竖挺样式“矩形竖挺：30 mm 正方形”。

第4章 柱和梁

本章导读

本章我们将基于钱江楼项目和深化练习素材，依托 Autodesk Revit 2016 软件，并完成项目柱和梁的绘制。

4.1 节：结构柱。

介绍结构柱的创建方式和编辑方法。

4.2 节：建筑柱。

介绍建筑柱的创建方式和编辑方法。

4.3 节：梁。

介绍常规梁的创建方式和编辑方法，介绍视图范围的设置。

本章建议学习课时：2 课时。

本章配套的素材、练习文件及相关教学视频，请从百度云盘（地址：https://pan.baidu.com/s/1gpIpe6pvyg1q99qLo2e-gQ，提取码：GOOD）下载。

学习目标

能力目标	知识要点
掌握结构柱的创建方式和编辑方法	结构柱的创建和编辑
掌握建筑柱的创建方式和编辑方法	建筑柱的创建和编辑
掌握常规梁的创建方式和编辑方法	常规梁的创建和编辑
掌握与梁相关的视图范围的设置	视图范围的设置

4.1 结构柱

Revit 软件有“结构柱”“建筑柱”两种构件，结构柱是承受荷载的主要竖向构件，打开“模块 13：项目柱.rvt”，完成相应的模块练习。在本项目中，只涉及结构柱。读者可扫描右侧二维码观看模块 13 教学视频。

“模块 13：项目柱”教学视频

4.1.1 创建结构柱

单击“插入”选项卡中的“载入族”按钮，弹出“载入族”对话框，找到本模块练习文件夹下，“RFA”文件夹中的“钱江楼-混凝土矩形柱.rfa”族文件，单击“打开”按钮，将其载入到当前项目中。

单击“建筑”选项卡下面的“构件”面板中的“柱”下拉列表，选择“结构柱”按钮，自动跳转到“修改/放置结构柱”上下文选项卡，单击“垂直柱”按钮，在选项栏中并激活“在轴网处”按钮，如图 4-1 所示。

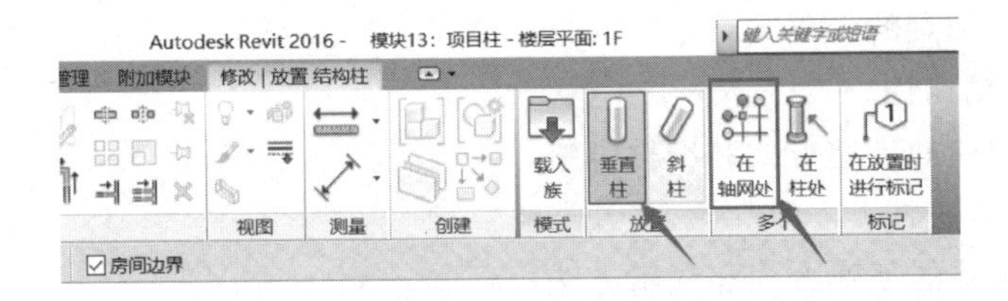

图 4-1 “修改/放置结构柱”选项卡

从类型属性选择器中选择族类型为“钱江楼-混凝土矩形柱 450 mm×450 mm”，移动鼠标至绘图区域，从右下向左上交叉框选全部轴网，单击“完成”按钮，软件将在每个轴网的交点处创建结构柱，切到三维视图，如图 4-2 所示。

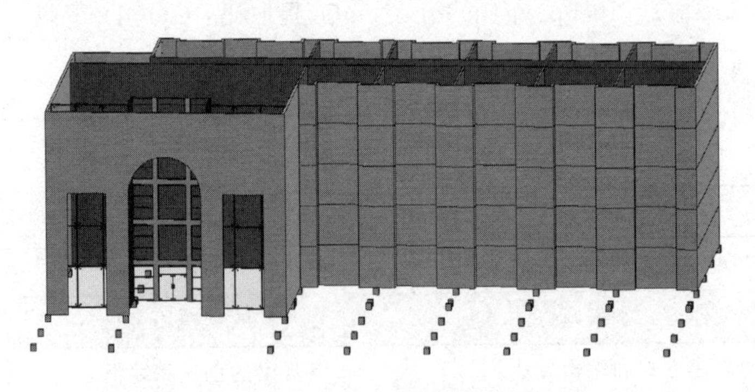

图 4-2 结构柱三维图

4.1.2　编辑结构柱

通过柱的属性可以调整柱子基准、底部标高、底部偏移、顶部标高、顶部偏移、是否随轴网移动、是否设置为房间边界和材质等。

确认仍处于三维视图，鼠标框选全部模型，配合使用“过滤器”工具，将所有结构柱选中，将“属性”浏览器中的顶部标高改为“5F”，顶部偏移改为“3 600 mm”，如图 4 - 3 所示。此时结构柱的柱顶将延伸至五层顶部。

如图 4 - 4 所示将多余的结构柱删除（室外部分），新增 4 根结构柱（红框部分），并且将结构柱对齐墙体外侧（使建筑物外部、走廊等立面平整）。

保存文件，完成该模块练习。

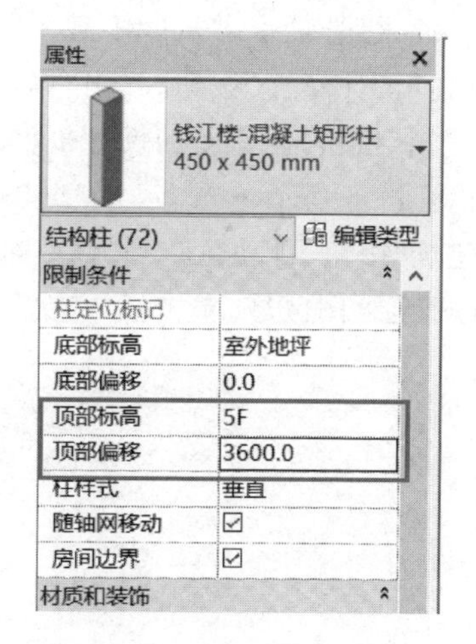

图 4 - 3　结构柱“属性”浏览器

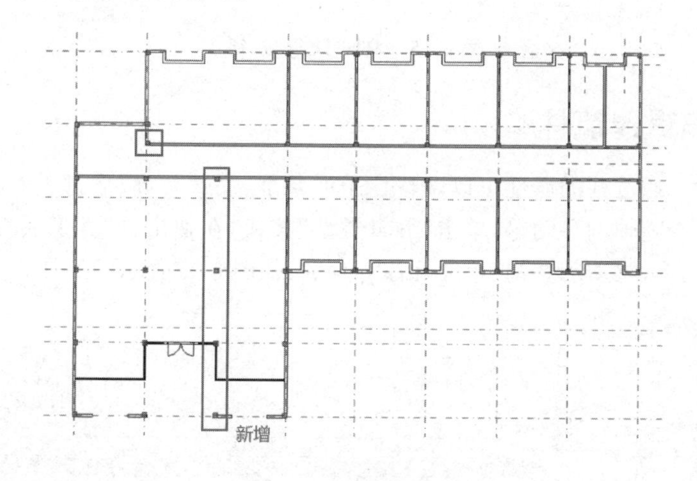

图 4 - 4　新增结构柱

4.2　建筑柱

建筑柱也被称为“装饰柱”，不承受建筑物荷载作用，它的建模方式和结构柱类似。

4.2.1 创建建筑柱

从类型选择器中选择合适尺寸、规格的建筑柱类型，如果没有需要的柱子类型，则单击“插入”选项卡，“从库中载入”面板中的“载入族”按钮，载入相应的族文件。

单击“图元属性”按钮，弹出“属性”对话框，编辑柱子属性，选择“编辑类型”按钮，单击“复制”按钮，创建新的尺寸规格，修改柱截面长度、宽度尺寸参数。

如图 4-5 所示单击“建筑”选项卡下面的“构件”面板中的“柱”下拉列表，选择“柱：建筑”按钮，自动跳转到“修改/放置建筑柱”上下文选项卡，单击“垂直柱”按钮，移动鼠标至绘图区域，单击插入点插入柱子。

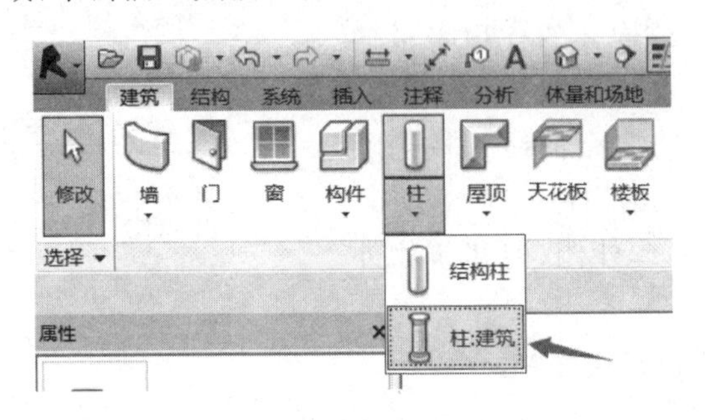

图 4-5 “柱：建筑”按钮

4.2.2 编辑建筑柱

同结构柱，通过柱的属性可以调整柱子的基准、底部标高、底部偏移、顶部标高、顶部偏移、是否随轴网移动等，单击“编辑类型”按钮，在弹出的“类型属性”对话框中设置柱子的图形、材质和装饰、尺寸标注等参数，如图 4-6 所示。

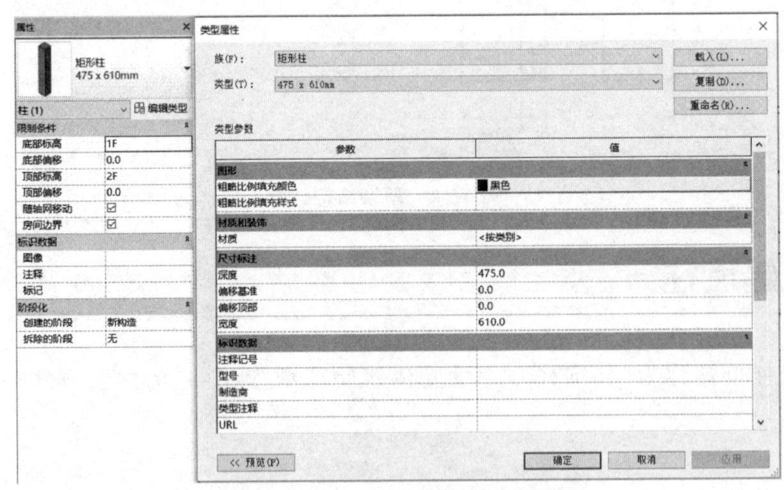

图 4-6 结构柱“类型属性”对话框

4.3 梁

梁是指结构梁，是承受荷载的横向构件，打开“模块 14：项目梁. rvt”，并完成相应的模块练习。

4.3.1 创建结构梁

“模块 14：项目梁”教学视频

双击“5F”切换至五层楼层平面视图。单击“插入”选项卡中的“载入族”按钮，弹出“载入族”对话框，找到本模块练习文件夹下，“RFA”文件夹中的“钱江楼-混凝土矩形梁. rfa”族文件，单击“打开”按钮，将其载入到当前项目中。读者可扫描右侧二维码观看模块 14 教学视频。

单击“结构”选项卡下面的“结构”面板中的“梁”按钮，自动跳转到“修改/放置梁”上下文选项卡，选择“绘制”面板中的绘制方式为“直线”。设置“选项栏”中的放置平面为“标高：5F”，结构用途为“大梁”，如图 4－7 所示。

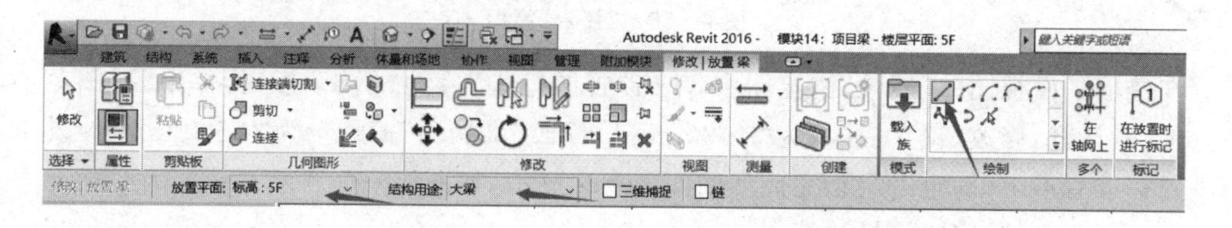

图 4－7 “修改/放置梁”上下文选项卡

在“属性”浏览器中，选择族类型为“钱江楼-混凝土矩形梁：250 mm×500 mm”，修改几何图形位置列表中的 Z 轴偏移值为“3 600 mm”，如图 4－8 所示。移动鼠标至绘图区域按照如图 4－9 所示，绘制完成钱江楼项目五楼大厅顶部的结构梁。

图 4－8 结构梁“属性”浏览器

4.3.2 设置视图范围

创建完本项目结构梁后，在 5F 楼层平面视图中未显示该梁图元，如图 4－10 所示为“警告”窗口。

这是因为，梁不在该楼层的视图范围内，需要修改 5F 楼层平面视图的视图范围。如图 4－11 所示单击“5F”楼层平面视图，

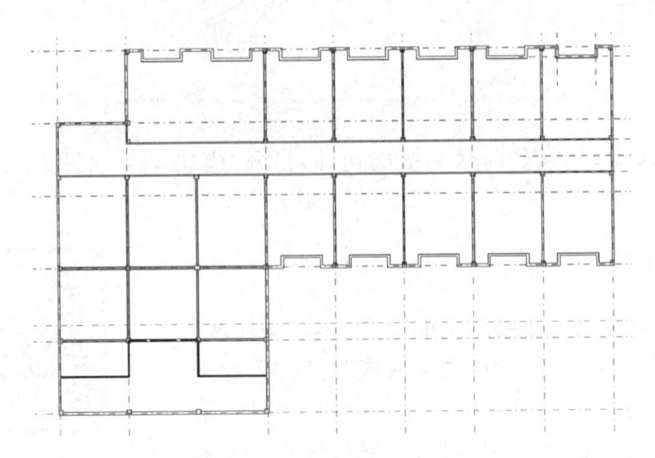

图 4-9　结构梁布置图

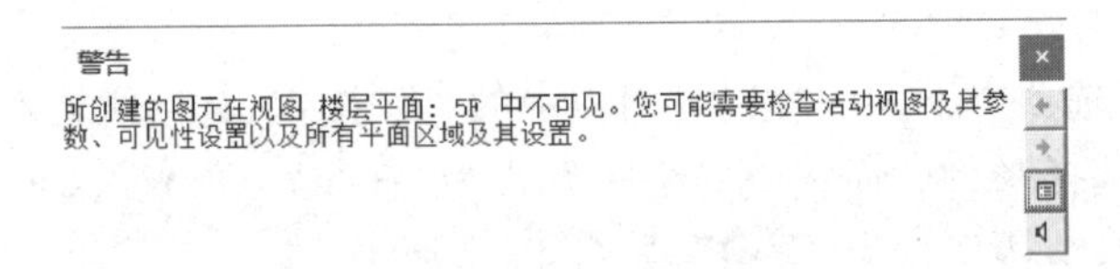

图 4-10　“警告”窗口

在楼层平面视图的“属性”浏览器中，单击“视图范围”后的“编辑”按钮，弹出“视图范围”对话框，修改“顶”偏移量为“3 600 mm”，修改“剖切面”偏移量为“3 500 mm”。设置完成后单击“确定”按钮，完成后的图元三维显示，如图 4-12 所示。

保存文件，完成该模块练习。

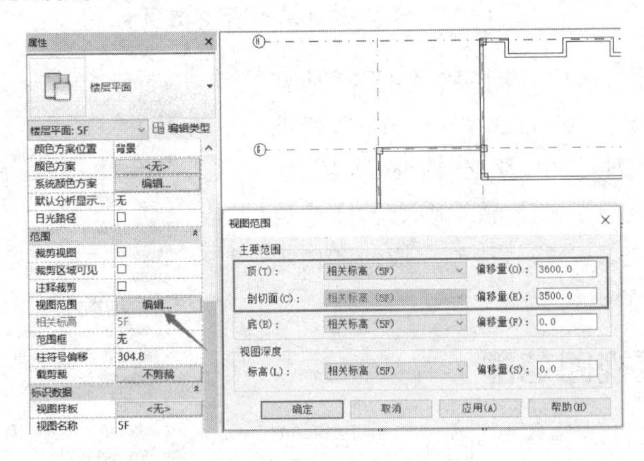

图 4-11　“视图范围”对话框

图 4－12　结构梁三维视图

习　题

一、选择题

1. 调整下列(　　)属性参数,对结构柱的长度没有影响。

A. 底部标高　　B. 底部偏移　　C. 顶部标高　　D. 柱截面长度

2. 调整下列(　　)属性参数,对结构梁的梁顶标高有影响。

A. Y 轴对正　　B. Y 轴偏移值　　C. Z 轴偏移值　　D. 梁截面宽度

二、操作题

1. 创建一根圆形结构柱,族类型名“600 mm”;截面尺寸:直径“600 mm”;柱底标高“0 m”;柱顶标高“8 000 mm”。

2. 创建一根矩形结构梁,族类型名“300 mm×800 mm”;截面尺寸:宽“300 mm”,高“800 mm”;梁顶标高“3 600 mm”。

第 5 章

门和窗

本章导读

本章我们将基于钱江楼项目和深化练习素材，依托 Autodesk Revit 2016 软件，完成项目门和窗的绘制。

5.1 节：建筑门。

介绍建筑门的创建方式和编辑方法。

5.2 节：建筑窗。

介绍建筑窗的创建方式和编辑方法。

本章建议学习课时：2 课时。

本章配套的素材、练习文件及相关教学视频，请从百度云盘（地址：https://pan.baidu.com/s/1gpIpe6pvyg1q99qLo2e-gQ，提取码：GOOD）下载。

学习目标

能力目标	知识要点
掌握建筑门的创建方式	建筑门的创建
掌握建筑门的编辑方法	建筑门的编辑
掌握建筑窗的创建方式	建筑窗的创建
掌握建筑窗的编辑方法	建筑窗的编辑

门、窗是建筑设计中最常用的构件，Revit 软件 2016 提供了门、窗工具，用于在项目中添加门、窗图元。门窗必须放置于墙体、屋顶等主体图元上，所以也被称为“基于主体的构件”，删除主体，门、窗等基于主体的构件也相应被删除。

5.1　建筑门

打开“模块15：项目建筑门.rvt”文件，完成相应的模块练习。读者可扫描右侧二维码观看模块15教学视频。

“模块15：项目建筑门”教学视频

5.1.1　载入门族

单击“插入”选项卡下面的“从库中载入”面板中的“载入族”按钮，弹出“载入族”对话框，找到本模块练习文件夹下面的“RFA”文件夹中的“MLC-1.rfa”“单扇门.rfa”“双扇门.rfa”三个族文件，全选并单击“打开”按钮，将其载入到当前项目，如图5-1所示。

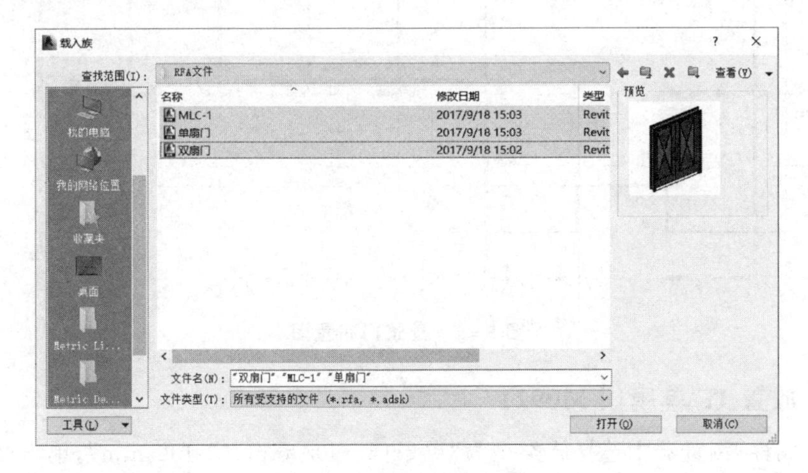

图5-1　“载入族”对话框

5.1.2　放置门

如图5-2所示双击“1F”楼层平面视图，单击“建筑”选项卡下面的“构建”面板中的“门”按钮，自动跳转到“修改/放置门”上下文选项卡。

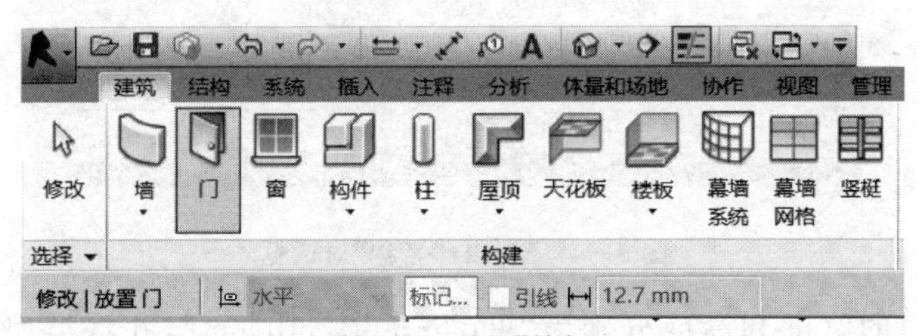

图5-2　“门”按钮

1. 放置 1F 门连窗 MLC－1

在“属性”浏览器中选择族类型为“MLC－1”，单击“编辑类型”按钮，在弹出的编辑类型对话框中确认该门的宽度和高度分别为“2 100 mm”和“3 000 mm”，并将类型标记值改为“MLC－1”，单击“确定”按钮。

移动鼠标至绘图区域，如图 5－3 所示在一层走廊尽头对称放置门连窗 MLC－1，注意门的开启方向为“向内”。

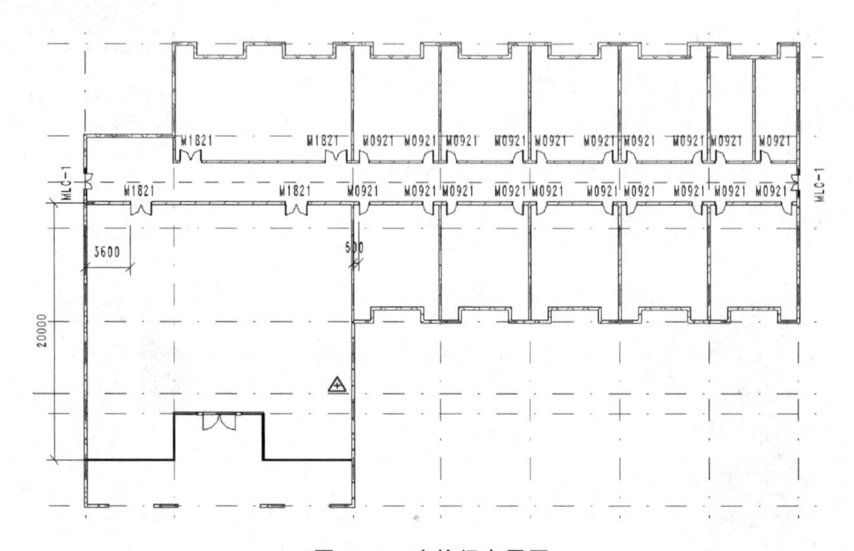

图 5－3　建筑门布置图

2. 放置 1F 单扇门 M0921

在“属性”浏览器中选择族类型为“单扇门：900 mm×2 100 mm”，单击“编辑类型”按钮对话框中“复制”按钮，在弹出的“名称”对话框中输入“M0921”，“名称”对话框，如图 5－4 所示。

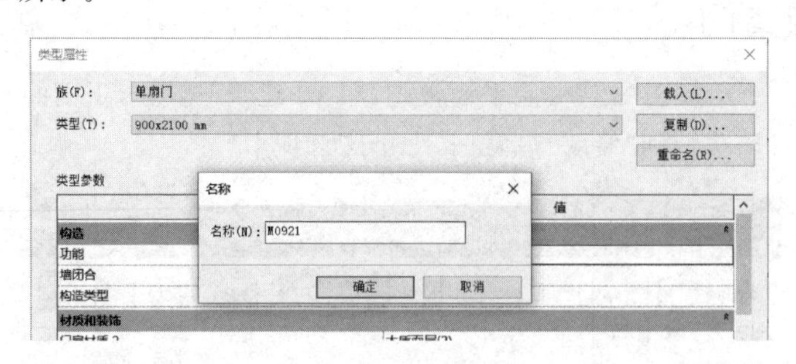

图 5－4　M0921“名称”对话框

确认该门的宽度和高度分别为“900 mm”“2 100 m”，并将类型标记值改为“M0921”，单击“确定”按钮。

移动鼠标至绘图区域，如图 5－3 所示在一层办公室对称放置单扇门 M0921，注意门的开启方向为“向内”。同时门转轴距墙中心线的距离为“500 mm”。

3. 放置 1F 双扇门 M1821

在“属性”浏览器中选择族类型为“双扇门：1 500 mm×2 100 mm”，在弹出的“编辑类型”对话框中单击“复制”按钮，在弹出的“名称”对话框中输入“M1821”，如图 5－5 所示。

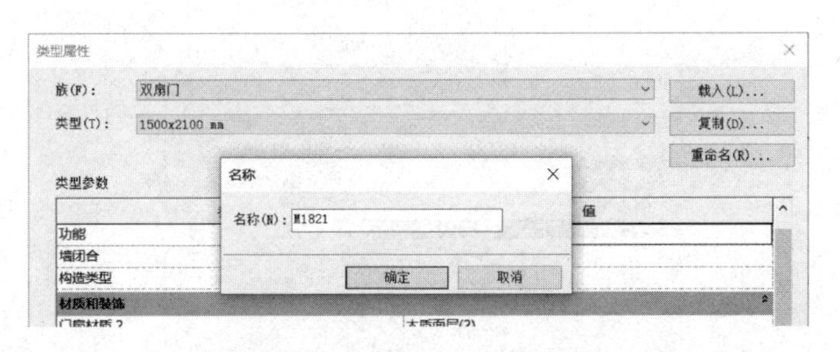

图 5－5　M1821“名称”对话框

修改门的宽度和高度分别为“1 800 mm”“2 100 mm”如图 5－6 所示，并将类型标记值改为“M1821”，单击“确定”按钮。

类型属性

族(F)：双扇门　载入(L)...

类型(T)：M1821　复制(D)...

重命名(R)...

类型参数

参数	值
门侧柱厚度剪切边	32.0
门侧柱厚度	44.0
高度	2100.0
宽度	1800.0
粗略宽度	
粗略高度	
厚度	

图 5－6　M1821“类型属性”对话框

移动鼠标至绘图区域，如图 5－3 所示在一层大厅和会议室放置双扇门 M1821，注意门的开启方向为“向内”。

4. 布置 2－5F 建筑门

双击“项目浏览器”中的“三维”，进入三维视图，单击鼠标左键框选所有图元如图 5－7 所示，单击“修改/选择多个”选项卡“选择”面板中的“过滤器”按钮。

如图 5－8 所示在“过滤器”对话框中，只勾选“门”复选框，单击“确定”按钮。

图 5-7　门“过滤器”按钮

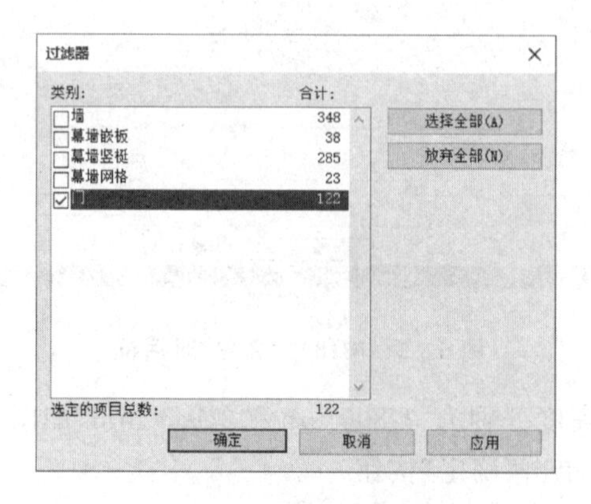

图 5-8　门“过滤器”对话框

如图 5-9 所示单击“修改/门”选项卡“剪贴板”面板中的“复制到剪贴板”按钮，软件会将选中的门进行复制。

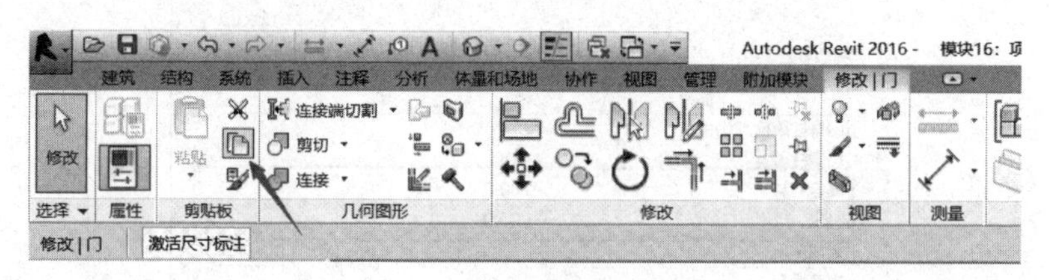

图 5-9　门“复制到剪贴板”按钮

如图 5-10 所示单击左侧“粘贴”按钮下拉列表中的“与选定的标高对齐”按钮，弹出“选择标高”对话框。按住键盘“Shift”键，多选 2F-5F，“选择标高”对话框，如图 5-11 所示单击“确定”按钮，软件将 1F 建筑门粘贴至 2F-5F。

删除 2F-5F 走廊两侧尽头的门连窗 MLC-1，完成后的图元，如图 5-12 所示。

保存文件，完成该模块练习。

图5-10 “与选定的标高对齐”按钮

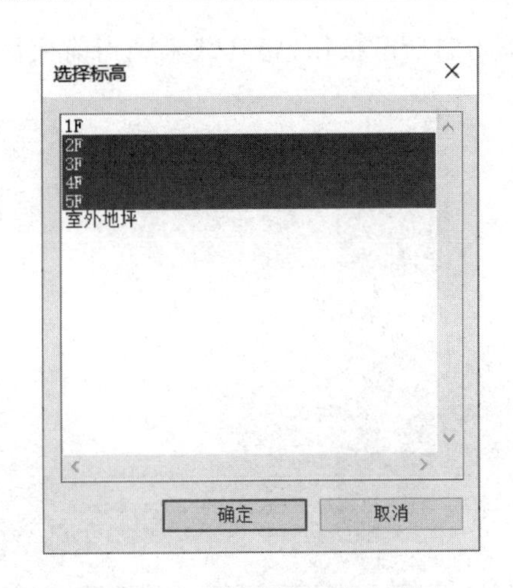

图5-11 “选择标高”对话框

图5-12 建筑门三维图

5.2 建筑窗

打开“模块16：项目建筑窗.rvt”文件，完成相应的模块练习。读者可扫描右侧二维码观看模块16教学视频。

5.2.1 载入窗族

“模块16：项目建筑窗”教学视频

单击“插入”选项卡下面的“从库中载入”面板中的“载入族”按钮，弹出“载入族”对话框如图5-13所示，找到本模块练习文件夹下，“RFA”文件夹中的“单扇六格窗.rfa”“双开推拉窗.rfa”两个族文件，全选并单击“打开”按钮，将其载入到当前项目。

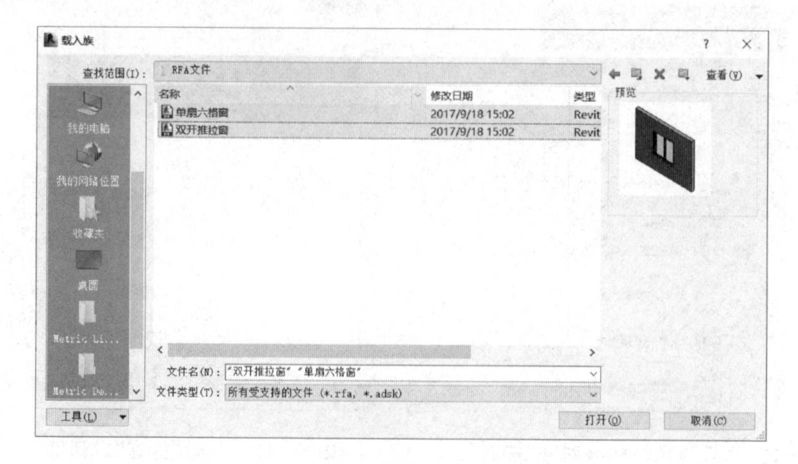

图 5－13 “载入族”对话框

5.2.2 放置窗

如图 5－14 所示双击“1F”楼层平面视图，单击“建筑”选项卡下面的“构建”面板中的“窗”按钮，自动跳转到“修改/放置门”上下文选项卡。

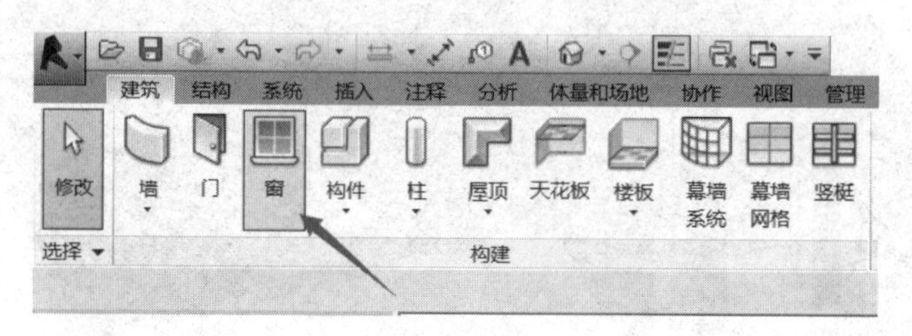

图 5－14 “窗”按钮

1. 放置 1F 单扇六格窗 C0921

在“属性”浏览器中选择族类型为“单扇六格窗：C0921”，单击“编辑类型”按钮，在弹出的“编辑类型”对话框中确认该窗的宽度和高度分别为“900 mm”和“2 100 mm”，并将类型标记值改为“C0921”，修改“窗框材质”为“铝”，单击“确定”按钮。修改“属性”浏览器中的窗台底高度为“800 mm”，如图 5－15 所示。

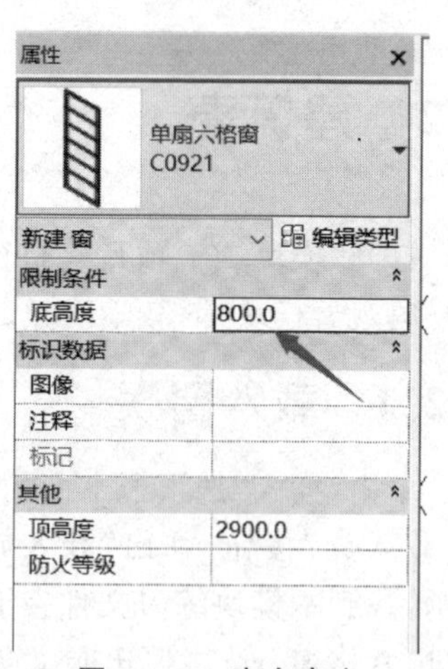

图 5－15 窗台高度

移动鼠标至绘图区域，如图 5－16 所示在一层办公室凸墙位置放置单扇六格窗 C0921，注意窗的开启方向为“向外”。

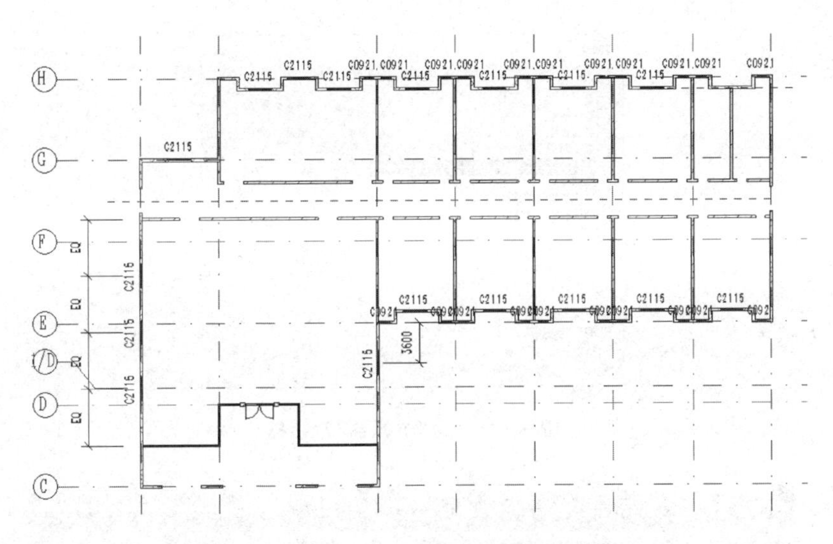

图 5-16　建筑窗布置图

2. 放置1F双扇推拉窗C2115

在“属性”浏览器中选择族类型为“双扇推拉门：C2115”，单击“编辑类型”按钮，在弹出的“编辑类型”对话框中确认该窗的宽度和高度分别为“2 100 mm”和“1 500 mm”，并将类型标记值改为“C2115”，修改“窗框材质”为“铝”，单击“确定”按钮。修改“属性”浏览器中的窗台底高度为“800 mm”。

移动鼠标至绘图区域，按照如图5-16所示在一层办公室凹墙和大厅位置放置双扇推拉窗C2115，注意窗的开启方向为“向外”。

3. 布置2-5F建筑窗

双击“项目浏览器”中的“三维”，进入三维视图，单击鼠标左键框选所有图元，如图5-17所示单击“修改/选择多个”选项卡“选择”面板中的“过滤器”按钮。

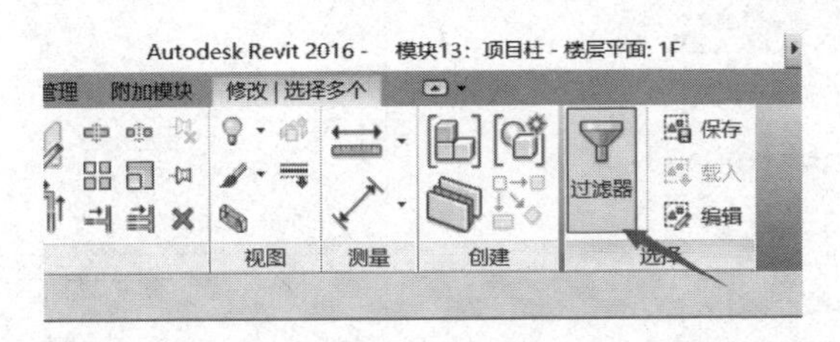

图 5-17　窗“过滤器”按钮

如图5-18所示在“过滤器”对话框中，只勾选“窗”复选框，单击“确定”按钮。

如图5-19所示单击“修改/门”选项卡“剪贴板”面板中的“复制到剪贴板”按钮，软件会将选中的门进行复制。

如图5-20所示单击左侧“粘贴”按钮下拉列表中的“与选定的标高对齐”按钮，

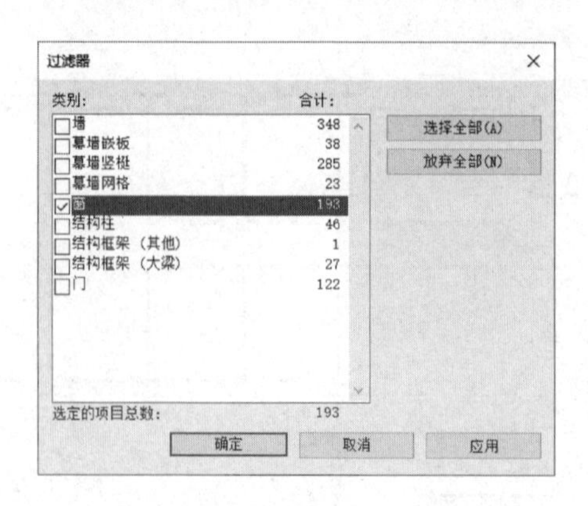

图 5-18　窗“过滤器”对话框

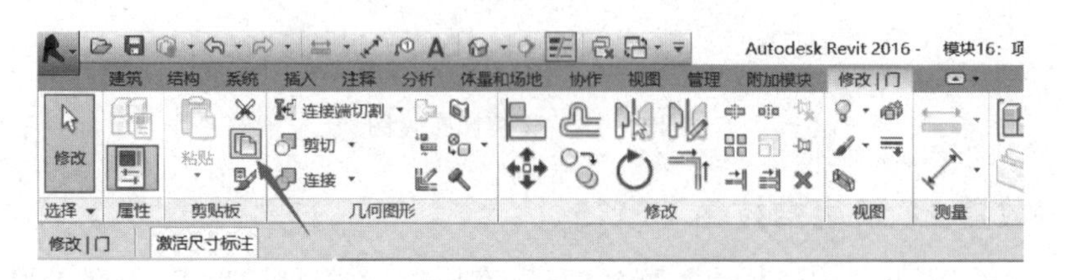

图 5-19　窗“复制到剪贴板”按钮

弹出“选择标高”对话框，按住键盘“Shift 键”，多选 2F－5F，如图 5-21 所示单击“确定”按钮，软件将 1F 建筑窗粘贴至 2F－5F。

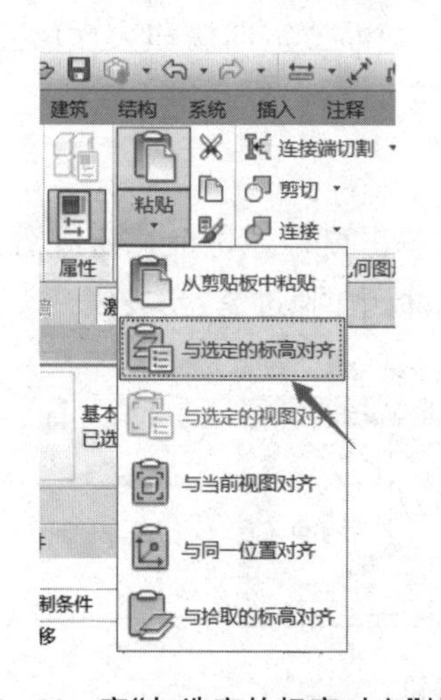

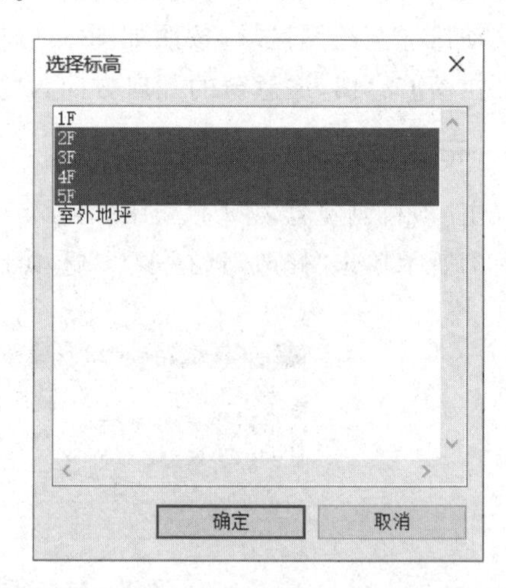

图 5-20　窗“与选定的标高对齐”按钮　　　　图 5-21　窗“选择标高”对话框

添加 2－5F 走廊两侧尽头的双扇推拉窗 C2115，完成后的图元，如图 5-22 所示。

保存文件，完成该模块练习。

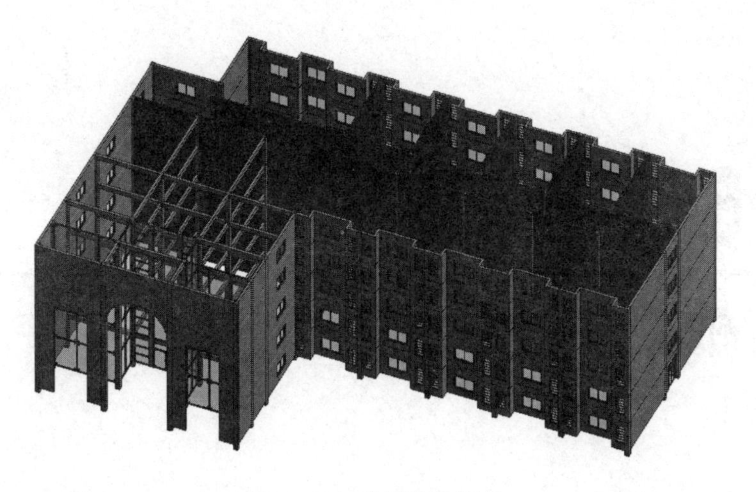

图5-22　建筑窗三维图

习　　题

一、选择题

1. 族类型名为“M0921”的建筑门，它的具体尺寸应为(　　)。

A. 900 mm×1 800 mm　　B. 900 mm×2 100 mm

C. 1 800 mm×900 mm　　D. 2 100 mm×900 mm

2. 族类型名为“C2115”的建筑窗，它的具体尺寸应为(　　)。

A. 2 100 mm×1 500 mm　　B. 1 500 mm×2 100 mm

C. 2 000 mm×1 150 mm　　D. 1 150 mm×2 000 mm

二、操作题

1. 在Revit软件中，如何更改建筑门的“开启方向”“门把手的方向”？

2. 在Revit软件中，如何更改建筑窗的“开启方向”？

第 6 章

楼　板

本章导读

本章我们将基于钱江楼项目和深化练习素材，依托 Autodesk Revit 2016 软件，完成项目楼板的绘制。

6.1 节：平楼板。

介绍平楼板的创建方式和编辑方法，绘制完成房间内楼板、卫生间楼板、室外台阶和散水挑板。

6.2 节：斜楼板。

介绍斜楼板的两种创建方式，坡度箭头法和定义高程法。

本章建议学习课时：2 课时。

本章配套的素材、练习文件及相关教学视频，请从百度云盘地址：https://pan.baidu.com/s/1gpIpe6pvyg1q99qLo2e-gQ，提取码：GOOD 页面下载。

学习目标

能力目标	知识要点
掌握平楼板的创建方式	平楼板的创建
掌握平楼板的编辑方法	平楼板的编辑
掌握造型工具的应用	造型工具的应用
掌握斜楼板的创建方法	斜楼板的创建
掌握斜楼板的编辑方法	斜楼板的编辑

楼板是建筑设计中常用的建筑构件，用于分隔建筑各层空间。Revit 软件提供

了四种楼板图元，分别是建筑楼板、结构楼板、面楼板和楼半边。其中，结构楼板是为了方便在楼板中布置钢筋、进行受力分析等结构专业应用而设计的，提供了钢筋保护层厚度等参数，而结构楼板与建筑楼板的用法没有任何区别。面楼板是用于将概念体量模型的楼层面转化为楼板模型图元，该方式只能从体量创建楼板模型时使用，该部分内容我们将在12.2概念体量转化为建设计模型中介绍。楼板边工具用于创建基于楼板边缘的放样模型图元，该部分内容我们将在主体放样10.1.1楼板边中介绍。本章将通过钱江楼项目和深化练习素材学习建筑楼板的使用方法

6.1　平楼板

平楼板是不带坡度的水平板，属于水平构件。打开“模块17：项目楼板.rvt”文件，完成相应的模块练习。读者可扫描右侧二维码观看模块17教学视频。

6.1.1　绘室内楼板

“模块17：项目楼板”教学视频

1. 房间内楼板

选择“项目浏览器”中“1F”楼层平面视图，单击“建筑”选项卡下面的“构件”面板中的“楼板”按钮列表，单击“楼板：建筑”按钮如图6-1所示；它会自动跳转到“修改/创建楼层边界”上下文选项卡，在“绘制”面板中，单击“边界线”按钮，单击“拾取墙”按钮，如图6-2所示。

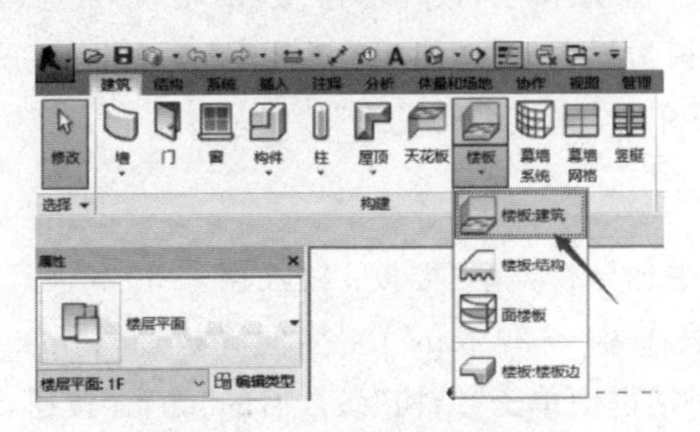

图6-1　“楼板：建筑”按钮

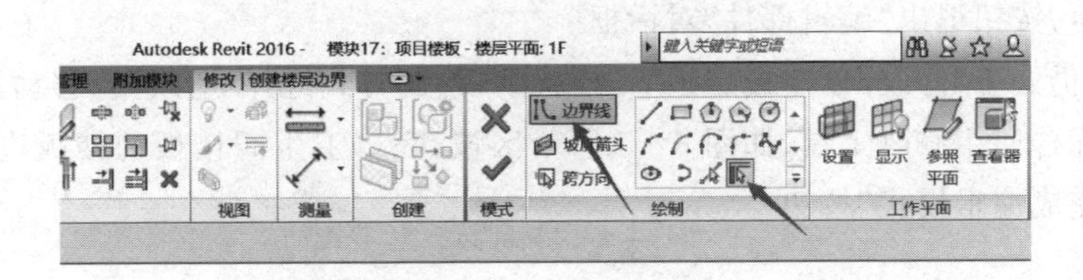

图6-2　“拾取墙”按钮

如图 6－3 所示在“属性”浏览器中选择族类型“楼板：钱江楼－150 mm－室内”，设置标高为“1F”，自标高的高度偏移为“0 mm”。单击“编辑类型”按钮，在弹出“编辑类型”对话框中单击“结构”参数后的“编辑”按钮，打开“编辑部件”对话框如图 6－4 所示，设置该楼板的各层功能、材质和厚度，完成后单击“确定”按钮，再单击“确定”按钮退出“编辑类型”对话框。

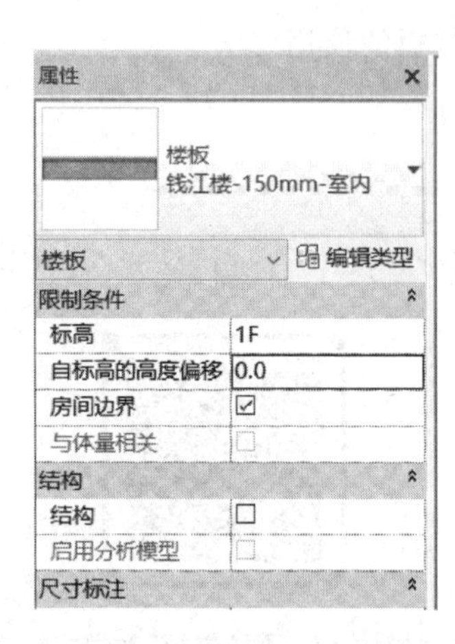

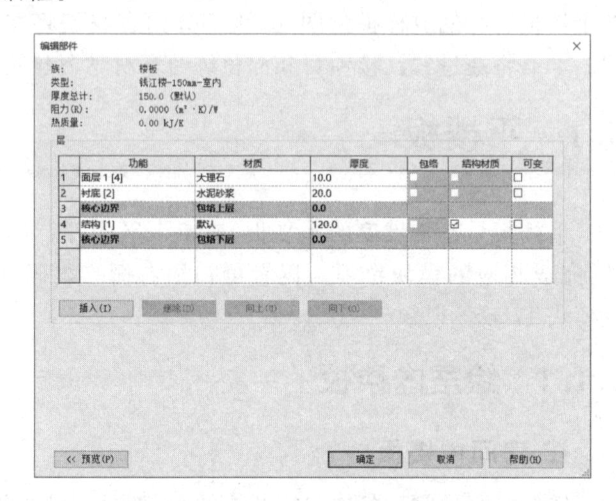

图 6－3　房间内楼板“属性”浏览器　　　　图 6－4　房间内楼板“编辑部件”对话框

确认仍处于“修改/创建楼层边界”模式下，绘制方式仍为“拾取墙”。移动鼠标至绘图区域，捕捉到任意一段墙体后，按住键盘“Tab”键，形成一段蓝色的预捕捉轮廓，单击鼠标左键绘制楼板边界，再配合使用修改工具，如图 6－5 所示区域，完善室内楼板的楼板边界，并最终单击“完成编辑模式”按钮。

2. 卫生间楼板

在“属性”浏览器中选择族类型“楼板：钱江楼－150 mm－卫生间”，设置标高为“1F”，自标高的高度偏移为“－20 mm”（卫生间降板 20 mm）。单击“编辑类型”按钮，在弹出编辑类型对话框中单击“结构”参数后的“编辑”按钮，打开“编辑部件”对话框，如图 6－6 所示设置该楼板的各层功能、材质和厚度，完成后单击“确定”按钮，再单击“确定”按钮退出“编辑部件”对话框。

确认仍处于“修改/创建楼层边界”模式下，绘制方式选择“直线”。移动鼠标至绘图区域，配合使用修改工具，如图 6－5 所示区域，完善卫生间楼板的楼板边界，并最终单击“完成编辑模式”按钮。

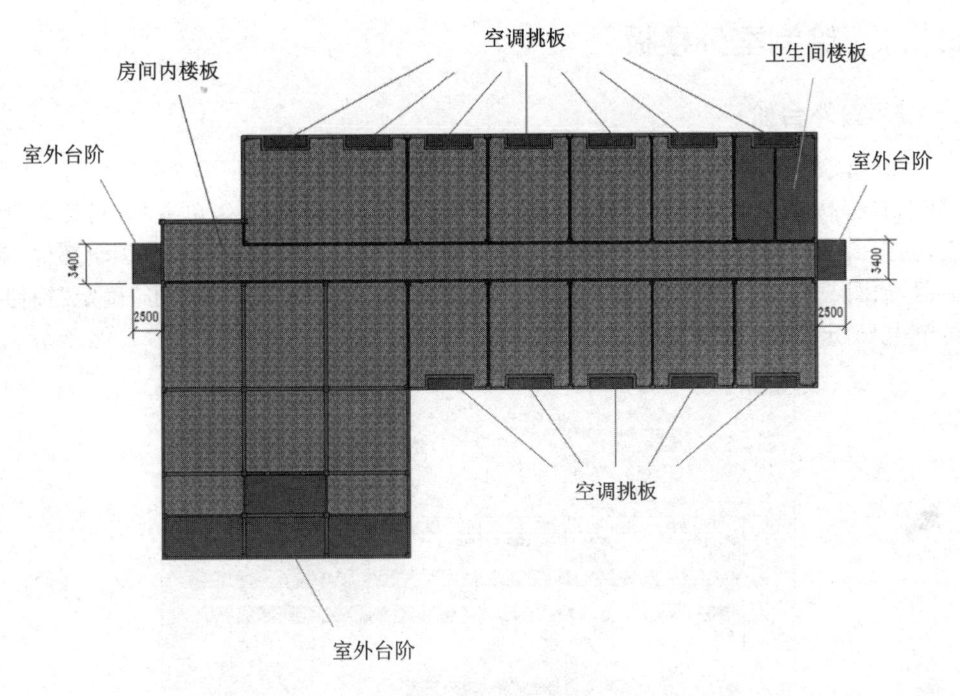

图 6－5 楼板布置图

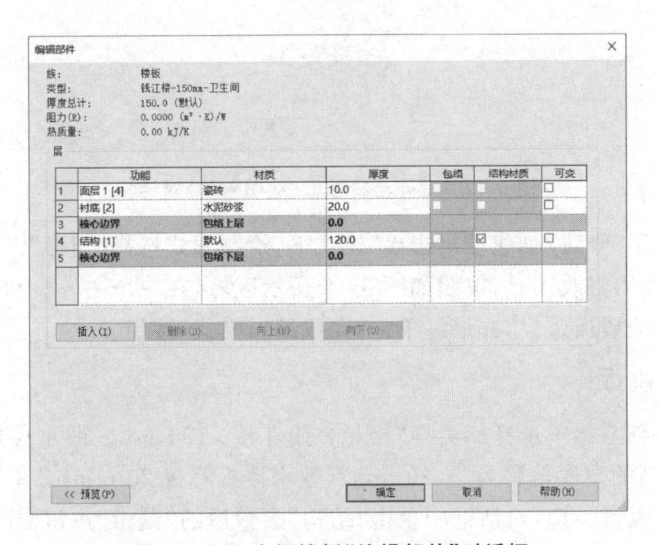

图 6－6 卫生间楼板“编辑部件”对话框

6.1.2　绘制室外楼板

1. 室外台阶

在“属性”浏览器中选择族类型“楼板：钱江楼-600 mm-室外”，设置标高为“1F”，自标高的高度偏移为“−20 mm”(室外台阶降板 20 mm)。单击“编辑类型”按钮，在弹出“编辑类型”对话框中单击“结构”参数后的“编辑”按钮，打开“编辑部件”对话框，如图 6-7 所示设置该楼板的各层功能、材质和厚度，完成后单击“确定”按钮，再单击“确定”按钮退出“编辑类型”对话框。

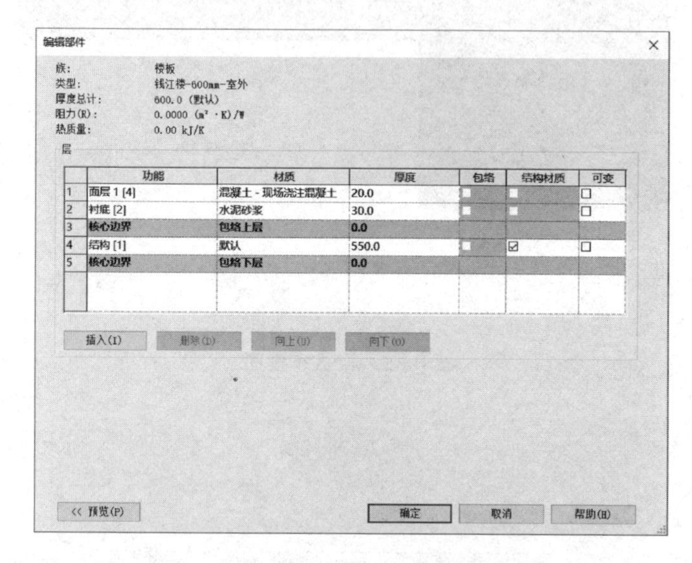

图 6-7　室外台阶楼板“编辑部件”对话框

确认仍处于“修改/创建楼层边界”模式下，绘制方式选择“矩形”。移动鼠标至绘图区域，配合使用修改工具，按照如图 6-5 所示区域，在一个主入口和两个次入口处完善室外台阶的楼板边界，并最终单击“完成编辑模式”按钮。

2. 散水挑板

在“属性”浏览器中选择族类型“楼板：钱江楼-100 mm-散水楼板”，设置标高为“1F”，自标高的高度偏移为“−20 mm”(散水楼板降板 20 mm)。单击“编辑类型”按钮，在弹出“编辑类型”对话框中单击“结构”参数后的“编辑”按钮，打开“编辑部件”对话框，如图 6-8 所示设置该楼板的各层功能、材质和厚度，完成后单击“确定”按钮，再单击“确定”按钮退出“编辑部件”对话框。

确认仍处于“修改/创建楼层边界”模式下，绘制方式选择“矩形”。移动鼠标至绘图区域，配合使用修改工具，在墙体凹进处绘制散水楼板的楼板边界，并最终单击“完成编辑模式”按钮。

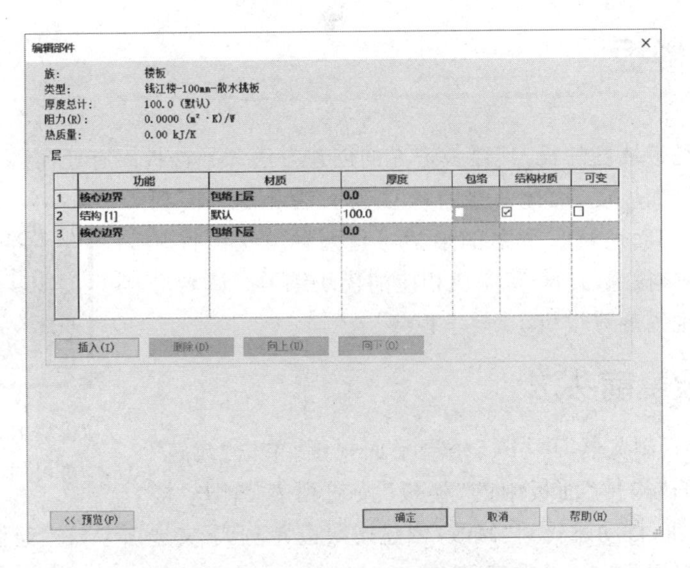

图 6-8 散水楼板“编辑部件”对话框

6.1.3 布置 2-5F 楼板

切换到三维视图,框选全部图元并配合使用“过滤器”工具,将楼板过滤出来,同时,配合使用键盘“Shift”键取消选择“室外台阶”楼板(仅复制房间内楼板、卫生间楼板和散水挑板)。

依次单击“修改/楼板”选项卡下面的“剪贴板”面板中的“复制到剪贴板”按钮和“与选定的标高对齐”按钮将 1F 楼板复制粘贴至 2F-5F。

完成后的图元,如图 6-9 所示。保存文件,完成该模块练习。

图 6-9 楼板三维图

6.2 斜楼板

斜楼板是带坡度的板，其楼板边界的创建方法和平楼板没有任何区别，区别在于斜楼板需要添加坡度，因此总结有坡度箭头法和定义高程法两种方法，下面通过一个案例来学习这两种方法。打开“模块 18：斜楼板练习.rvt”，完成相应的模块练习。读者可扫描右侧二维码观看模块 18 教学视频。

“模块 18：斜楼板练习”教学视频

6.2.1 坡度箭头法

选择“项目浏览器”中“F1”楼层平面视图，单击“建筑”选项卡下面的“构件”面板中的“楼板”按钮列表，单击“楼板：建筑”按钮，自动跳转到“修改/创建楼层边界”上下文选项卡，在“绘制”面板中单击“边界线”按钮，单击“拾取墙”方式。

移动鼠标至绘图区域，使用“拾取墙”方式，配合使用“修剪/延伸为角”等修改工具绘制走廊区域的楼板边界线，如图 6-10 所示。

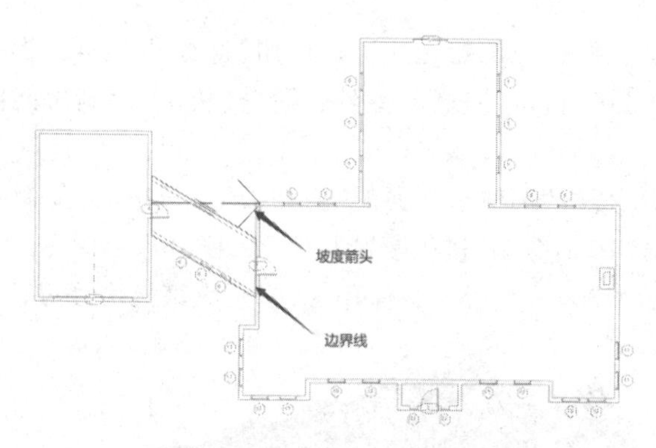

图 6-10　楼板边界与坡度箭头

如图 6-11 所示单击“绘制”面板中的“坡度箭头”按钮，单击“直线”方式，移动鼠标至绘图区域，沿水平向从左往右绘制坡度箭头，如图 6-10 所示。

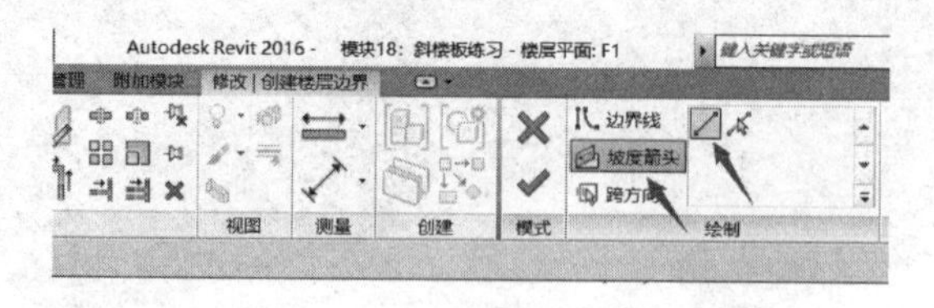

图 6-11　“坡度箭头”按钮

鼠标选中该坡度箭头，如图 6-12 所示，修改“属性”浏览器中的限制条件，指定

为“尾高”，最低处标高“FM”，尾高度偏移“0.0”，最高处标高“F1”，头高度偏移“0.0 mm”。然后单击完成“编辑模型”按钮。

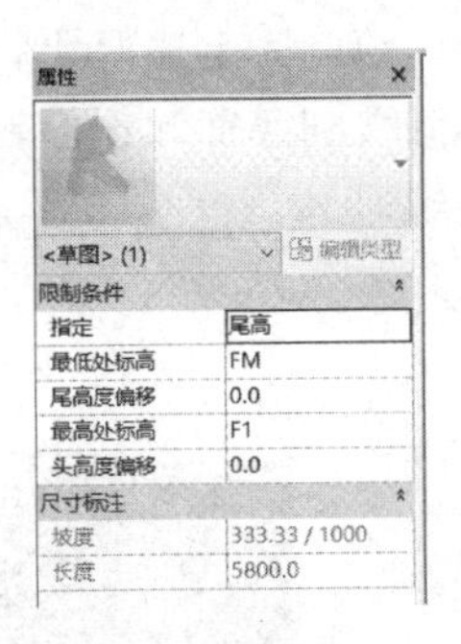

图 6-12　坡度箭头“属性”浏览器

6.2.2　定义高程法

如图 6-13 所示按上述方法再绘制同样的楼板边界线，鼠标框选左侧边界线，如图 6-14 所示修改“属性”浏览器中的标高为“FM”，勾选“定义固定高度”，相对基准的偏移为“3 000 mm”，鼠标框选右侧边界线。如图 6-15 所示修改“属性”浏览器中的标高为“F1” 勾选“定义固定高度”，相对基准的偏移为“3 000 mm”。

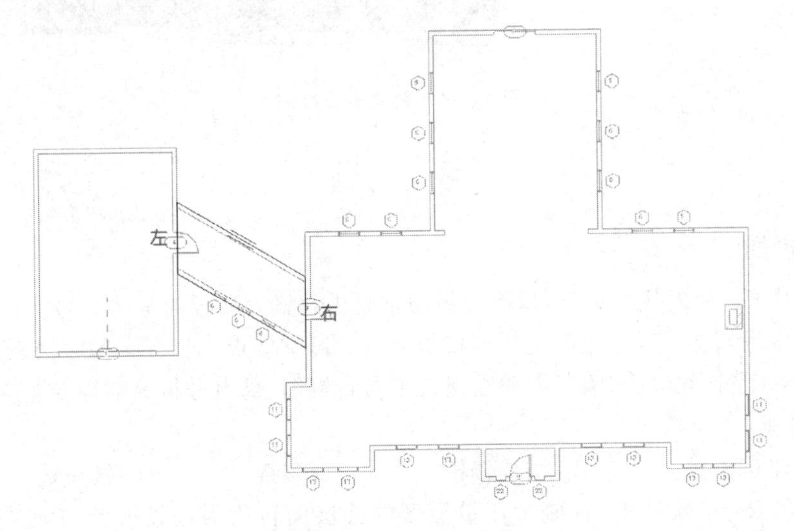

图 6-13　楼板边界线

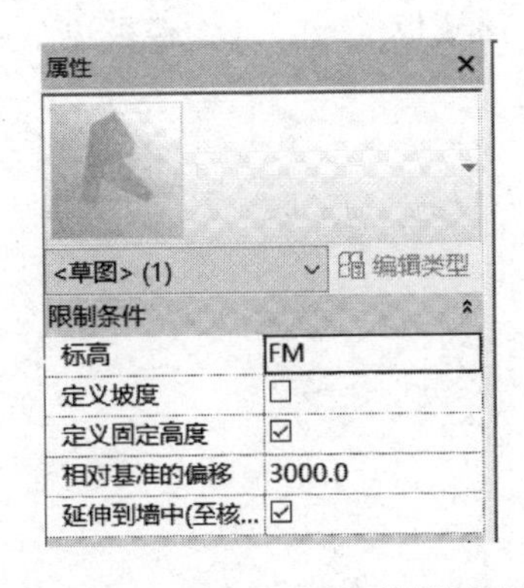

图 6-14　左边界线“属性”浏览器

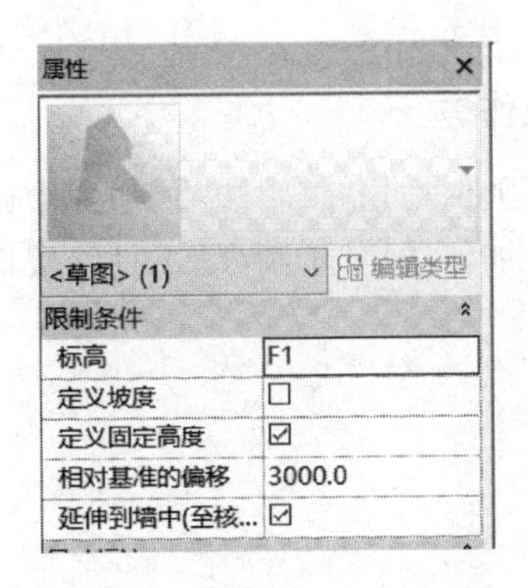

图 6-15　右边界线“属性”浏览器

绘制完上述两块斜楼板后，运用第 4 章第 4.1.4 节墙体附着知识，将走廊两侧墙体附着到底部和顶部斜楼板上，完成后的图元，如图 6－16 所示，保存模型，完成该模块练习。

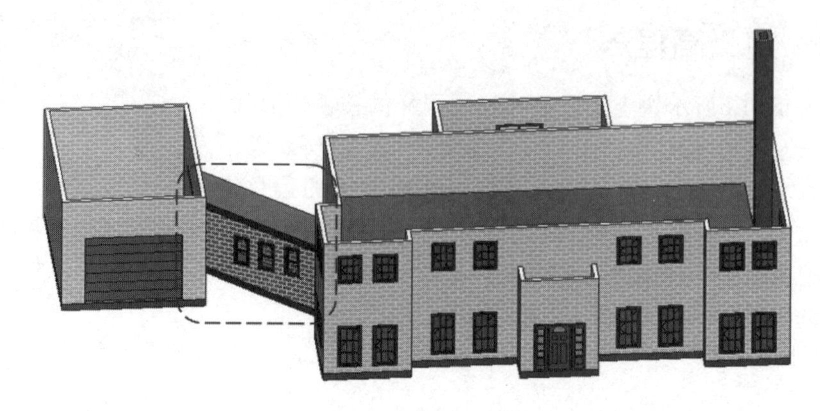

图 6－16　斜楼板三维图

习　　题

一、选择题

1. 对于一般的住宅项目，以下楼板通常是需设置为降板的是(　　)。

A. 客厅楼板　　B. 卫生间楼板　　C. 卧室楼板　　D. 餐厅楼板

2. 在 Revit 软件中，为了方便在楼板中布置钢筋、受力分析等结构专业应用而设计的命令是(　　)。

A. 建筑楼板　　B. 结构楼板　　C. 面楼板　　D. 楼板边

3. 在 Revit 软件中，将概念体量模型的楼层面转化为楼板模型图元的命令是(　　)。

A. 建筑楼板　　B. 结构楼板　　C. 面楼板　　D. 楼板边

二、操作题

1. 如何运用“编辑边界”功能给楼板开洞呢？

2. 如何运用“子图元”工具给楼板找坡呢？

第7章

屋顶和天花板

本章导读

本章我们将基于钱江楼项目和深化练习素材，依托 Autodesk Revit 2016 软件，完成项目屋顶和天花板的绘制。

7.1 节：屋顶。

介绍迹线屋顶的创建方式和编辑方法，运用子图元工具完成屋顶的建筑找坡。介绍拉伸屋顶的创建方式和编辑方法，完成深化练习。

7.2 节：天花板。

介绍天花板的创建方法和编辑方法，并完成钱江楼项目天花板的绘制。

本章建议学习课时：2 课时。

本章配套的素材、练习文件及相关教学视频，请从百度云盘(地址：https://pan.baidu.com/s/1gpIpe6pvyg1q99qLo2e-gQ，提取码：GOOD)下载。

学习目标

能力目标	知识要点
掌握迹线屋顶的创建方式和编辑方法	迹线屋顶的创建和编辑
掌握子图元工具的应用	子图元的应用
掌握拉伸屋顶的创建方式和编辑方法	拉伸屋顶的创建和编辑
掌握天花板的创建方式和编辑方法	天花板的创建和编辑

屋顶和天花板都是建筑的重要组成部分。在 Revit 软件中提供了三种屋顶，分别是迹线屋顶、拉伸屋顶和面屋顶，其中，用迹线屋顶命令可以创建平屋顶和坡屋顶；

而面屋顶的创建需要用到概念体量模块，这块内容我们会在 12.2 概念体量转化为建筑设计模型中介绍。

天花板属于水平构件，它的创建方式、部件编辑方法与楼板的非常相似。本章将通过钱江楼项目和深化练习素材学习建筑屋顶和天花板的创建方式和编辑方法。

7.1 屋　顶

7.1.1 迹线屋顶

1. 创建平屋顶

打开“模块 19：项目平屋顶. rvt”，完成相应的模块练习。读者可扫描右侧二维码观看模块 19 教学视频。

双击“项目浏览器”中“5F”楼层平面视图，选择“建筑”选项卡下面的“构建”面板，单击“屋顶”按钮列表下面的“迹线屋顶”按钮，自动跳转到“修改/创建屋顶迹线”上下文选项卡。

“模块 19：项目平屋楼”教学视频

在“属性”浏览器中选择族类型为“基本屋顶-钱江楼-150 mm -平屋顶”，单击“编辑类型”按钮，在“编辑类型”对话框中单击“结构”后的“编辑”按钮，打开“编辑部件”对话框，确认该平屋顶的功能分层、材质和厚度如图 7 - 1 所示。修改“属性”浏览器中的限制条件，底部标高为“5F”，自标高的底部偏移为“3 450 mm”，如图 7 - 2 所示。

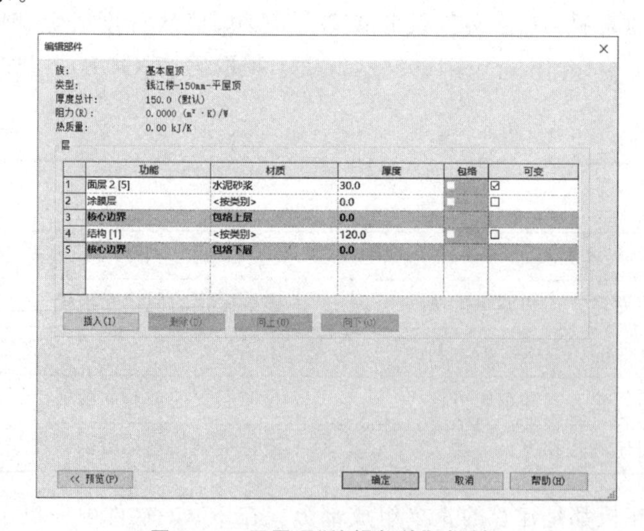

图 7 - 1　平屋顶“编辑部件”对话框

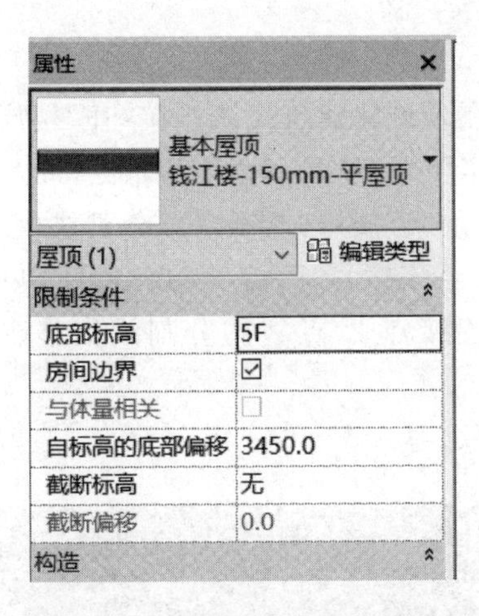

图 7－2　平屋顶“属性”浏览器

确认仍处于“修改/创建屋顶迹线”上下文选项卡中，在“选项栏”中取消勾选“定义坡度”复选框，偏移量设为“0 mm”，如图 7－3 所示。

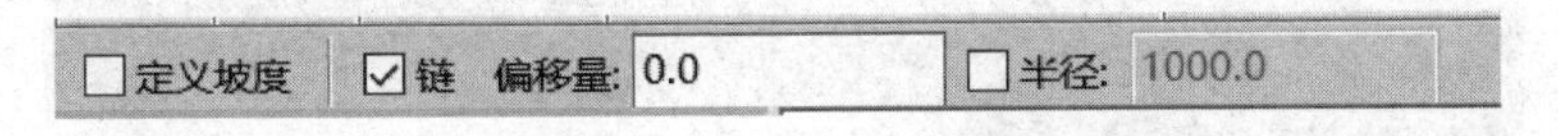

图 7－3　平屋顶“选项栏”

灵活使用“绘制”面板中的绘制工具，移动鼠标至绘图区域，按照如图 7－4 所示绘制屋顶边界线，单击完成“编辑模式”退出屋顶迹线绘制。

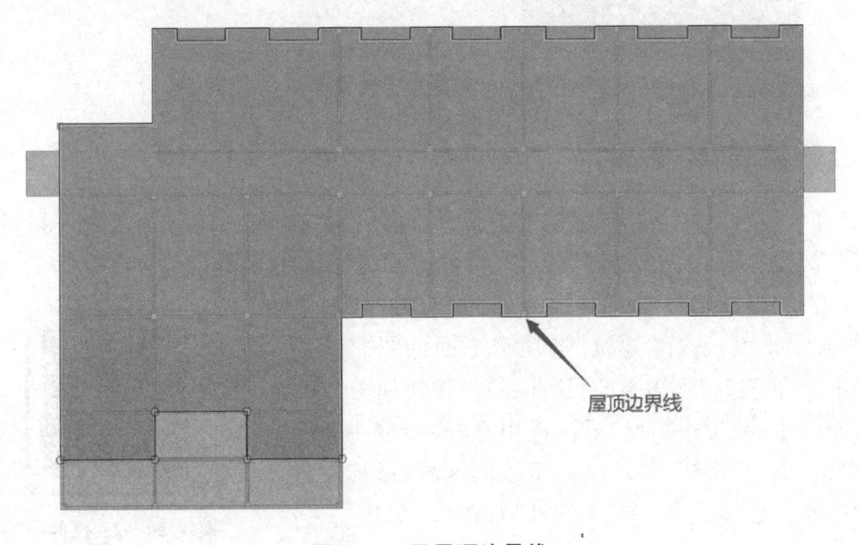

图 7－4　平屋顶边界线

2. 屋顶子图元

运用子图元工具为平屋顶创建建筑找坡。在“5F”楼层平面视图中，选中该平屋顶，单击“修改/屋顶”选项卡下面的“形状编辑”面板中的“添加点”按钮，绘制“点 1”“点 2”“点 3”，单击“添加分割线”按钮，绘制六条分割线(蓝色线条所示)；再单击“修改子图元”按钮，移动鼠标至连接点 1、点 2 的分割线，单击左键，将“0 mm”改为“100 mm”，同样的操作将连接点 2、点 3 的分割线偏移改为“100 mm”，如图 7－5 所示。

保存文件，完成该模块练习。

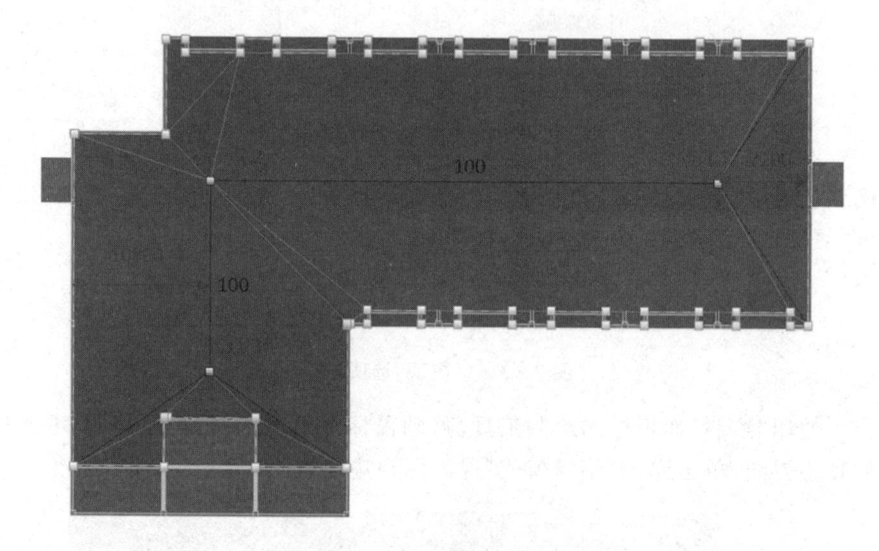

图 7－5　屋顶子图元布置图

7.1.2　拉伸屋顶

打开“模块 20－2：拉伸屋顶练习.rvt”，完成相应的模块练习。读者可扫描右侧二维码观看模块 20－2 教学视频。

双击“项目浏览器”中的“屋顶”楼层平面视图，进入屋顶楼层平面，选择“建筑”选项卡下面的“构建”面板，单击“屋顶”按钮列表下的“拉伸屋顶”按钮如图 7－6 所示，在弹出的“工作平面”对话框中选择“拾取一个平面”，单击“确定”按钮，移动鼠标至绘图区域，鼠标左键单击“C 轴”，在弹出的“转到视图”对话框，如图 7－7 所示中，选择“立面：北立面”，单击“打开视图”按钮，自动跳转到北立面视图。

“模块 20－2：拉伸屋顶练习”教学视频

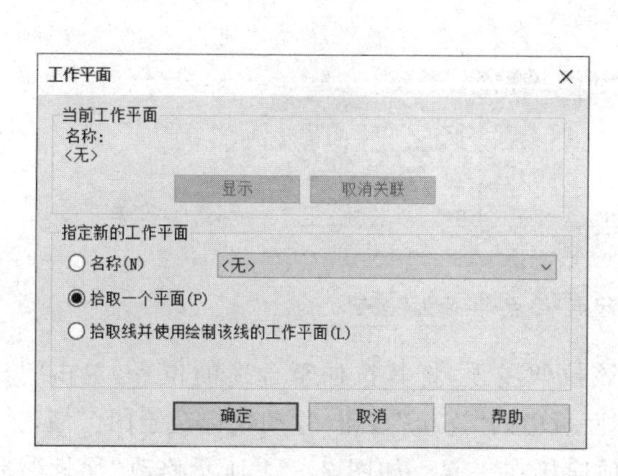

图 7-6 "工作平面"对话框

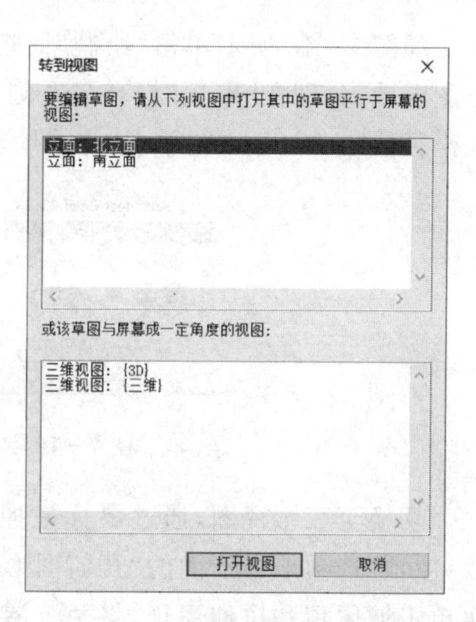

图 7-7 "转到视图"对话框

在弹出的"屋顶参照标高和偏移"对话框中单击"确定"按钮，将自动跳转到"修改/创建拉伸屋顶轮廓"上下文选项卡中，单击"工作平面"面板中的"参照平面"按钮，如图 7-8 所示，绘制两个参照平面如图 7-9 所示。

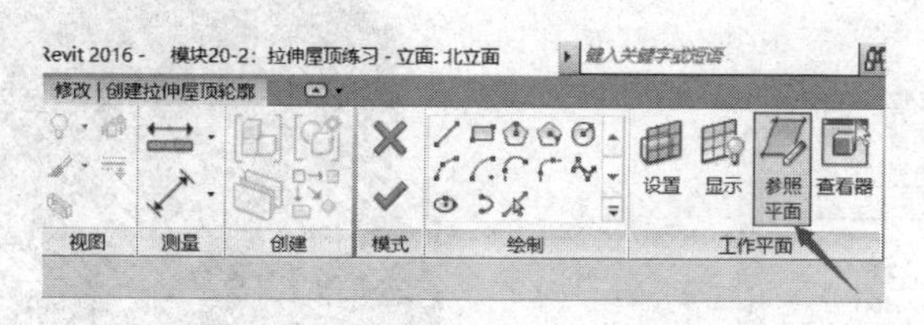

图 7-8 "参照平面"按钮

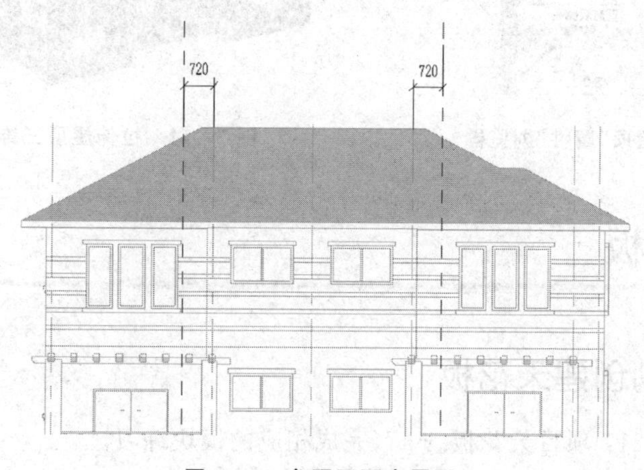

图 7-9 参照平面布置图

如图 7 - 10 所示单击“绘制”面板中的“起点－终点－半径弧”按钮，移动鼠标至绘图区域，分别在“屋顶”标高与左侧、右侧参照平面交点处单击鼠标左键，再键盘输入半径值“4 200 mm”，单击“完成编辑模式”。

图 7 - 10 “起点-终点-半径弧”按钮

切换至三维视图，通过鼠标拖拽该拉伸屋顶，将其拉伸至合适的位置，单击“修改/屋顶”选项卡中下面的“几何图形”面板中的“连接”按钮，移动鼠标至绘图区域，依次单击坡屋顶和拉伸屋顶，将两个屋顶连接在一起。如图 7 - 11 所示修改“属性”浏览器中“椽截面”为“垂直双截面”。

完成后的图元，如图 7 - 12 所示。保存文件，完成该模块练习。

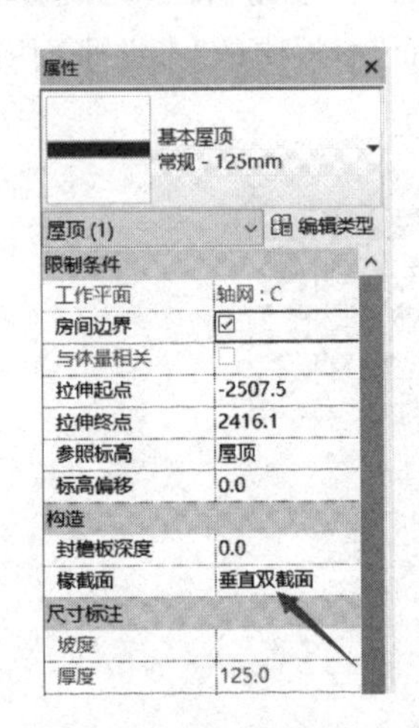

图 7 - 11 屋顶“属性”浏览器

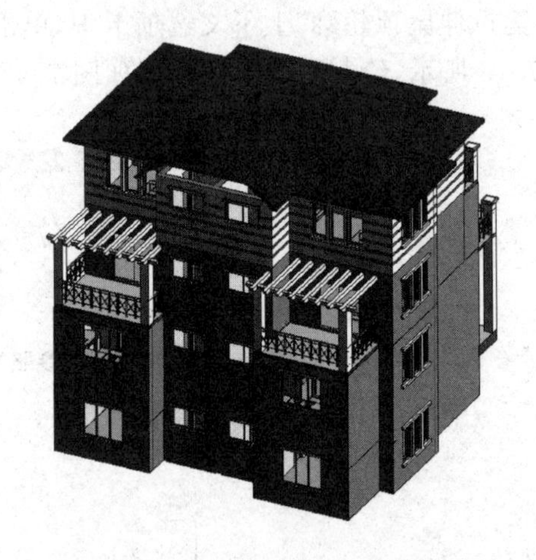

图 7 - 12 拉伸屋顶三维图

7.2 天花板

7.2.1 自动创建天花板

打开“模块 21：项目天花板. rvt”，完成相应的模块练习。

如图 7 - 13 所示单击“建筑”选项卡下面的“构建”面板中的“天花板”按钮，自动跳转到“修改/放置天花板”上下文选项卡。如图 7 - 14 所示单击“天花板”面板中的“自动创建天花板”按钮。读者可扫描右侧二维码观看模块 21 教学视频。

“模块 21：项目天光板”教学视频

在“属性”浏览器中选择族类型为“复合天花板：钱江楼-天花板”，单击“编辑类型”按钮，在弹出的“编辑类型”对话框中单击“结构”后的“编辑”按钮，打开“编辑部件”对话框，确认该天花板的功能分层、材质和厚度，如图 7-15 所示。

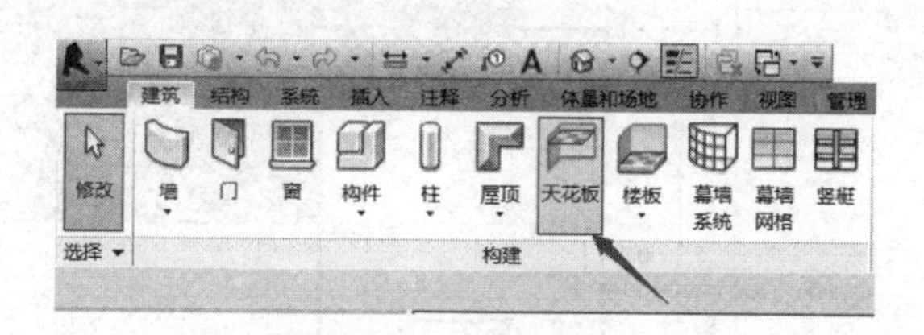

图 7-13　“天花板”按钮

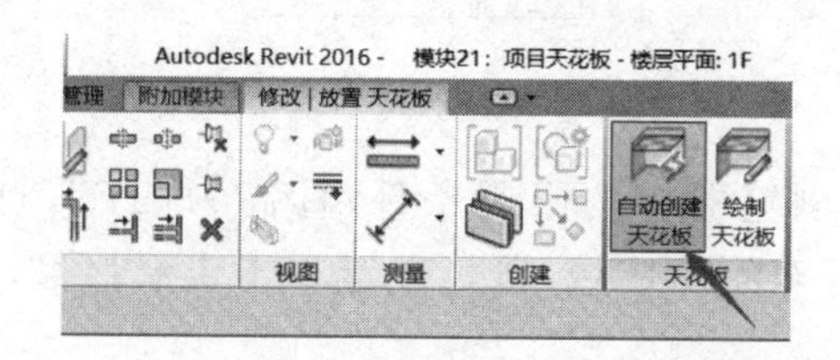

图 7-14　“自动创建天花板”按钮

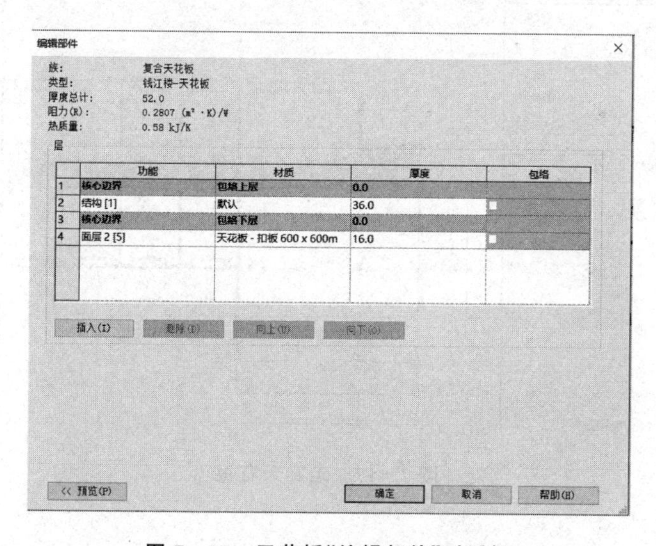

图 7-15　天花板“编辑部件”对话框

修改“属性”浏览器中的限制条件，标高为“1F”，自标高的高度偏移为“2 600 mm”，移动鼠标至绘图区域，鼠标左键依次单击各个房间区域，放置房间内天花板，如图 7－16 所示。

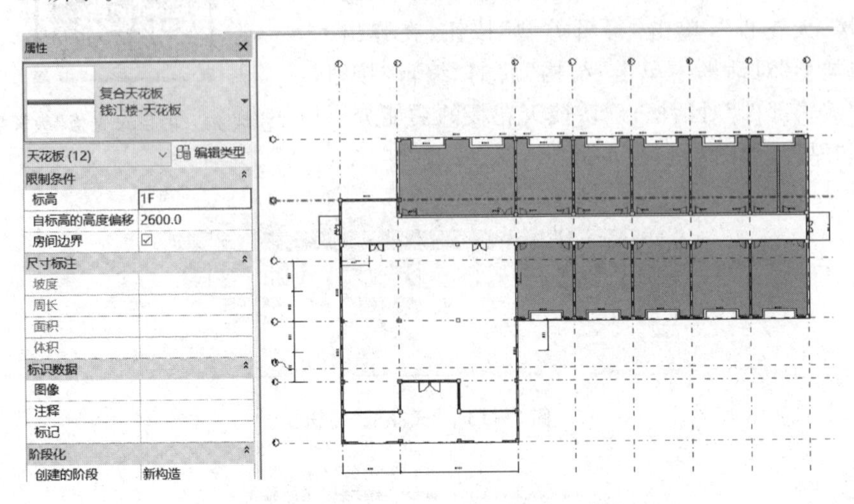

图 7－16　房间内天花板

再次修改“属性”浏览器中的限制条件，标高为“1F”，自标高的高度偏移为“2 400 mm”，移动鼠标至绘图区域，鼠标左键单击走廊区域，放置走廊天花板，如图 7－17 所示。

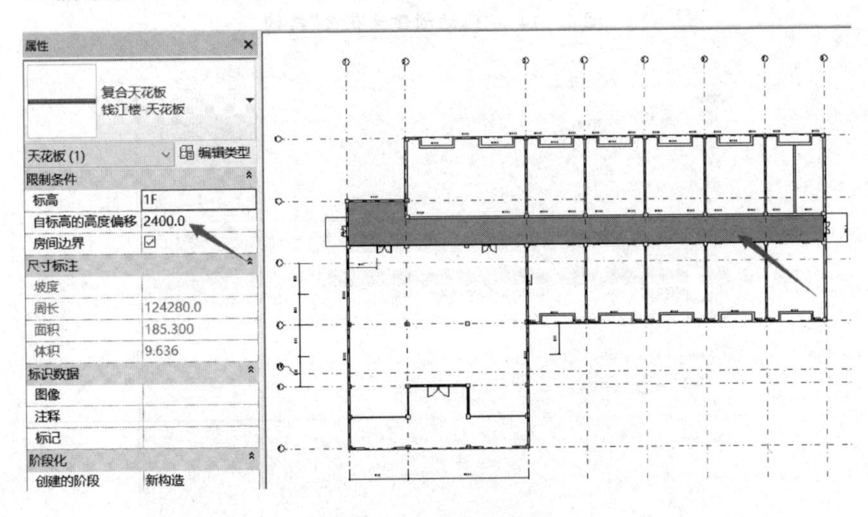

图 7－17　走廊天花板

7.2.2 绘制天花板

单击“建筑”选项卡下面的“构建”面板中的“天花板”按钮，自动跳转到“修改/放置天花板”上下文选项卡。如图7-18所示单击“天花板”面板中的“绘制天花板”按钮，自动跳转到修改“属性”浏览器中的限制条件，标高设置“1F”，自标高的高度偏移为“2 400 mm”。

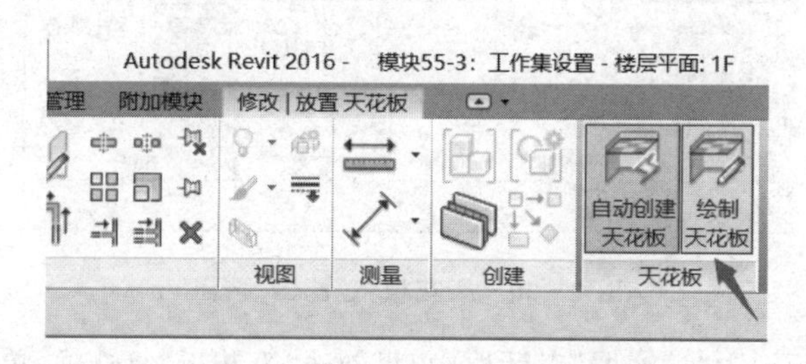

图7-18 “绘制天花板”按钮

激活“修改/创建天花板边界”选项卡中的“边界线”按钮，灵活运用“绘制”面板中的绘制工具，绘制如图7-19所示的天花板边界线，单击“完成编辑模式”按钮。

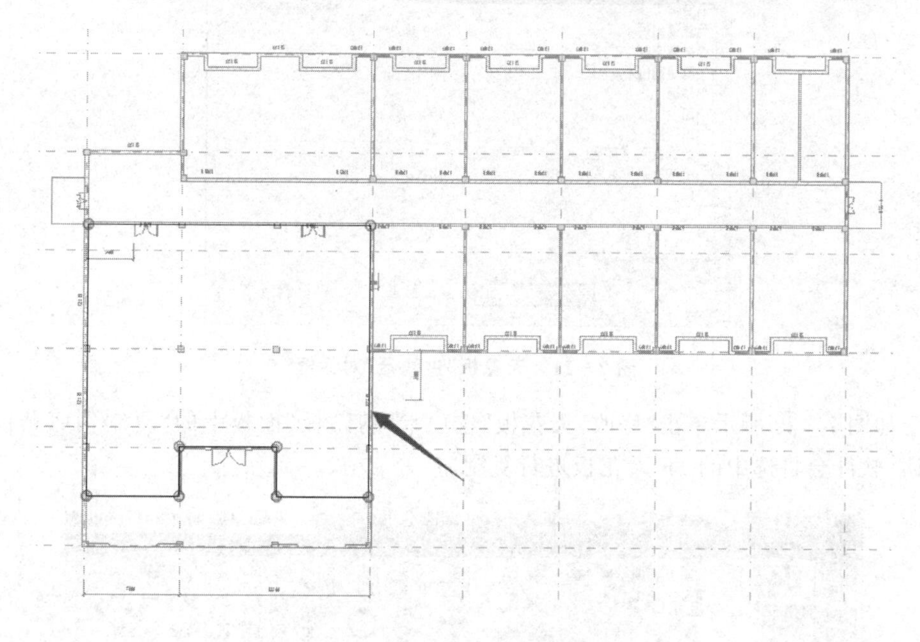

图7-19 大厅天花板边界线

7.2.3　批量创建 2－5F 天花板

双击“项目浏览器”中的“三维”，进入三维视图，单击鼠标左键框选所有图元如图 7－20 所示，单击“修改/选择多个”选项卡“选择”面板中的“过滤器”按钮。

图 7－20　天花板“过滤器”按钮

如图 7－21 所示为“过滤器”对话框中，只勾选“天花板”复选框，单击“确定”按钮。

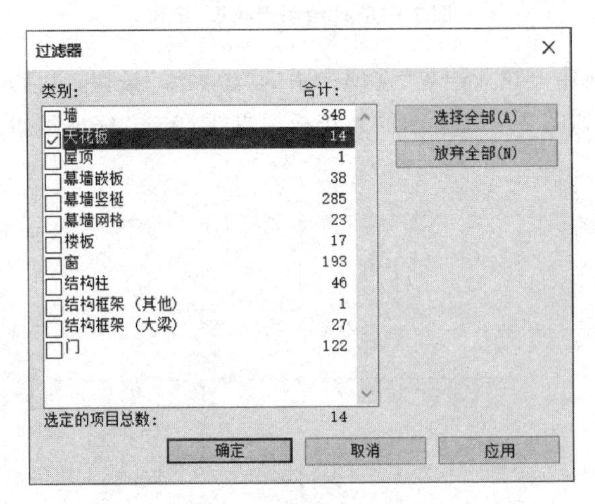

图 7－21　天花板“过滤器”对话框

如图 7－22 所示单击“修改/天花板”选项卡“剪贴板”面板中的“复制到剪贴板”按钮，软件会将选中的 1F 天花板进行复制。

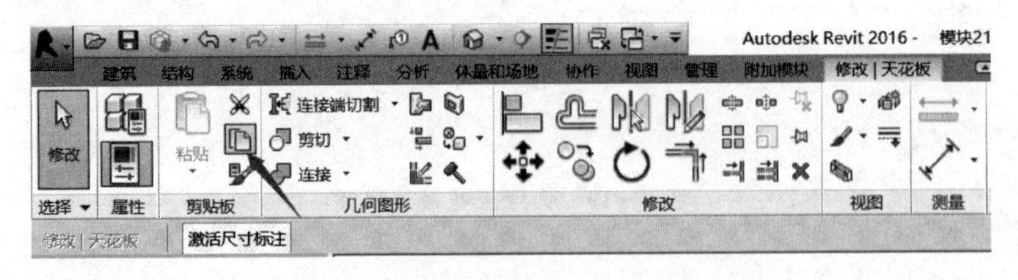

图 7－22　“复制到剪贴板”按钮

如图7－23所示单击左侧“粘贴”按钮下拉列表中的“与选定的标高对齐”按钮，弹出“选择标高”对话框如图7－24所示按住键盘“Shift”键，多选2F－5F，单击“确定”按钮，软件将1F天花板粘贴至2F－5F。

保存文件，完成该模块练习。

图7－23 “与选定的标高对齐”按钮

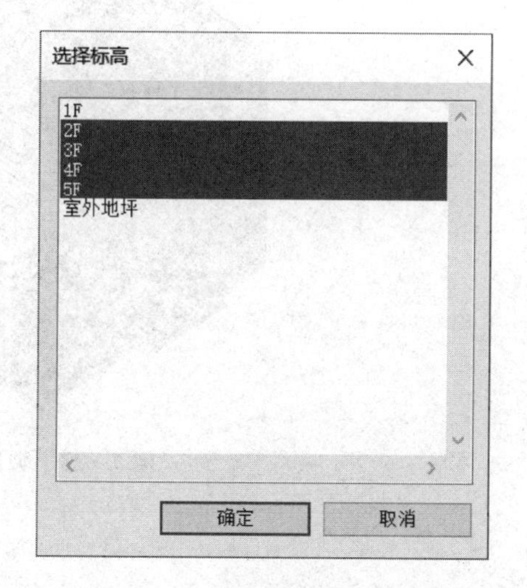

图7－24 “选择标高”对话框

习　题

一、选择题

1. 以下不属于Revit软件中创建屋顶的命令是(　　)。

A. 迹线屋顶　　B. 拉伸屋顶　　C. 面屋顶　　D. 坡屋顶

2. 在Revit软件中，将概念体量模型的屋面转化为屋顶模型图元的命令是(　　)。

A. 迹线屋顶　　B. 拉伸屋顶　　C. 面屋顶　　D. 坡屋顶

二、操作题

打开“模块练习20－1：坡屋顶练习.rvt”，完成坡屋顶如图7－25所示，要求如下：族类型名为“常规-125 mm”；屋顶坡度为“30°”，悬挑值为“600 mm”；屋顶的目标高度顶部偏移为“300 mm”。读者可扫描右侧二维码观看模块20－1教学视频。

“模块练习20－1：坡屋顶练习”教学视频

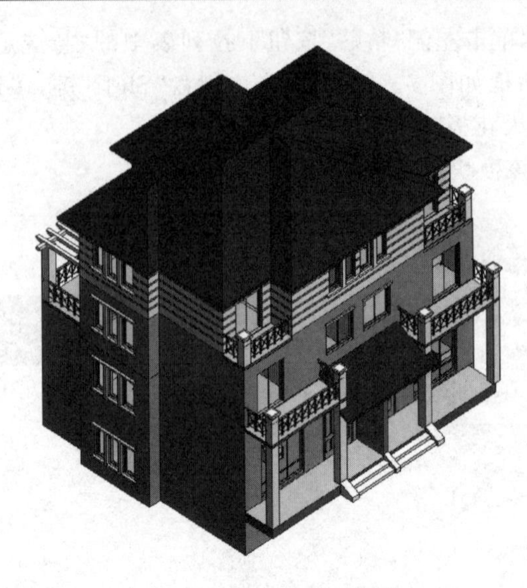

图 7－25　坡屋顶三维图

第 8 章

栏杆扶手和楼梯

本章导读

本章我们将基于钱江楼项目和深化练习素材，依托 Autodesk Revit 2016 软件，完成项目栏杆扶手和楼梯的绘制。

8.1 节：栏杆扶手。

介绍栏杆扶手的构成，学习扶手的创建方式和编辑方法，栏杆的创建方式和编辑方法，完成深化练习。

8.2 节：楼梯。

介绍楼梯的创建方法和编辑方法，并完成钱江楼项目楼梯的绘制。

本章建议学习课时：2 课时。

本章配套的素材、练习文件及相关教学视频，请从百度云盘(地址：https://pan.baidu.com/s/1gpIpe6pvyg1q99qLo2e-gQ，提取码：GOOD)下载。

学习目标

能力目标	知识要点
掌握栏杆扶手的构成	栏杆扶手的构成
扶手的创建方式和编辑方法	扶手的创建和编辑
栏杆的创建方式和编辑方法	栏杆的创建和编辑
楼梯的创建方法和编辑方法	楼梯的创建和编辑

8.1 栏杆扶手

在 Revit 软件中，栏杆扶手分为扶栏和扶手，下面通过钱江楼项目和深化练习素材，学习栏杆扶手的创建方式和编辑方法。

8.1.1 创建项目栏杆扶手

打开“模块 22：项目栏杆扶手.rvt”，完成相应的模块练习。读者可扫描右侧二维码观看模块 22 教学视频。

“模块 22：项目栏杆扶手”教学视频

双击切换至一层楼层平面视图，如图 8－1 所示选择“建筑”选项卡下面的“楼梯坡道”面板，单击“栏杆扶手”列表下的“绘制路径”按钮，自动调整到“修改/创建栏杆扶手路径”上下文选项卡。

进入“类型属性”对话框，单击“复制”按钮，在弹出的“名称”对话框中输入“钱江楼-空调栏杆”，单击“确定”按钮，如图 8－2 所示。

图 8－1 “绘制路径”按钮

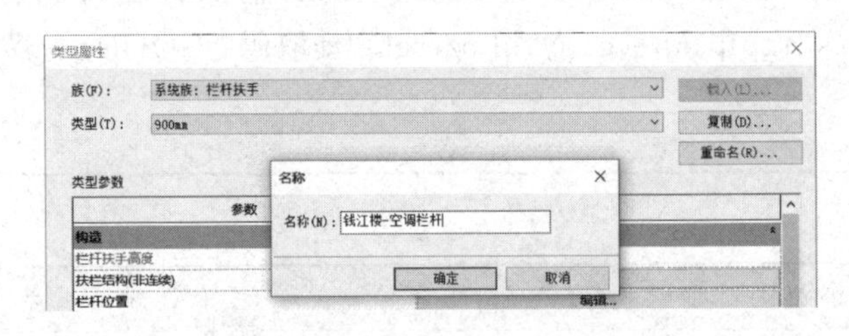

图 8－2 空调栏杆“名称”对话框

单击“扶栏结构(非连续)后”的“编辑按钮”，进入“编辑扶手(非连续)”对话框，单击“插入”按钮，并如图 8－3 所示设置扶手的名称、高度、偏移、轮廓和材质参数，设置完成后单击“确定”按钮，再单击“确定”按钮退出“编辑类型”对话框。

如图 8－4 所示设置“属性”浏览器中的限制条件，底部标高为“1F”，底部偏移为“－20 mm”。确认仍处于“修改/创建栏杆扶手路径”模式下，单击“绘制”面板找那个的绘制方式为“直线”，移动鼠标至绘图区域，在项目的一层散水挑板位置绘制栏杆

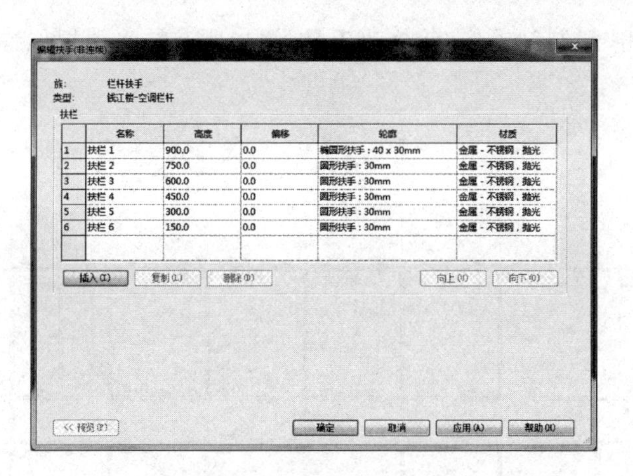

	名称	高度	偏移	轮廓	材质
1	扶栏 1	900.0	0.0	椭圆形扶手 : 40 x 30mm	金属 - 不锈钢，抛光
2	扶栏 2	750.0	0.0	圆形扶手 : 30mm	金属 - 不锈钢，抛光
3	扶栏 3	600.0	0.0	圆形扶手 : 30mm	金属 - 不锈钢，抛光
4	扶栏 4	450.0	0.0	圆形扶手 : 30mm	金属 - 不锈钢，抛光
5	扶栏 5	300.0	0.0	圆形扶手 : 30mm	金属 - 不锈钢，抛光
6	扶栏 6	150.0	0.0	圆形扶手 : 30mm	金属 - 不锈钢，抛光

图 8－3　空调栏杆的“编辑扶手(非连续)”对话框

扶手路径，然后单击“完成编辑模式”，如图 8－5 所示。

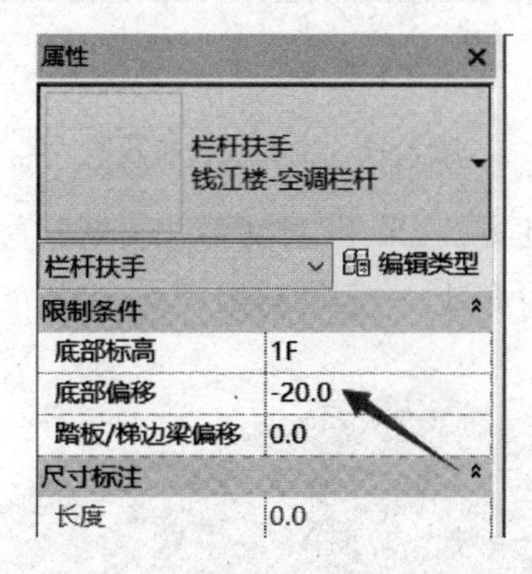

图 8－4　空调栏杆“属性”浏览器

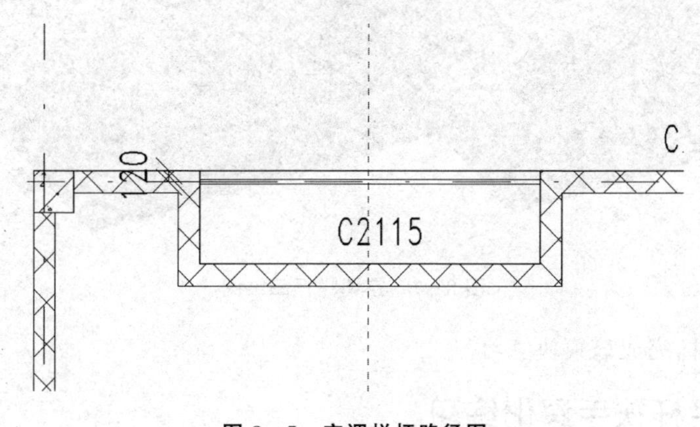

图 8－5　空调栏杆路径图

再配合使用“复制”“镜像”等修改工具，添加所有散水楼板位置的栏杆扶手，如图 8-6 所示。

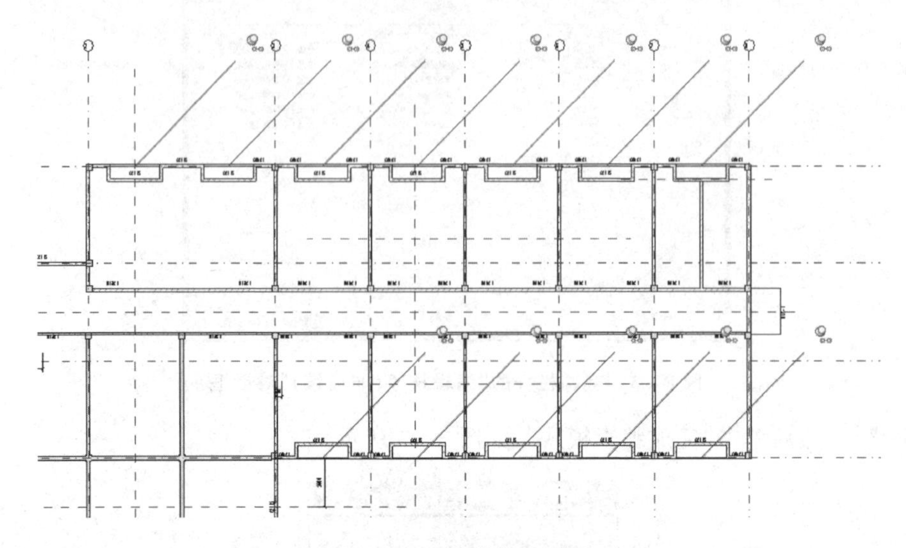

图 8-6　空调栏杆布置图

最后采用前面章节所述方法，采用“过滤器”“复制到剪贴板”“粘贴与选定标高对齐”命令，添加 2-5F 的栏杆扶手，绘制完成的图元，如图 8-7 所示。

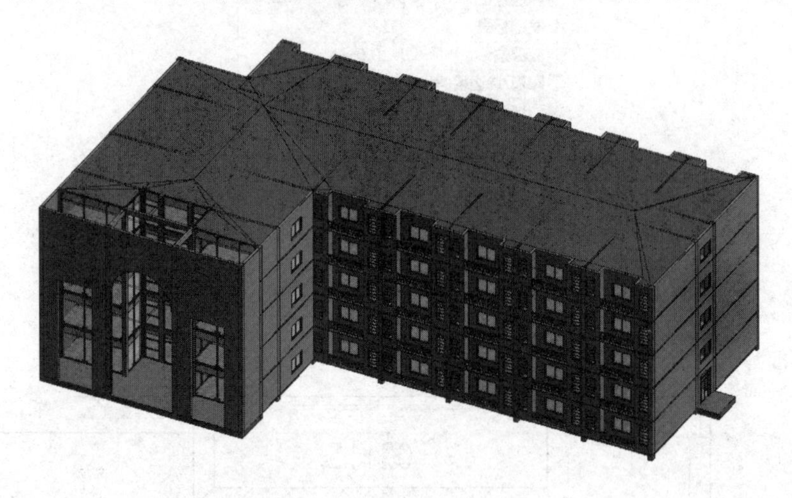

图 8-7　空调栏杆三维图

保存文件，完成该模块练习。

8.1.2　栏杆扶手深化练习

打开“模块 23：栏杆扶手练习.rvt”，完成相应的模块练习。读者可扫描右侧二维码观看模块 23 教学视频。

如图 8-8 所示单击“插入”选项卡下面的“从库中载入”面板中的“载入族”按钮，弹出“载入族”对话框找到在该模块来练习文件夹下“RFA”文件夹中的“顶部扶手轮廓”“欧式立柱”“铁艺嵌板”“正方形扶手轮廓”“正方形栏杆”“中式转角立柱”六个族文件，单击“确定”按钮，将它们载入到项目中。

“模块 23：栏杆扶手练习”教学视频

选中绘图区域的栏杆扶手图元，单击“属性”浏览器中的“编辑类型”按钮，进入到“编辑类型”对话框。由于栏杆扶手是有扶栏和栏杆构成，在 Revit 软件中，其编辑修改位置也不同，我们将分开表述。

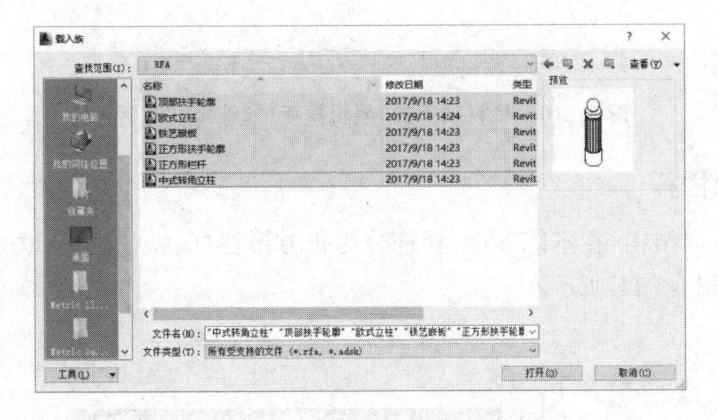

图 8-8 “载入族”对话框

1. 编辑扶栏

扶栏为横向结构，在本练习中，扶手分为顶部扶手、中间扶手、底部扶手，如图 8-9 所示。单击“扶栏结构(非连续)”后的“编辑”按钮，打开“编辑扶手(非连续)”

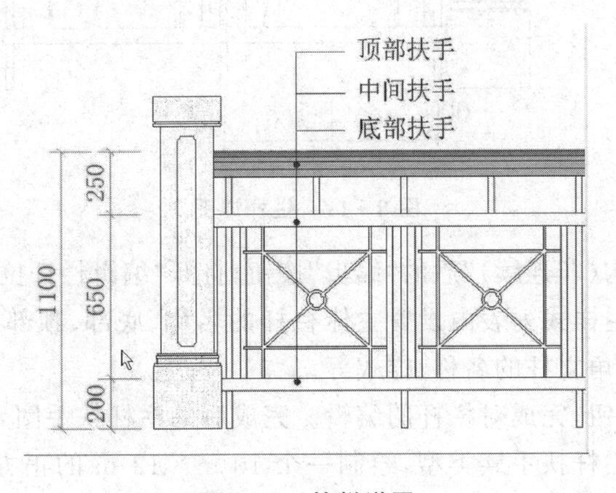

图 8-9 扶栏详图

对话框，如图 8－10 所示设置扶栏的名称、高度、偏移、轮廓和材质。单击“确定”按钮，完成对扶栏的编辑。

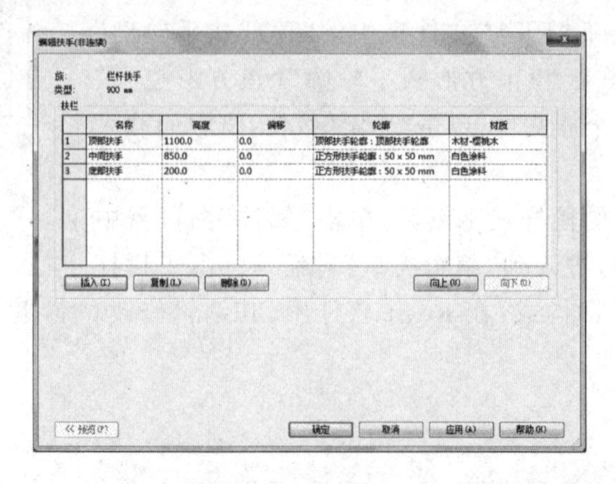

图 8－10　栏杆扶手的“编辑扶手(非连续)”对话框

2. 编辑栏杆

栏杆为竖向结构，在本练习中，栏杆分为正方形栏杆、铁艺嵌板、欧式立柱和中式转角立柱，如图 8－11 所示。

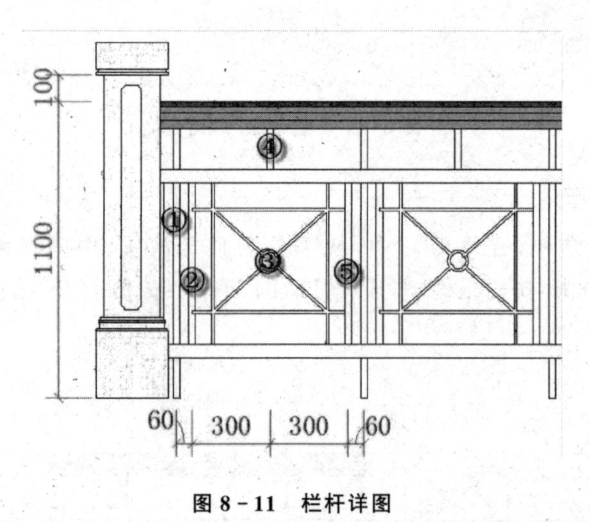

图 8－11　栏杆详图

单击“扶栏结构(非连续)”后的“编辑”按钮，打开“编辑栏杆位置”对话框，按照如图 8－12 所示，在主样式列表内设置主体栏杆的名称、底部、顶部、偏移等，在支柱列表内设置立柱和转角立柱的名称、样式等。

单击“确定”按钮，完成对栏杆的编辑。完成后的栏杆扶手图元如图 8－13 所示。

最后，采用该栏杆扶手族类型，绘制一个 10 m×12 m 的正方形栏杆路径，并在任意位置打断路径生成转角立柱，查看最后的绘制效果。

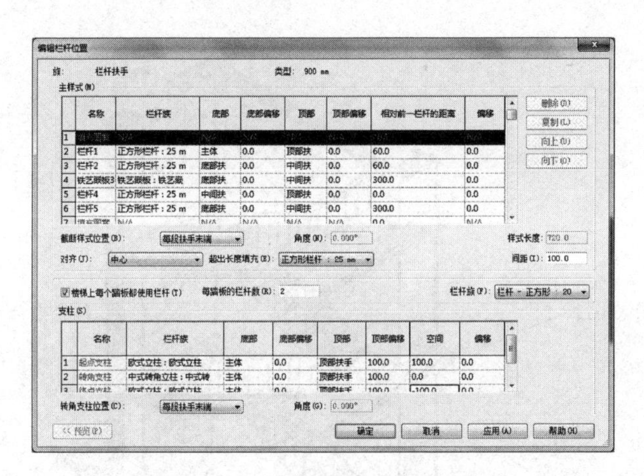

图 8-12 “编辑栏杆位置”对话框

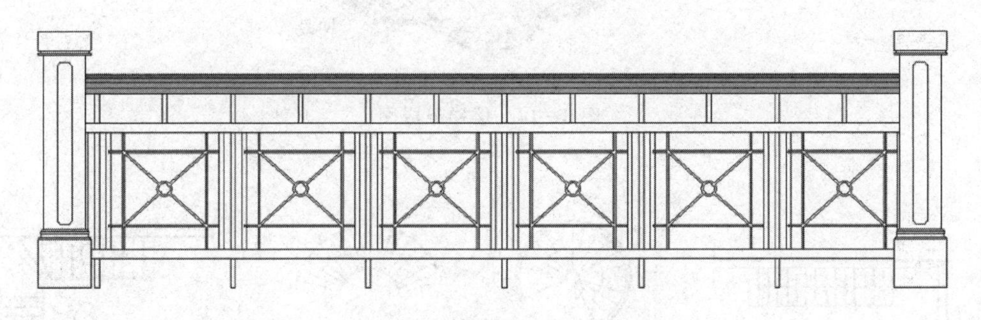

图 8-13 栏杆扶手立面图

保存文件，完成该模块练习。

8.2 楼 梯

8.2.1 楼梯的组成和分类

1. 楼梯的组成

楼梯是由梯段、平台和栏杆扶手三个部分组成的，其中平台又分为楼层平台和休息平台，如图 8-14 所示。

2. 楼梯的分类

楼梯按照使用功能可分为：主要楼梯、辅助楼梯和消防楼梯。

楼梯按照材料可分为：木楼梯、钢楼梯、钢筋混凝土楼梯和组合楼梯。

楼梯按平面形式可分为单跑楼梯、双跑楼梯、多跑楼梯和其他形式楼梯，如图 8-15 和图 8-16 所示。

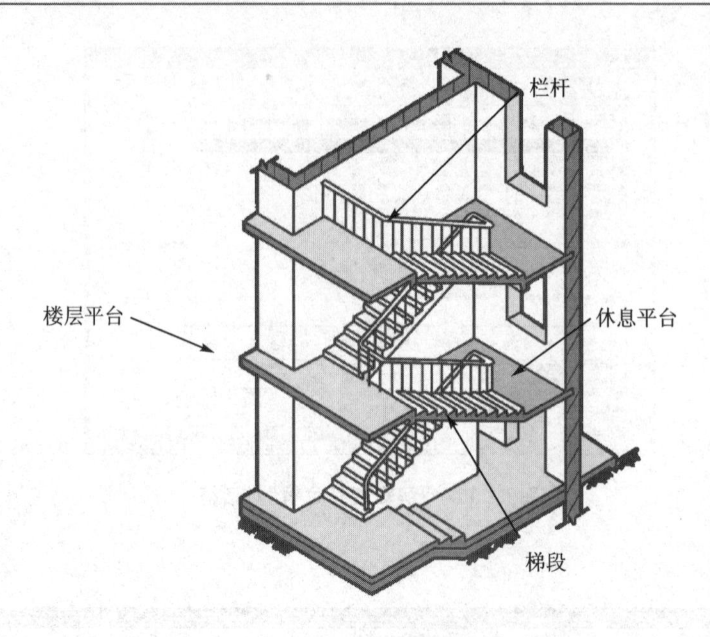

图 8-14　楼梯组成图

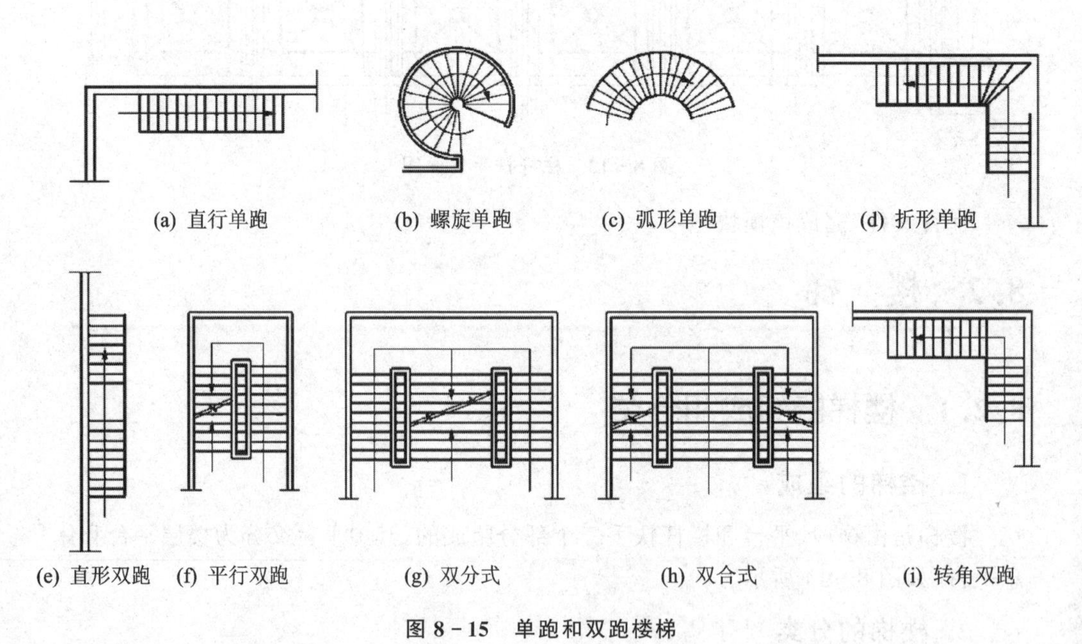

图 8-15　单跑和双跑楼梯

楼梯的种类虽然繁多，但是都是由梯段、平台和栏杆扶手三个部分组成的，因此在 Revit 软件中，各种楼梯的基本操作没有任何区别。

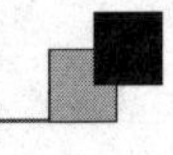

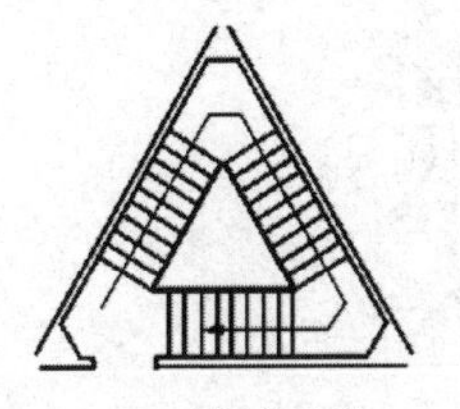

(a) 三角形三跑

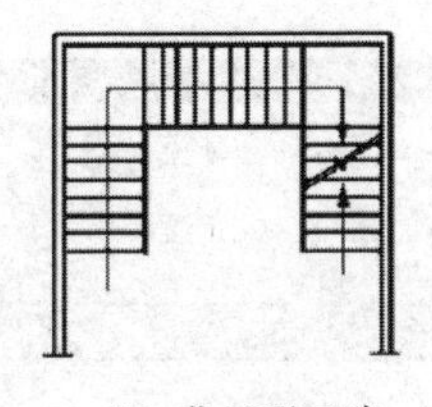

(b) 曲尺形三跑

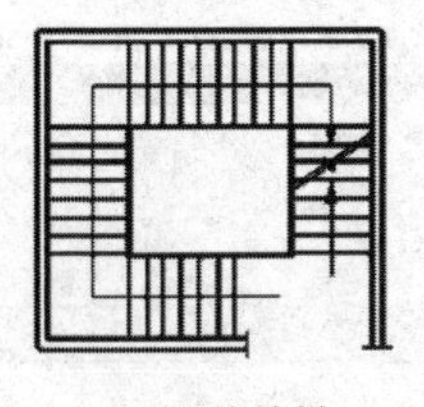

(c) 四跑楼梯

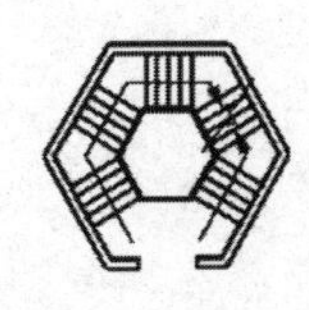

(d) 五跑楼梯

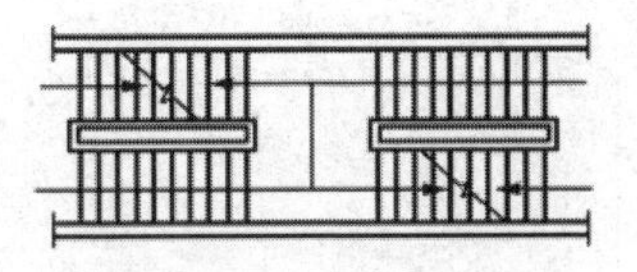

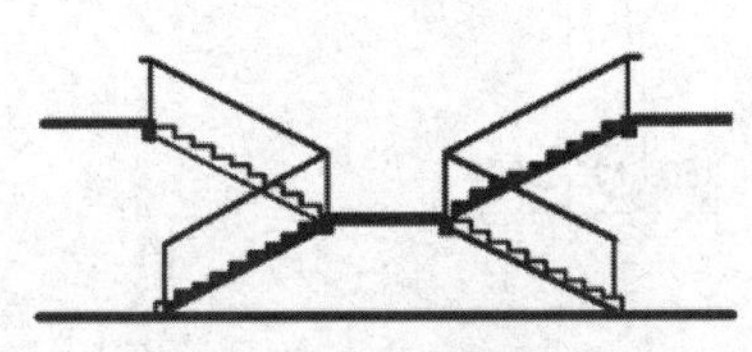

(e) 剪刀式楼梯

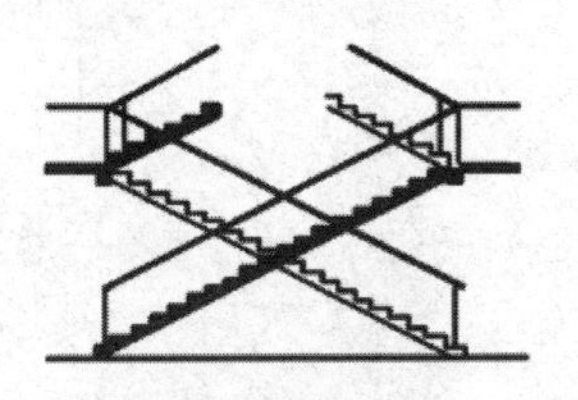

(f) 交叉式楼梯

图8－16　多跑和其他形式楼梯

8.2.2　创建楼梯

在 Revit 软件中,楼梯的绘制方式有两种：一种是按草图的方式创建楼梯;另一种是按构件的方式创建楼梯。本节创建钱江楼项目楼梯,主要是通过草图的方式。

打开“模块 24：项目直角楼梯.rvt”文件,完成相应的模块练习。读者可扫描右侧二维码观看模块 24 教学视频。

“模块 24：项目直角楼梯”教学视频

1. 绘制参照平面

双击进入到一层楼层平面视图,如图 8－17 所示选择“建筑”选项卡下面的“楼梯坡道”面板,单击“楼梯”按钮列表中的“楼梯(按草图)”按钮,自动跳转到“修改/创建楼梯草图”上下文选项卡,在该上下文选项卡中单击“工作平面”面板中的“参照平面”按钮,如图 8－18 所示。

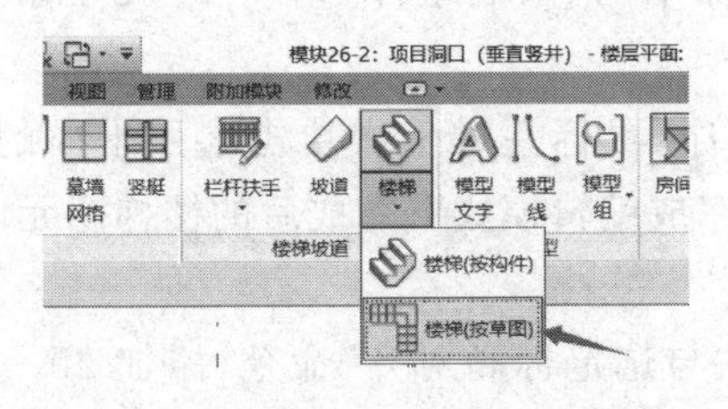

图 8－17　“楼板(按草图)”按钮

移动鼠标至绘图区域,按照如图 8－19 所示在项目一层大厅区域绘制楼梯的参照平面。

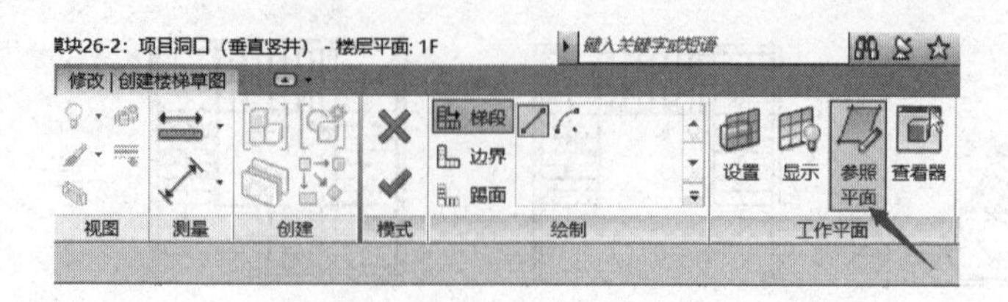

图 8-18 “参照平面”按钮

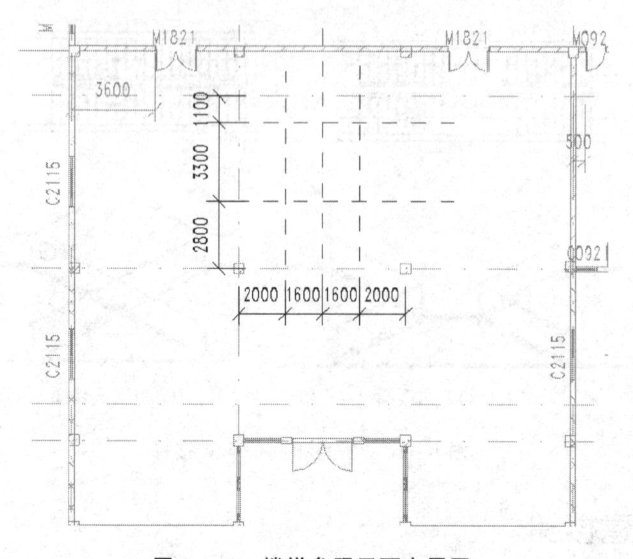

图 8-19 楼梯参照平面布置图

2. 绘制平行双跑楼梯

单击“属性”浏览器中的“编辑类型”按钮，弹出的“类型属性”对话框中，选择族类型为“整体浇筑楼梯”，单击“复制”按钮，输入“钱江楼-室内楼梯”，单击“确定”按钮，在“类型属性”对话框中修改族类型参数如下：梯面和踏板材质为“大理石”；整体式材质为“混凝土-现场浇筑混凝土”；踏板和梯面厚度“15 mm”；楼梯前缘长度“5 mm”；勾选“开始于梯面”和“结束于梯面”。如图 8-20 所示设置完成后单击“确定”按钮，退出“类型属性”对话框。

继续设置楼梯的实例参数，在“属性”浏览器中的“限制条件”列表和“尺寸标注”列表中设置如图 8-21 所示的参数。

移动鼠标至绘图区域，按照 1、2、3、4 的顺序，鼠标左键依次单击参照平面的交点，绘制楼梯的草图，如图 8-22 所示。单击“完成编辑模式”，完成后的楼梯图元，如图 8-23 所示。

最后，采用“过滤器”“复制到剪贴板”“粘贴与选定标高对齐”命令，添加 2F-4F 的楼梯，保存文件，完成该模块练习。

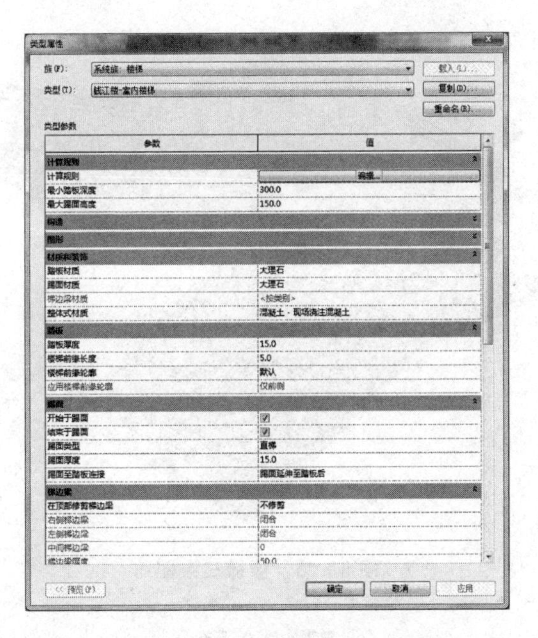

图 8-20　楼梯“类型属性”对话框

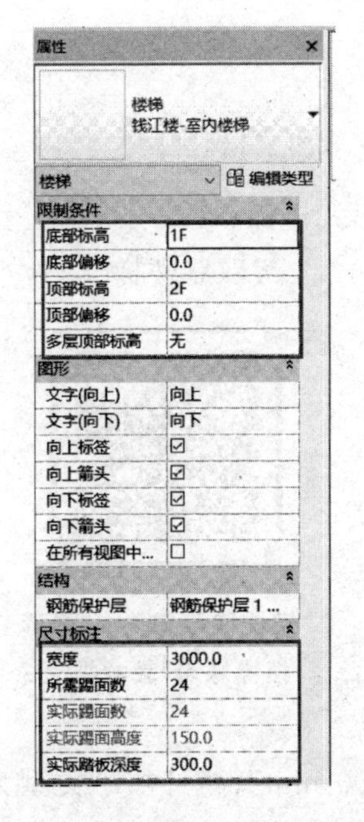

图 8-21　楼梯“属性”浏览器

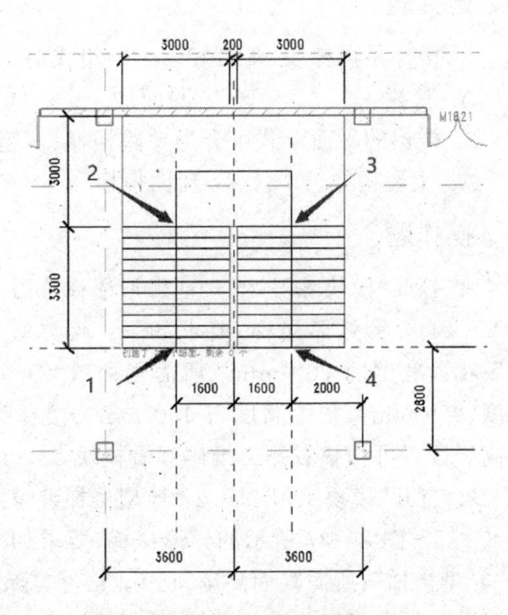

图 8-22　楼梯草图

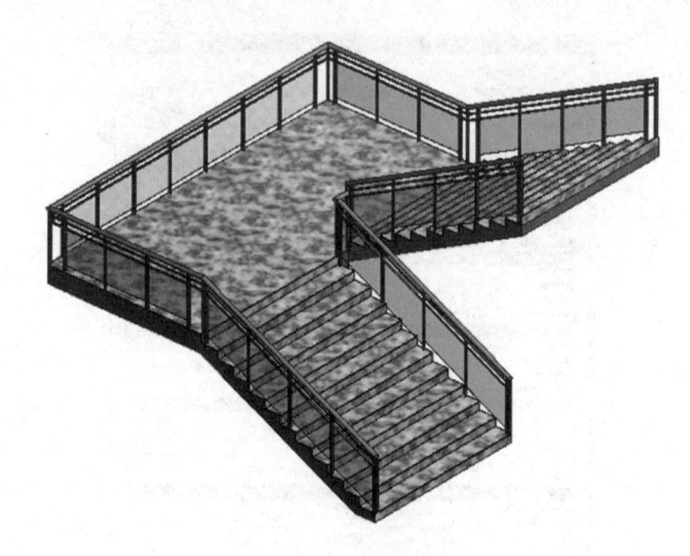

图 8－23　楼梯三维图

习　题

一、选择题

1. 楼梯是由梯段、平台和(　　)组成的。

A. 扶栏　　B. 踢面　　C. 栏杆扶手　　D. 踏步

2. 楼梯的平面形式可分为单跑楼梯、多跑楼梯、其他形式楼梯和(　　)。

A. 主要楼梯　　B. 辅助楼梯　　C. 消防楼梯　　D. 双跑楼梯

二、操作题

1. 打开“模块练习 25－1：弧形楼梯练习.rvt”，完成如图 8－24 所示弧形楼梯，要求如下：族类型名为“弧形楼梯”；梯段宽度“1 200 mm”；所需踢面数“21 个”；实际踏板深度“260 mm”；扶手高度“1 100 mm”；楼梯高度参考给定标高。读者可扫描右侧二维码观看模块 25－1 教学视频。

“模块练习 25－1：弧形楼梯练习”教学视频

2. 打开“模块练习 25－2：异型楼梯练习.rvt”，完成如图 8－25～图 8－27 所示的异形楼梯，要求如下：族类型名为“异型楼梯”；所需踢面高度“150 mm”；实际踏板深度“300 mm”；栏杆扶手类型为“玻璃嵌板-底部填充”，楼梯高度参考给定标高。读者可扫描下面二维码观看模块 25－2 教学视频。

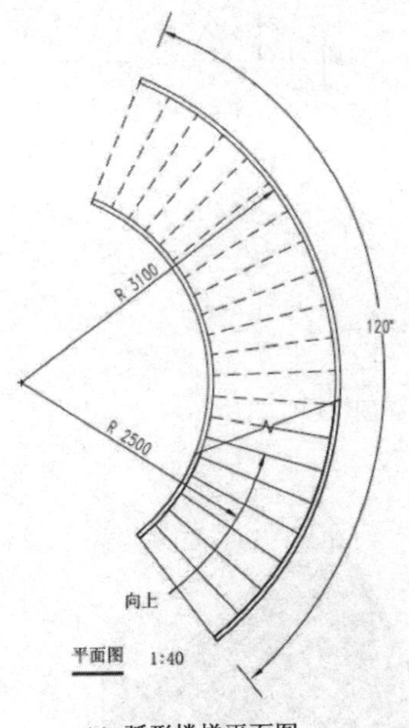

(a) 弧形楼梯平面图

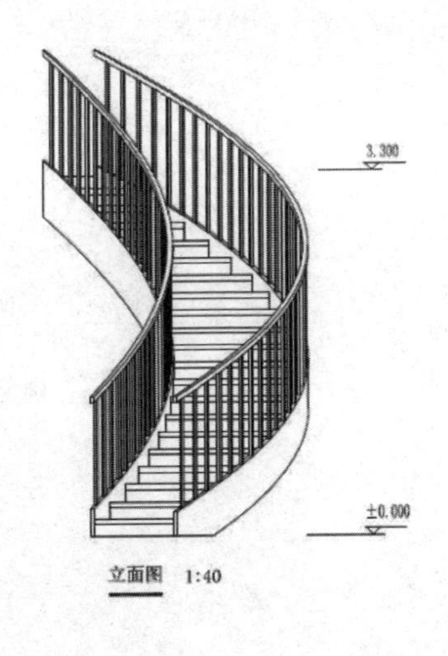

(b) 弧形楼梯立面图

图 8－24　弧形楼梯

"模块练习 25－2：异型楼梯练习"教学视频

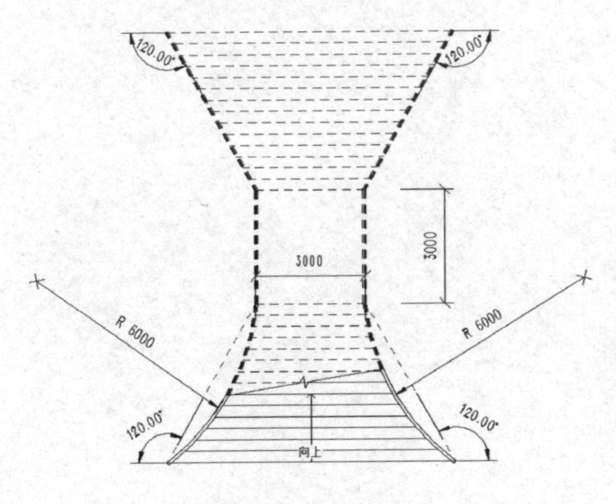

图 8－25　平面图

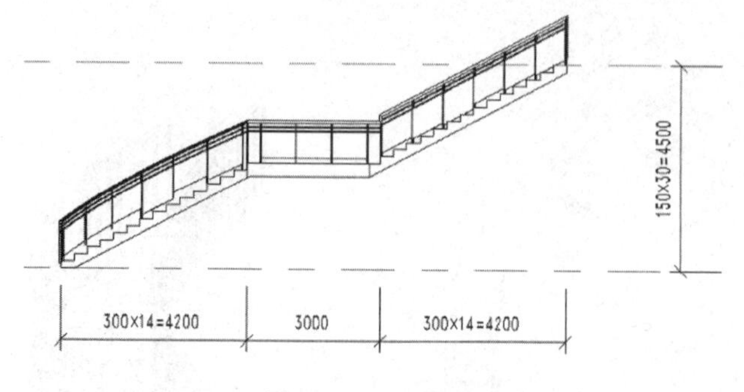

图 8－26　立面图

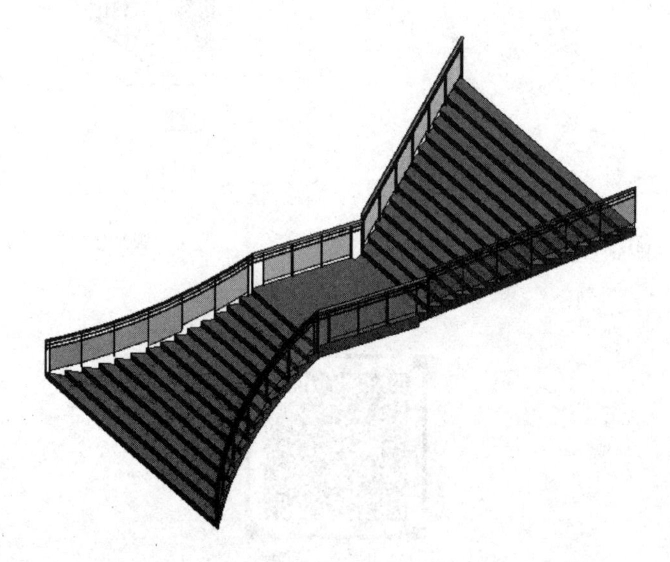

图 8－27　三维图

第9章

洞口和坡道

本章导读

本章我们将基于钱江楼项目和深化练习素材，依托 Autodesk Revit 2016 软件，完成项目洞口和坡道的绘制。

9.1 节：洞口。

介绍洞口的分类，学习洞口的创建方式和编辑方法，完成项目洞口的绘制。

9.2 节：坡道。

介绍坡道的创建方式和编辑方法。

本章建议学习课时：2 课时。

本章配套的素材、练习文件及相关教学视频，请从百度云盘（地址：https://pan.baidu.com/s/1gpIpe6pvyg1q99qLo2e-gQ，提取码：GOOD）下载。

学习目标

能力目标	知识要点
掌握洞口的分类	洞口的分类
掌握洞口的创建方式	洞口的创建方式
掌握洞口的编辑方法	洞口的编辑方法
掌握坡道的创建方式	坡道的创建
掌握坡道的编辑方法	坡道的编辑

9.1 洞　口

在 Revit 软件中，不仅可以通过编辑楼板、屋顶和墙体的轮廓来实现开洞，还可以采用专门的“洞口”命令来创建面洞口、垂直洞口、老虎窗洞口、垂直竖井等。此外，对于异型洞口造型，还可以通过创建内建族的空心形式，应用剪切几何形体命令来实现。本节主要涉及面洞口、墙洞口和垂直竖井这三种常用的洞口绘制。

9.1.1 面洞口

打开“模块 26－1：面洞口和墙洞口练习.rvt”文件，完成相应的模块练习。读者可扫描右侧二维码观看模块 26－1 教学视频。

双击切换至一层楼层平面视图，鼠标左键选中左侧卫生间楼板图元，单击“修改/楼板”选项卡下面的“形状编辑”面板中的“修改子图元”按钮，移动鼠标至绘图区域，鼠标左键单击楼板中心的造型点，键盘输入“－20 mm”，该卫生间楼板将进行建筑找坡。

“模块 26－1：面洞口和墙洞口练习”教学视频

如图 9－1 所示单击“建筑”选项卡下面的“洞口”面板中“按面”按钮，移动鼠标至绘图区域，单击楼板的任意面，将自动跳转到“修改/创建洞口边界”上下文选项卡中，如图 9－2 所示单击“绘制”面板中的“圆形”按钮，移动鼠标至绘图区域，以造型点为圆形，绘制一个半径为 30 mm 的圆形边界，然后单击“完成编辑模式”。完成后的图元如图 9－3 所示。

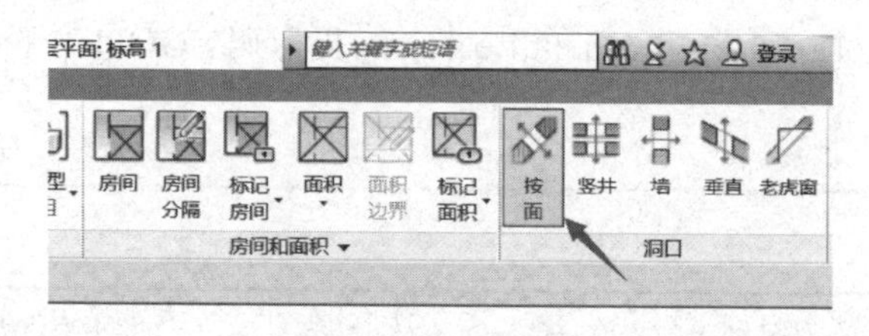

图 9－1　“按面”按钮

图 9－2　“圆形”按钮

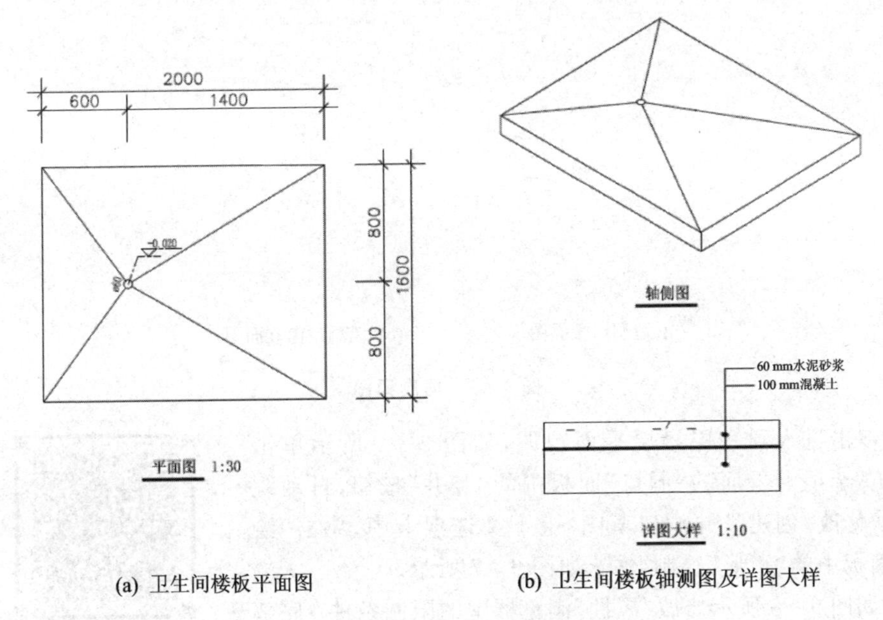

(a) 卫生间楼板平面图　　(b) 卫生间楼板轴测图及详图大样

图9-3　面洞口三维图

9.1.2　墙洞口

继续在“模块26-1：面洞口和墙洞口练习.rvt”文件中，完成相应的模块练习。读者可扫描右侧二维码观看模块26-1教学视频。

双击“项目浏览器”中的“南”，进入到南立面视图中，如图9-4所示单击“建筑”选项卡下面的“洞口”面板中“墙”按钮如图9-5所示，移动鼠标至绘图区域，单击右侧弧形墙体，将自动进入绘制墙洞口模式，设置定位及尺寸，绘制该洞口，墙体将自动开洞。

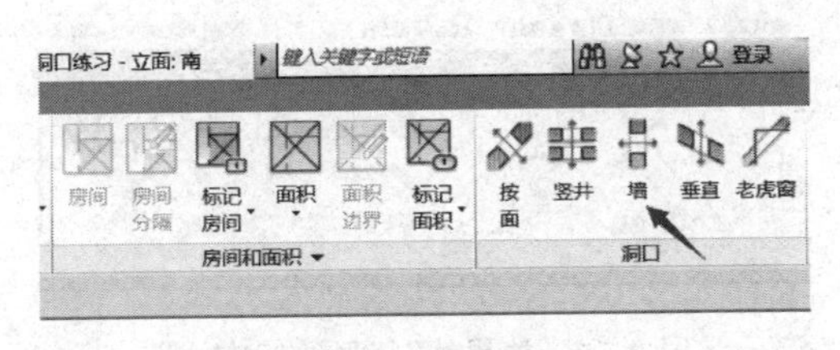

图9-4　“墙”按钮

保存文件，完成该模块练习。

9.1.3　垂直竖井

打开“模块26-2：项目洞口.rvt”文件，完成相应的模块练习。读者可扫描右侧二维码观看模块26-2教学视频。

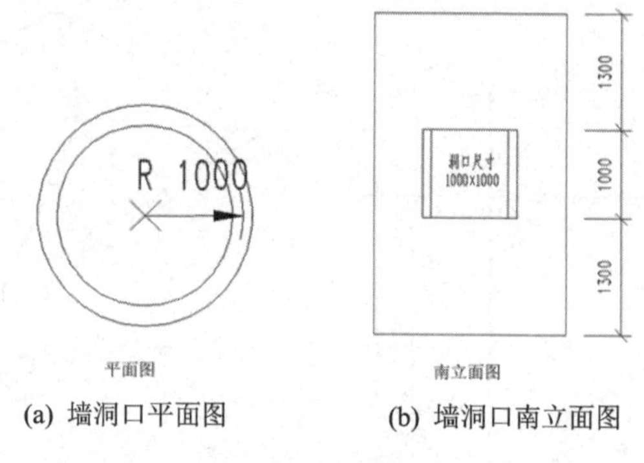

(a) 墙洞口平面图　　(b) 墙洞口南立面图

图 9-5　墙洞口图

双击进入到一层楼层平面视图，如图 9-6 所示单击“建筑”选项卡下面的“洞口”面板中的“竖井”按钮，自动跳转到“修改/创建竖井洞口草图”上下文选项卡中，单击“绘制”面板中的“矩形”绘制方式，如图 9-7 所示。

“模块 26-2：项目洞口”教学视频

如图 9-8 所示修改“属性”浏览器中的限制条件：底部限制条件为“2F”，底部偏移为“－1 500 mm”；顶部约束为“5F”；顶部偏移为“0.0 mm”。

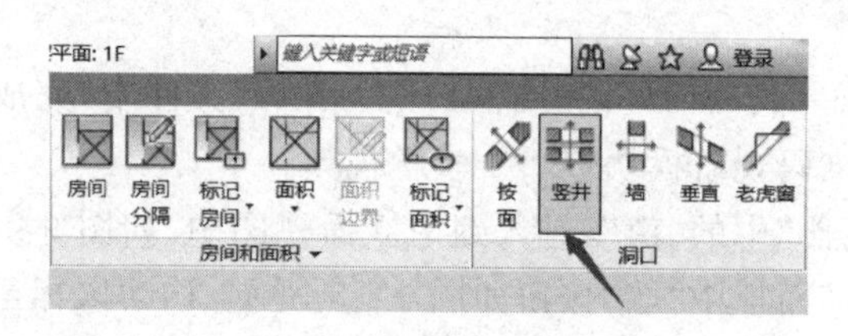

图 9-6　“竖井”按钮

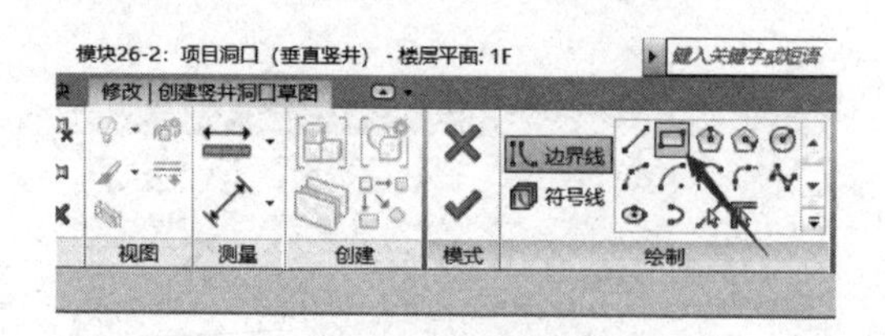

图 9-7　边界线“矩形绘制方式”

移动鼠标至绘图区域，如图 9-9 所示绘制矩形竖井洞口轮廓，单击“完成编辑模式”按钮。项目楼梯井位置形成一个垂直竖井，竖井范围内所有的楼板、天花板均被开洞，如图 9-10 所示。

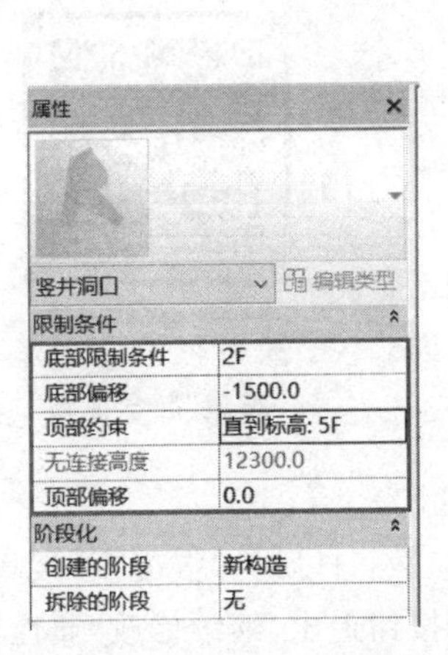

图 9-8 竖井“属性”浏览器

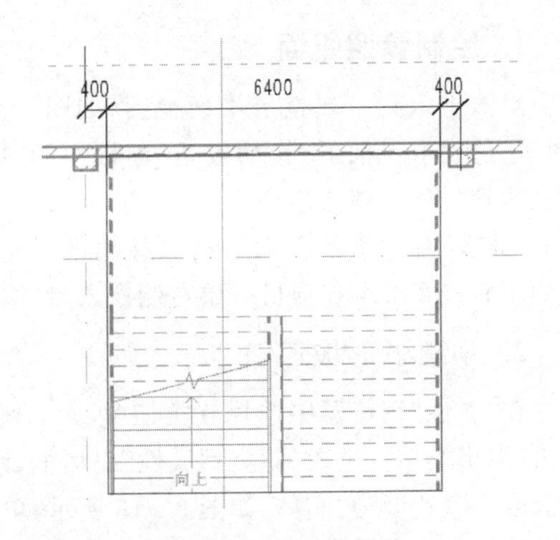

图 9-9 竖井边界线

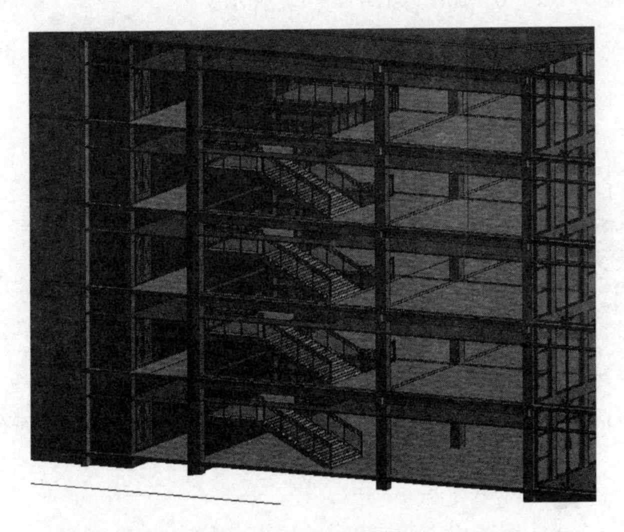

图 9-10 竖井三维图

保存文件,完成该模块练习。

9.2 坡 道

Revit 软件可以采用“坡道”工具为建筑物添加直梯段、L 形梯段、U 形和螺旋坡道,其创建方式和楼梯类似。下面介绍螺旋坡道的绘制方法。打开“模块 27:项目弧形坡道.rvt”文件,完成相应的模块练习。读者可扫描右侧二维码观看模块 27 教学视频。

1. 绘制参照平面

“模块 27：项目弧形坡道”教学视频

双击进入到一层楼层平面视图，如图 9－11 所示单击“建筑”选项卡下面的“楼梯坡道”面板中的“坡道”按钮，自动跳转到“修改/创建坡道草图”上下文选项卡，单击“工作平面”面板中的“参照平面”按钮，移动鼠标至绘图区域，按照如图 9－12 所示在项目一层右侧次入口，绘制参照平面。

2. 创建弧形坡道

在“属性”浏览器中选择族类型“坡道：钱江楼-坡道”，单击“编辑类型”，进入到“类型属性”对话框，修改类型参数：材质为“混凝土-现场浇注混凝土”，造型为“实体”如图 9－13 所示，单击“确定”按钮退出，继续修改“属性”浏览器中的实例参数：底部标高为“室外地坪”、底部偏移“0”、顶部标高为“1F”、偏移“－20 mm”、宽度为“2 500 mm”，如图 9－14 所示。

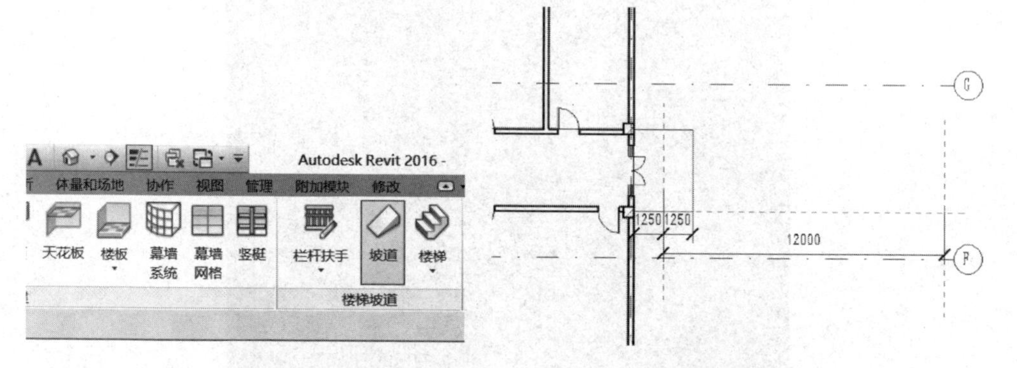

图 9－11 “坡道”按钮　　　图 9－12 参照平面布置图

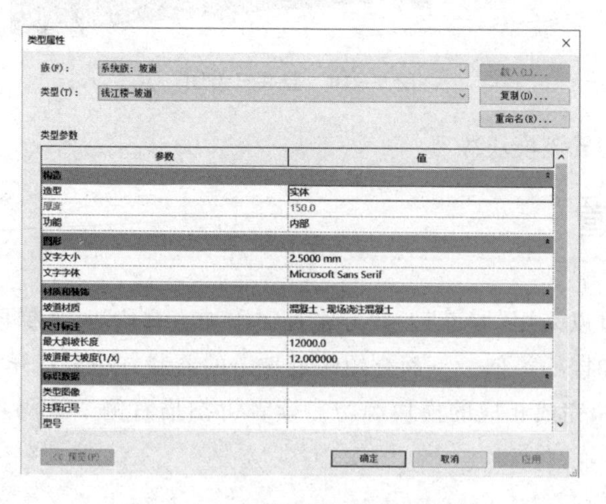

图 9－13 坡道“类型属性”对话框

如图 9－15 所示确认仍处于“修改/创建坡道草图”选项卡中，激活“梯段”按钮，单击“圆心-端点弧”按钮，移动鼠标至绘图区域，绘制如图 9－16 所示的弧形坡道，单击“完成编辑模式”。

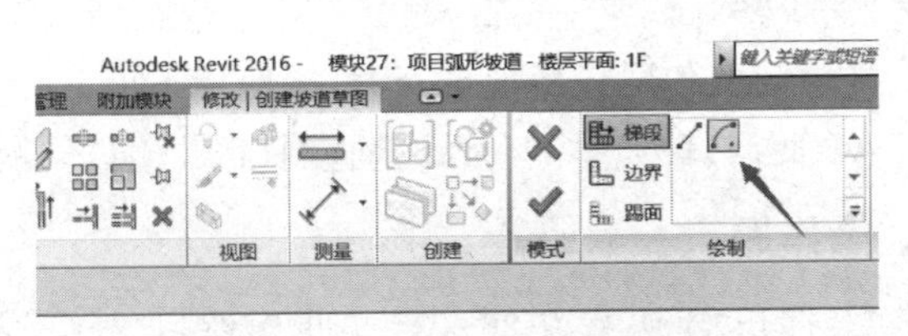

图 9－15　“圆形-端点弧”按钮

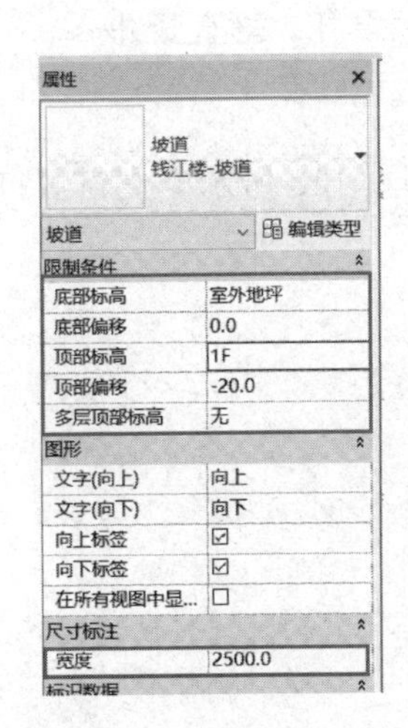

图 9－14　坡道“属性”浏览器

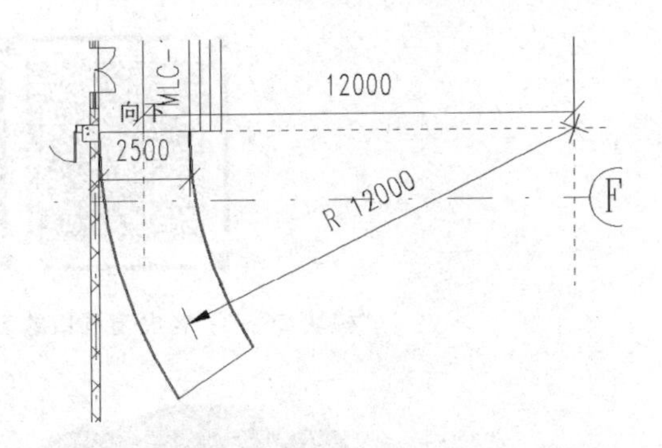

图 9－16　弧形坡道详图

运用修改工具中的“镜像”命令，将该弧形坡道镜像复制至上测和左侧出入口，完成四个弧形坡道的绘制。完成后的图形如图 9－17 所示。

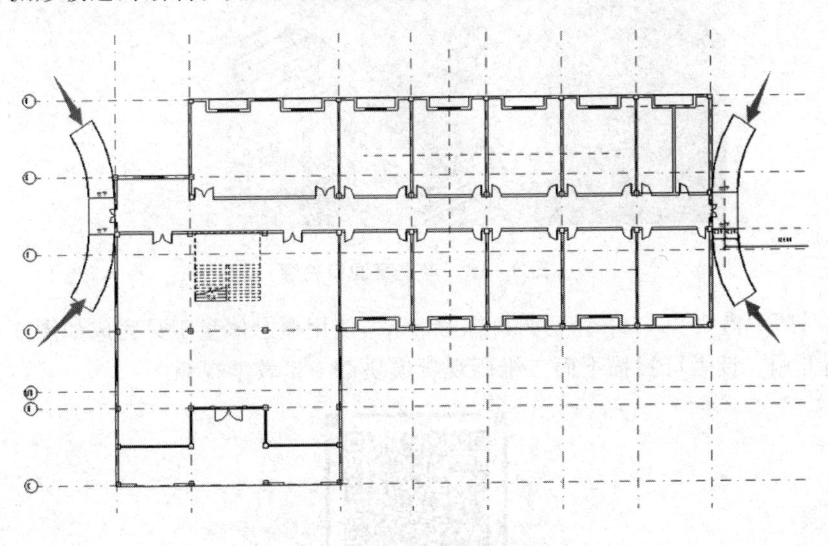

图 9－17　弧形坡道布置图

保存文件，完成该模块练习。

习　题

一、选择题

楼梯间的各层楼板批量开洞，一般用下面（　　）开洞方式最方便快捷。

A. 面洞口　　B. 垂直洞口　　C. 墙洞口　　D. 垂直竖井

二、操作题

1. 打开“模块练习 26－3：老虎窗练习. rvt”，完成如图 9－18 所示老虎窗洞口。读者可扫描下面二维码观看模块 26－3 教学视频。

“模块 26－3：老虎窗洞口练习”教学视频

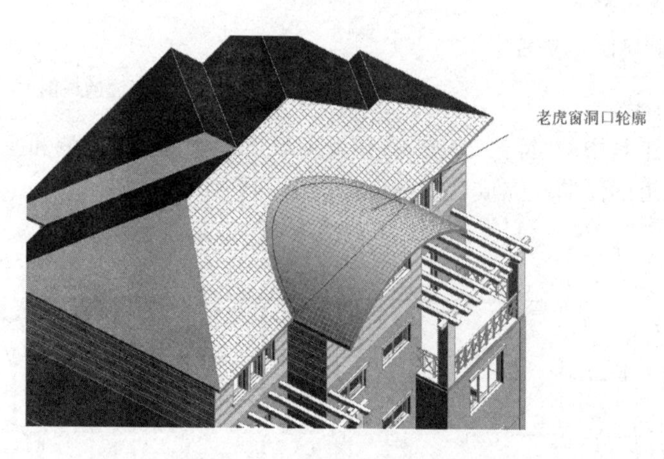

图 9－18　老虎窗洞口轮廓

2. 打开“模块 26－4：异型洞口练习. rvt”，使用概念体量工具完成如图 9－19 所示异型开洞。读者可扫描下面二维码观看模块 26－4 教学视频。

“模块 26－4：异型洞口练习”教学视频

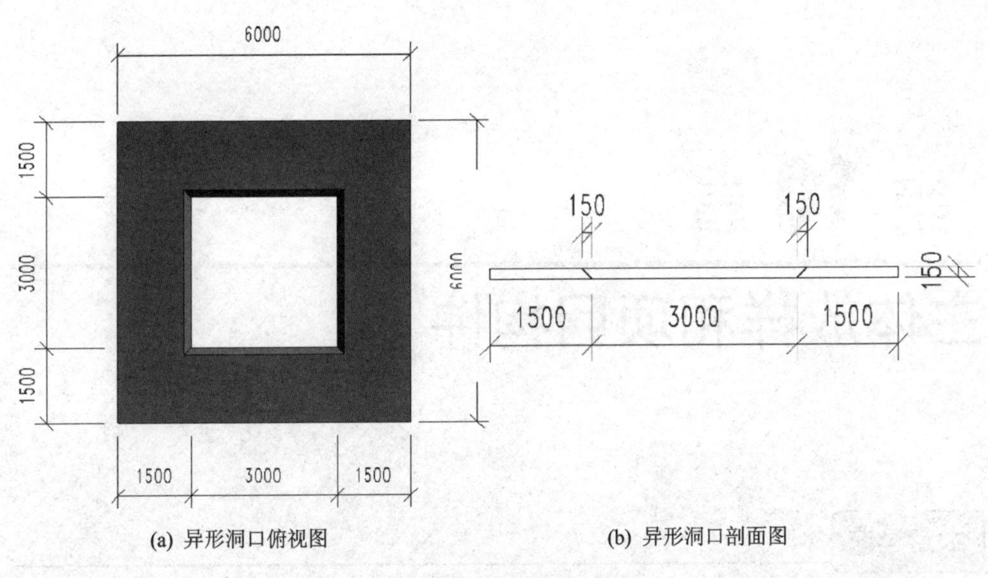

(a) 异形洞口俯视图

(b) 异形洞口剖面图

图 9 – 19　异型洞口详图

第 10 章

主体放样和项目构件

本章导读

本章我们将基于钱江楼项目和深化练习素材，依托 Autodesk Revit 2016 软件，完成项目洞口和坡道的绘制。

10.1 节：主体放样。

介绍洞口的分类，学习洞口的创建方式和编辑方法，完成项目洞口的绘制。

10.2 节：项目构件。

介绍坡道的创建方式和编辑方法。

本章建议学习课时：2 课时。

本章配套的素材、练习文件及相关教学视频，请从百度云盘（地址：https://pan.baidu.com/s/1gpIpe6pvyg1q99qLo2e-gQ，提取码：GOOD）下载。

学习目标

能力目标	知识要点
掌握洞口的分类	洞口的分类
掌握洞口的创建方式	洞口的创建方式
掌握洞口的编辑方法	洞口的编辑方法
掌握坡道的创建方式	坡道的创建
掌握坡道的编辑方法	坡道的编辑

10.1　主体放样

主体放样是采用族工具绘制轮廓，并在主体上沿路径进行该轮廓放样，最后完成各种复杂的造型。在 Revit 软件中，一般可作为主体的图元是楼板、墙和屋顶，因此，与之相对应的命令有楼板边、墙饰条和檐槽等。下面打开“模块 28：主体放样(室外台阶＋室外散水).rvt”文件，完成相应的模块练习。读者可扫描右侧二维码观看模块 28 教学视频。

“模块 28：主体放样(室外台阶＋室外散水)”教学视频

10.1.1　楼板边

采用楼板边命令创建室外台阶。

单击“应用程序菜单”中的“新建族”按钮，在弹出的“新建-选择族文件”对话框中，找到该模块练习文件夹下“RFA”文件夹中的“公制轮廓.rft”族样板文件，单击“打开”按钮，进入到族操作界面。如图 10－1 所示单击“创建”选项卡下面的“详图”面板中的“直线”按钮，按照如图 10－2 所示绘制台阶轮廓。将族文件名称保存为“室外台阶.rfa”，并单击“修改”选项卡下面的“族编辑器”面板中的“载入到项目”按钮。

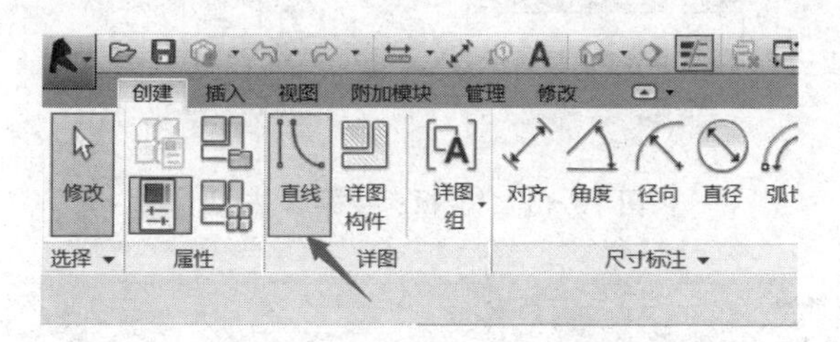

图 10－1　“直线”按钮

软件将自动跳转到项目操作界面，如图 10－3 所示选择“建筑”选项卡下面的“构建”面板，单击“楼板”按钮列表中的“楼板：楼板边”按钮，自动跳转到“修改/放置楼板边缘”上下文选项卡中。

在“属性”浏览器中选择族类型“楼板边缘：钱江楼-室外台阶”，单击“类型属性”按钮，弹出“类型属性”对话框，参数类型列表的“轮廓”参数后的值选择为“室外台阶：室外台阶”，材质为“混凝土-现场浇筑混凝土”，如图 10－4 所示。单击“确定”按钮退出“类型属性”对话框。

移动鼠标至绘图区域，鼠标左键依次单击主入口和次入口三块室外楼板的上边缘处线，放置该“室外台阶”楼板边。完成后的图形，如图 10－5 所示。

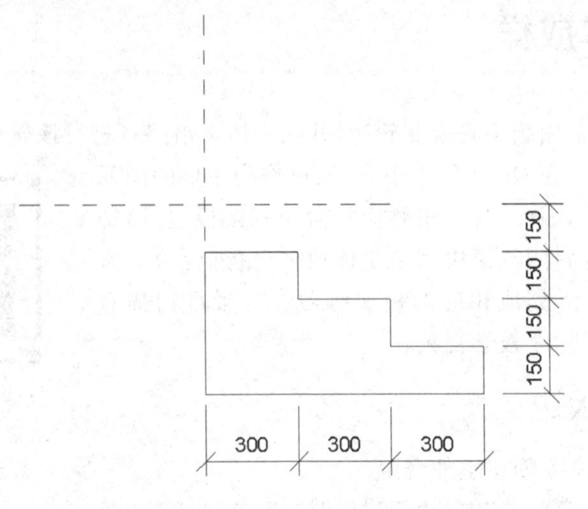

图 10－2 室外台阶轮廓线

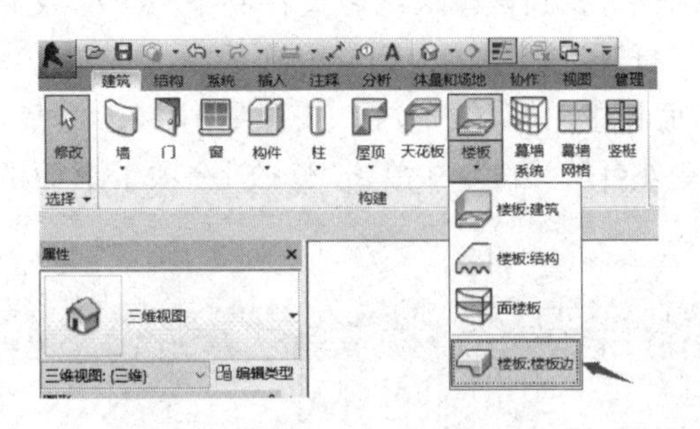

图 10－3 “楼板：楼板边”按钮

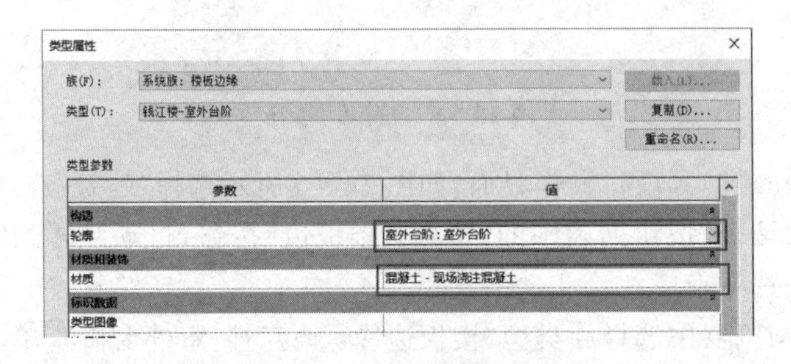

图 10－4 室外台阶“类型属性”对话框

10.1.2 墙饰条

采用墙饰条命令创建室外散水。

单击“应用程序菜单”中的“新建族”按钮，在弹出的“新建-选择族文件”对话框中，找到该模块练习文件夹下“RFA”文件夹中的“公制轮廓.rft”族样板文件，单击

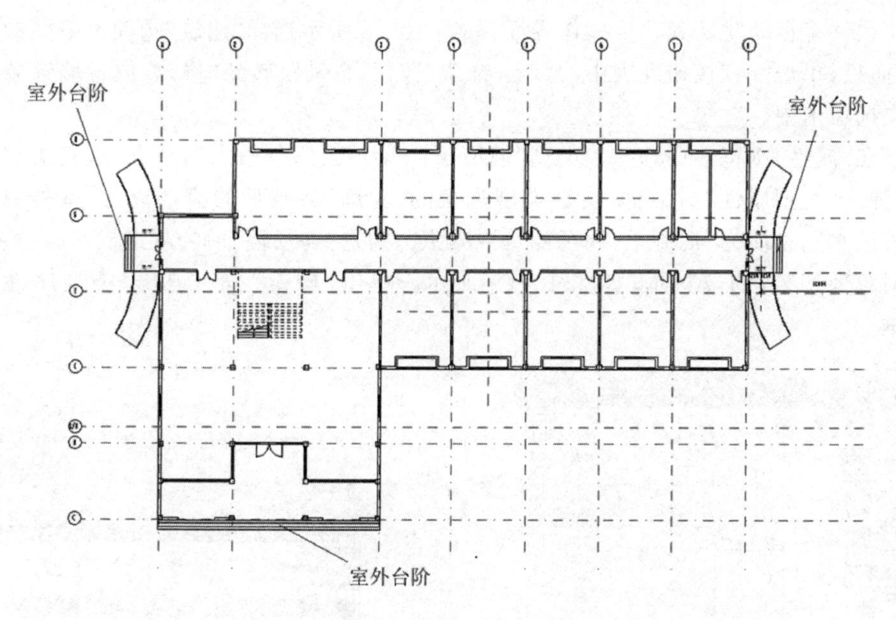

图 10－5　室外台阶布置图

“打开”按钮，进入到族操作界面。如图 10－6 所示单击“创建”选项卡下面的“详图”面板中的“直线”按钮，绘制台阶轮廓如图 10－7 所示。将族文件名称保存为“室外散水.rfa”，并单击“修改”。

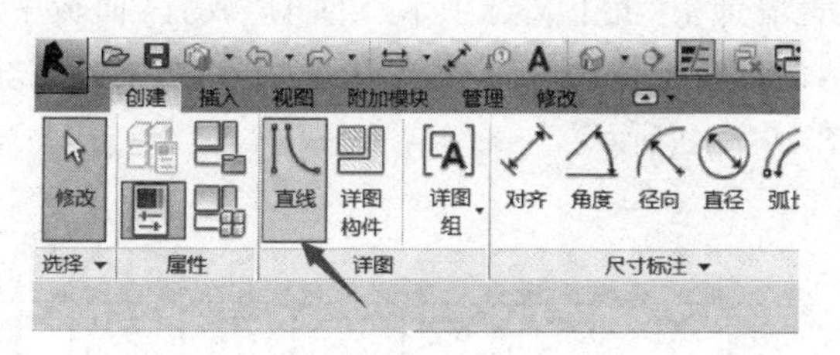

图 10－6　“直线”绘制按钮

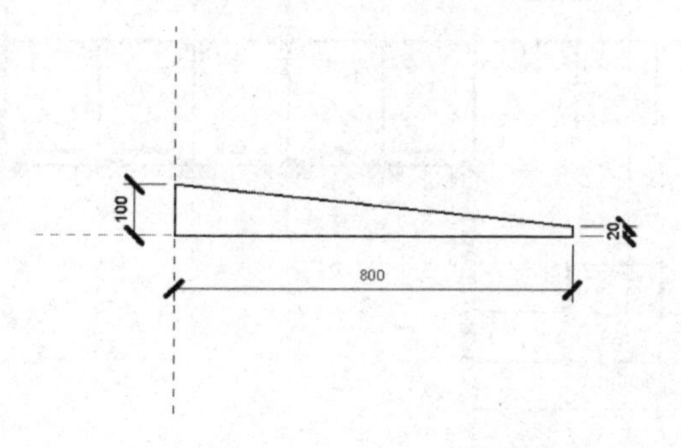

图 10－7　室外散水轮廓线

选项卡下面的“族编辑器”面板中的“载入到项目”按钮。

软件将自动跳转到项目操作界面，如图 10－8 所示选择“建筑”选项卡下面的“构建”面板，单击“墙”按钮列表中的“墙：饰条”按钮，自动跳转到“修改/放置墙饰条”上下文选项卡中。

在“属性”浏览器中选择族类型“墙饰条：钱江楼-室外散水”，单击“编辑类型”按钮，弹出“类型属性”对话框，参数类型列表的“轮廓”参数后的值选择为“室外散水：室外散水”，材质为“混凝土-现场浇筑混凝土”，勾选“剪切墙”后的复选框，勾选“被插入对象剪切”后的复选框，如图 10－9 所示。单击“确定”按钮退出“类型属性”对话框。

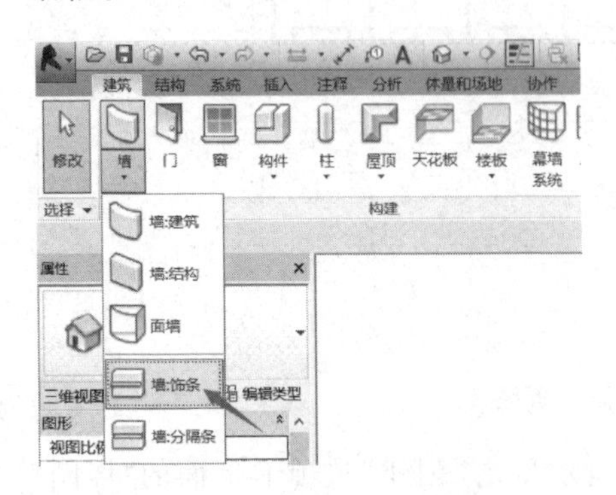

图 10－8 “墙：饰条”按钮

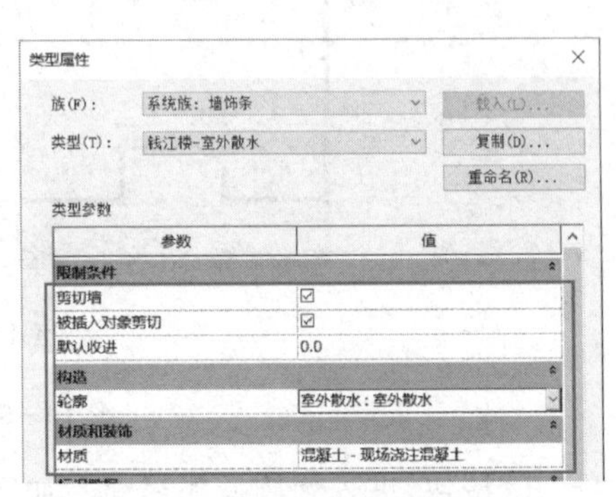

图 10－9 室外散水“类型属性”对话框

单击“修改/放置墙饰条”上下文选项卡下面的“放置”面板中的“水平”按钮。移动鼠标至绘图区域，鼠标左键依次单击外墙的下边缘线，放置该“室外散水”墙饰条。完成后的图形，如图 10－10 所示。

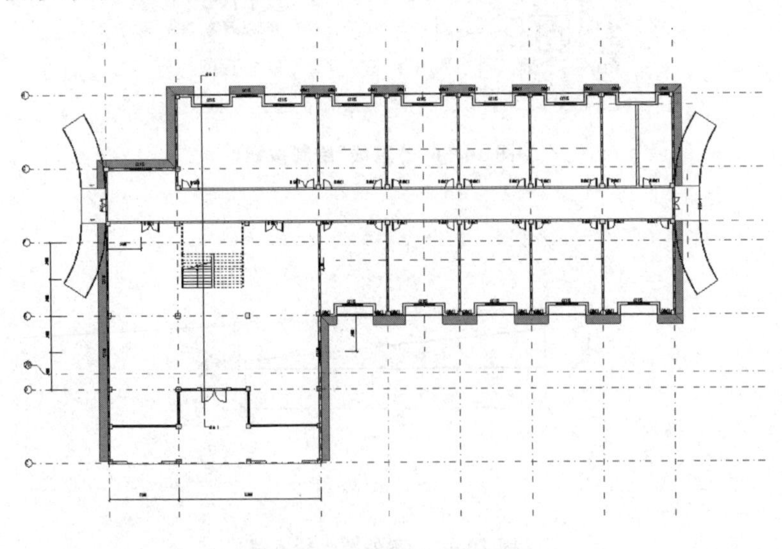

图 10－10 室外散水布置图

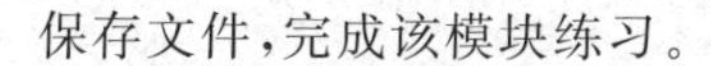
保存文件,完成该模块练习。

10.2　项目构件

Revit 软件提供了放置构件命令,可将外部导入的族构件,放置到项目指定位置,下面通过一个练习来熟练操作,打开“模块 29:放置项目构件.rvt”文件,完成相应的模块练习。读者可扫描右侧二维码观看模块 29 教学视频。

“模块 29:项目放置构件”教学视频

10.2.1　放置室外雨篷

单击“插入”选项卡下面的“从库中载入”面板中的“载入族”按钮,在跳出的载入族对话框中,找到模块练习文件夹下“RFA”文件夹中的“出入口雨篷”“台式双洗脸盆”“卫生间隔断”“污水池”“悬挂小便斗”族文件,单击“打开”按钮,将其载入到项目中。

切换至一层楼层平面视图,如图 10-11 所示选择“建筑”选项卡下面的“构建”面板中,单击“构件”按钮列表中的“放置构件”按钮,自动跳转到“修改/放置构件”上下文选项卡中。在“属性”浏览器中选择族类型“食堂雨篷”,并单击“编辑类型”按钮,弹出“类型属性”对话框,单击“复制”按钮,输入“出入口雨篷”,并设置该雨篷的类型参数:雨篷梁间距“1 500 mm”,雨篷材质“玻璃”,雨篷挑宽“2 500 mm”,雨篷长度“4 500 mm”,钢架宽“2 500 mm”,如图 10-12 所示。单击“确定”按钮,退出“类型属性”对话框。

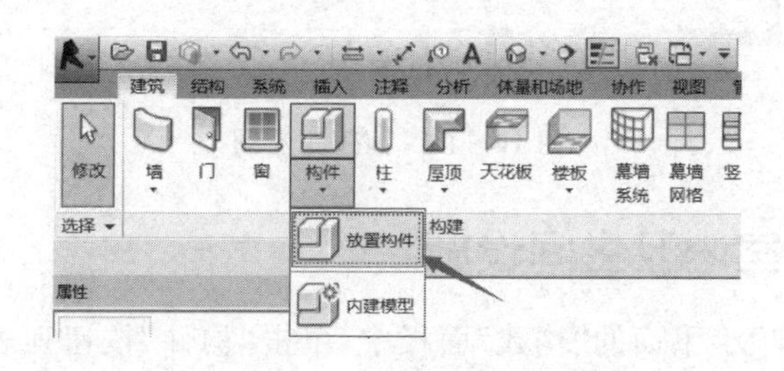

图 10-11　“放置构件”按钮

如图 10-13 所示,在“属性”浏览器中设置该雨篷的实例参数,立面为“3 300 mm”,移动鼠标至绘图区域,在两个次入口外墙居中处依次单击鼠标左键,放置出入口雨篷,如图 10-14 所示。由于雨篷的放置高度为 3.3 m,超出了目前一层楼层平面的视图范围,因此需要修改视图范围才能显示。

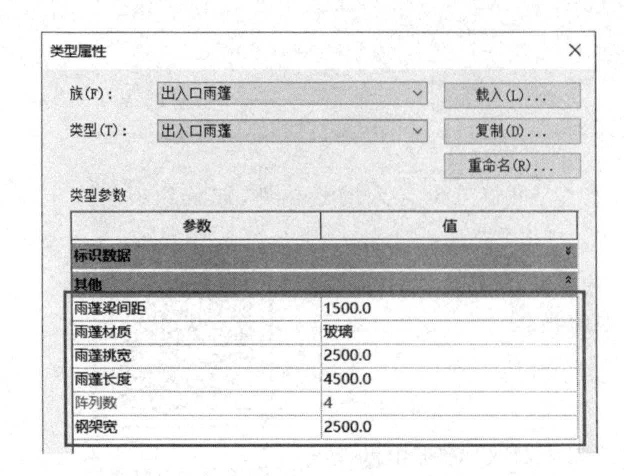

图 10－12　雨篷“类型属性”对话框

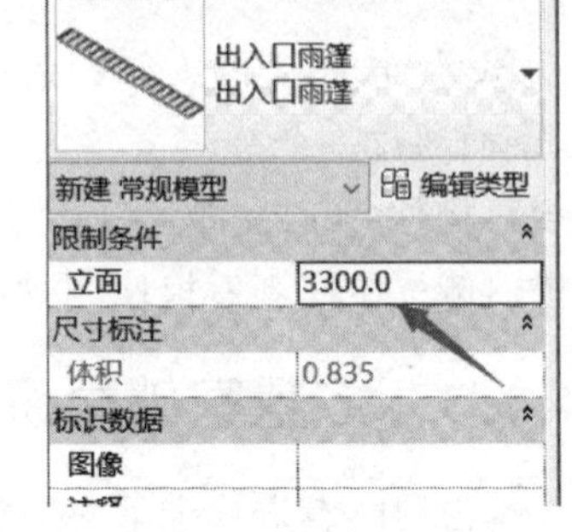

图 10－13　雨篷“属性”浏览器

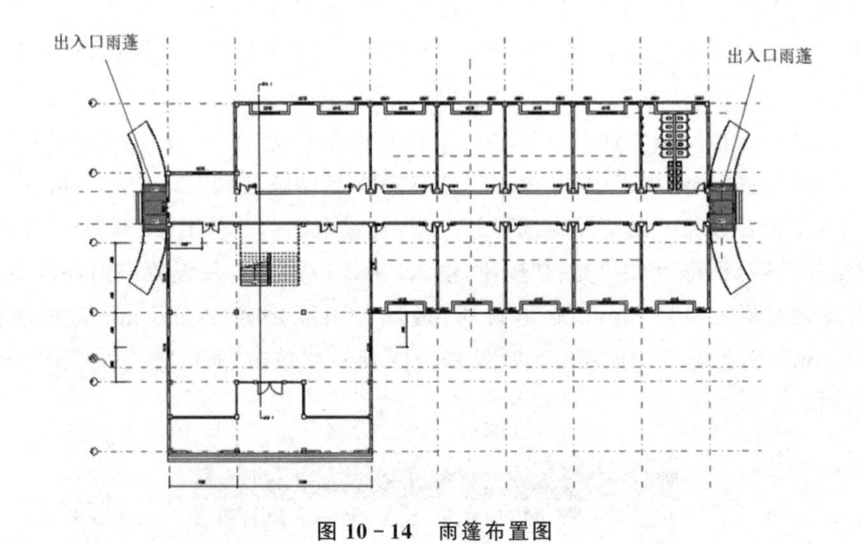

图 10－14　雨篷布置图

10.2.2　放置室内卫生间设施

选择“建筑”选项卡下面的“构建”面板中，单击“构件”按钮列表中的“放置构件”按钮，自动跳转到“修改/放置构件”上下文选项卡中。在“属性”浏览器中选择族类型“台式洗脸盆”，并设置其实例参数：脸盆数为“3 mm”，移动鼠标至绘图区域，按键盘空格键切换洗脸盆的方向，放置该构件。

在“属性”浏览器中选择族类型“污水池”，移动鼠标至绘图区域，放置该构件。

在“属性”浏览器中选择族类型“卫生间隔断：中级或靠墙(150 mm 高地台)”，移动鼠标至绘图区域，放置该构件。

在“属性”浏览器中选择族类型“悬挂小便斗”，移动鼠标至绘图区域，放置该构件。

完成后的图形如图 10－15 所示，将一层卫生间设施通过“复制”和“粘贴与选定标高对齐”命令，将其复制、粘贴至二到五层。

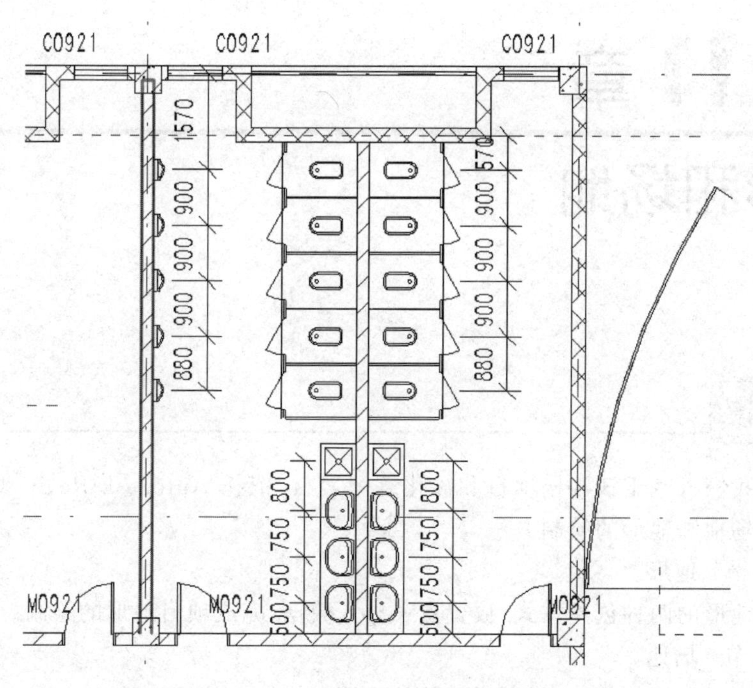

图 10－15　卫生间设施布置图

保存文件，完成该模块练习。

习　题

选择题

1. 在主体放样工具中，楼板边命令的主体图元是(　　)。

A. 楼板　　B. 墙体　　C. 屋顶　　D. 楼梯

2. 在主体放样工具中，墙饰条命令的主体图元是(　　)。

A. 楼板　　B. 墙体　　C. 屋顶　　D. 楼梯

3. 在主体放样工具中，檐槽命令的主体图元是(　　)。

A. 楼板　　B. 墙体　　C. 屋顶　　D. 楼梯

第 11 章

地形和场地

本章导读

本章我们将基于钱江楼项目和深化练习素材，依托 Autodesk Revit 2016 软件，完成项目场地和地形的绘制。

11.1 节：地形。

介绍地形的两种创建方式，放置点和导入数据，完成项目地形的绘制。

11.2 节：场地。

介绍建筑地坪的创建，子图元工具的应用和场地构件的放置。

本章建议学习课时：4 课时。

本章配套的素材、练习文件及相关教学视频，请从百度云盘(地址：https://pan.baidu.com/s/1gpIpe6pvyg1q99qLo2e-gQ，提取码：GOOD)下载。

学习目标

能力目标	知识要点
掌握地形的两种创建方式	地形的创建
掌握建筑地坪的创建方式	建筑地坪的创建
掌握子图元工具的绘制	子图元的绘制
掌握场地构件的放置	场地构件的放置

Revit 软件具有地形表面、建筑红线、建筑地坪、停车场等多种设计工具，可以完成项目地形和场地总图布置。本章主要介绍如何添加地形、建筑地坪、场地设施、场地道路以及场地构件。

11.1　地　形

地形表面的创建方法包含两种：一种是通过“放置点”方式生成地形表面；另一种是通过“导入数据”方式生成地形表面，下面通过练习分别说明。

11.1.1　放置点方式

打开“模块 30：绘制项目地形.rvt”文件，完成相应的模块练习。读者可扫描右侧二维码观看模块 30 教学视频。

双击“项目浏览器”中的“场地”，进入到场地楼层平面视图中，如图 11－1 所示，单击“体量和场地”选项卡下面的“场地建模”面板中的“地形表面”按钮，自动跳转到“修改/编辑表面”上下文选项卡中，单击“工具”面板中的“放置点”按钮，修改选项栏中的高程为“－600 mm”。移动鼠标至绘图区域，鼠标左键单击放置地形点。

“模块 30：绘制项目地形”教学视频

如图 11－2 所示单击“属性”浏览器中的“材质”后的“列表”按钮，在弹出的“材质”中选择“场地-草”。单击“完成编辑模式”，完成后的图形，如图 11－3 所示。

图 11－1　“地形表面”按钮

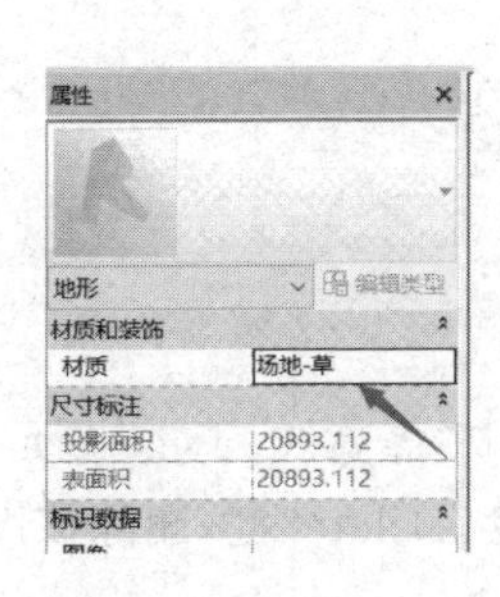

图 11－2　场地-草

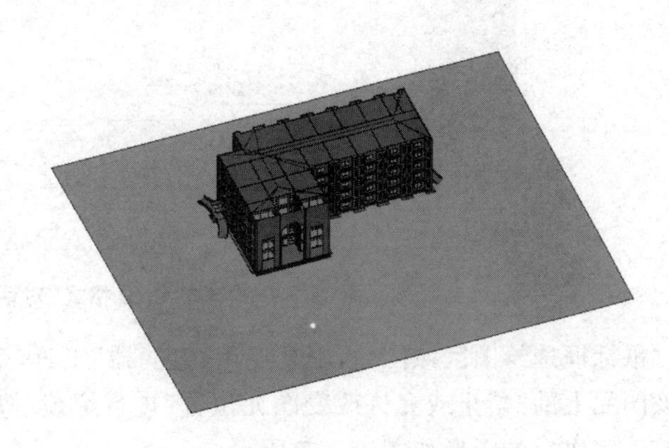

图 11－3　草地三维图

保存文件,完成该模块练习。

11.1.2 导入数据方式

1. 通过 cad 地形文件工程

打开“模块 31－1：地形生成练习 1.rvt”文件,完成相应的模块练习。读者可扫描右侧二维码观看模块 31 教学视频。

“模块 31：地形生成练习”教学视频

单击“插入”选项卡下面的“链接”面板中的“链接 CAD”按钮,在弹出的“链接 CAD 格式”对话框中选择该模块练习文件夹下面的“RFA”文件夹中的“等高线.dwg”文件,并且设置导入参数：导入单位为“米”,定位为“自动-原点到原点”,单击“打开”按钮,将该 CAD 图纸链接到项目,如图 11－4 所示。

切换至三维视图,单击“体量和场地”选项卡下面的“场地建模”面板中的“地形表面”按钮,自动跳转到“修改/编辑表面”上下文选项卡中。如图 11－5 所示单击“工具”面板中“通过导入创建”按钮列表下的“选择导入实例”按钮。移动鼠标至绘图区域,鼠标单击链接的 CAD 地形,在弹出的“从所选涂层添加点”对话框中,勾选“主等高线”“次等高线”复选框,单击“确定”按钮,如图 11－6 所示。再单击“完成编辑模型”按钮。

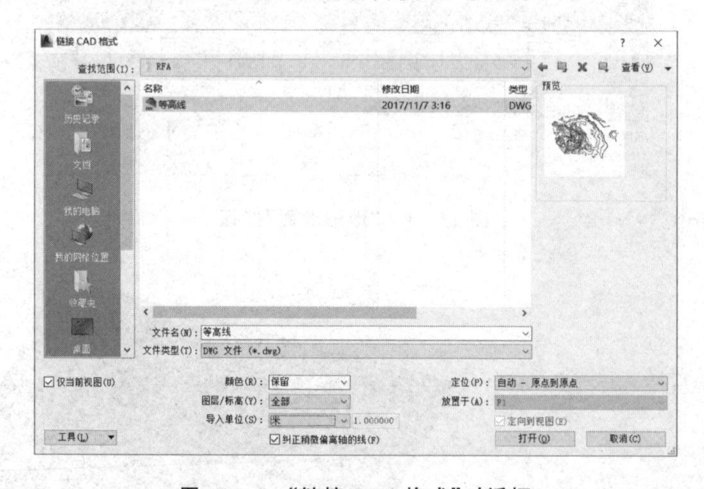

图 11－4 “链接 CAD 格式”对话框

鼠标框选绘图区域图元,配合使用“过滤器”工具,筛选中“等高线.dwg”图元,单击该图元上的“禁止或允许改变图元位置”进行解锁,按键盘“Delete”键,删除该图纸链接。完成后的图形如图 11－7 所示。

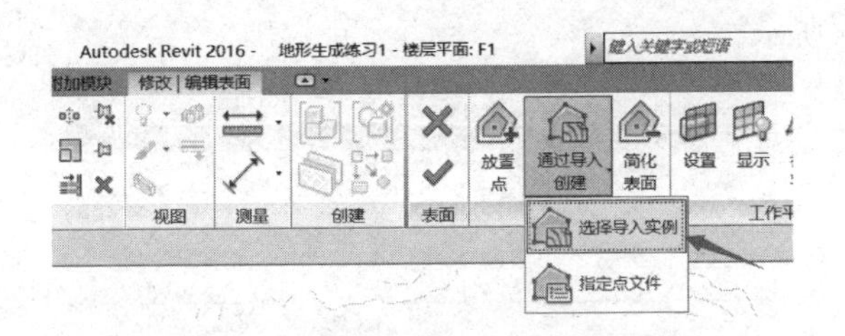

图 11-5　"选择导入实例"按钮

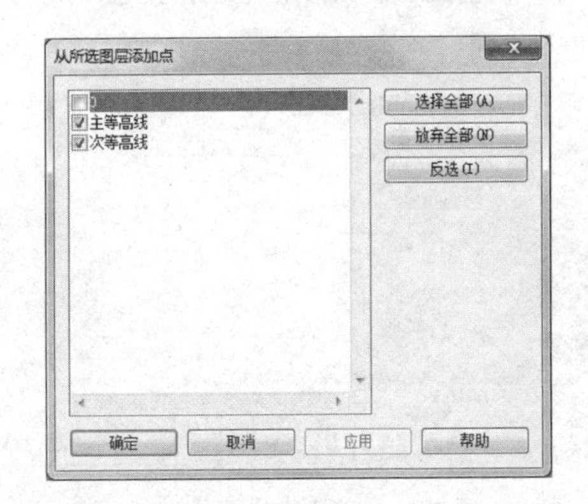

图 11-6　"从所选图层添加点"对话框

图 11-7　地形三维图

2. 通过 txt 地形数据生成

打开"模块 31-2：地形生成练习 2.rvt"文件，完成相应的模块练习。

切换至三维视图，单击"体量和场地"选项卡下面的"场地建模"面板中的"地形表面"按钮，自动跳转到"修改/编辑表面"上下文选项卡中。如图 11-8 所示，单击"工具"面板中"通过导入创建"按钮列表下的"指定点文件"按钮。在弹出的"选择文件"对话框中选择该模块练习文件夹下"RFA"文件夹中的"高程文本"文件，单击"打卡"

按钮，如图 11－9 所示。

图 11－8 “指定点文件”按钮

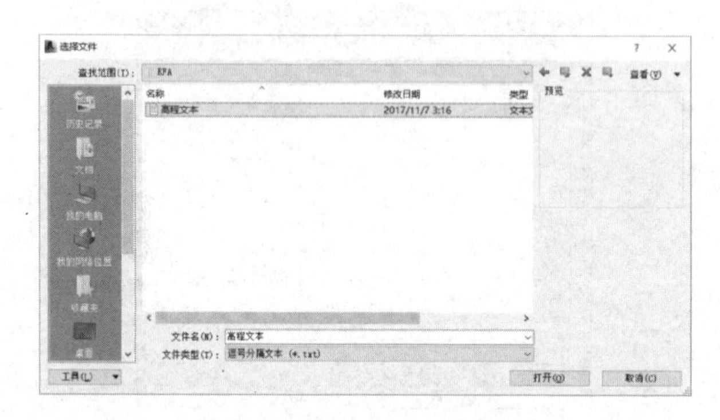

图 11－9 “选择文件”对话框

在弹出的“格式”对话框中，选择格式为“米”，单击“确定”按钮，然后单击“完成编辑模式”，保存文件，完成该模块练习。

11.2 场 地

11.2.1 建筑地坪

创建项目地形表面后，可以沿建筑轮廓创建建筑地坪，平整场地表面，建筑地坪的创建和编辑与楼板完全一致，打开“模块 32：项目室外地坪.rvt”文件，完成相应的模块练习。读者可扫描右侧二维码观看模块 32 教学视频。

“模块 32：项目室外地坪”教学视频

切换至室外地坪楼层平面视图。如图 11－10 所示单击“体量和场地”选项卡下面的“场地建模”面板中的“建筑地坪”按钮，自动跳转到“修改/创建建筑地坪边界”上下文选项卡中。在“属性”浏览器中选择族类型“建筑地坪：钱江楼－450 mm－地坪”，修改其实例参数的限制条件：标高设置为“1F”，自标高的高度偏移设置为“－150 mm”，单击“编辑类型”按钮，进入“编辑类型”对话框，再单击“结构”后的“编辑”按钮，进入“编辑部件”对话框，设置其结构层的材质和厚度，如图 11 - 11 所示。单击“确定”按钮退出。

图 11 - 10　“建筑地坪”按钮

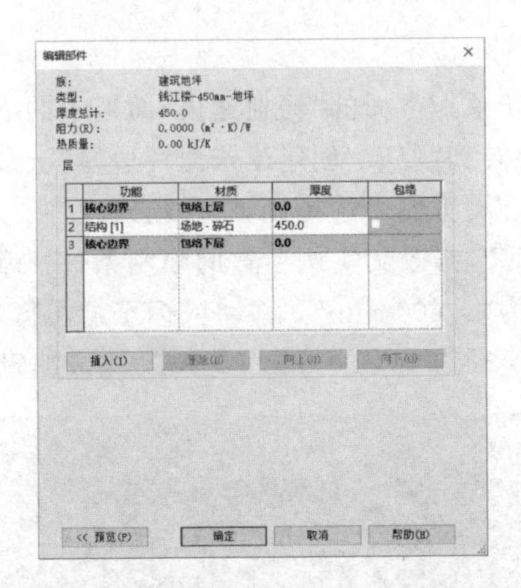

图 11 - 11　建筑地坪“编辑部件”对话框

确认仍处于“修改/创建建筑地坪边界”上下文选项卡中，灵活使用“绘制”面板中的绘制方式，移动鼠标至绘图区域，绘制建筑地坪边界线，如图 11 - 12 所示。单击“完成编辑模式”退出，保存文件，完成该模块练习。

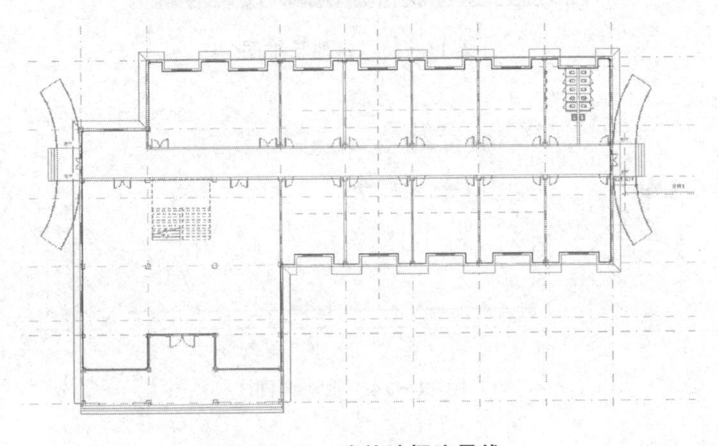

图 11 - 12　建筑地坪边界线

11.2.2 室外水池

打开“模块 33：项目室外水池.rvt”文件，完成相应的模块练习。读者可扫描右侧二维码观看模块 33 教学视频。

“模块 33：项目室外水池”教学视频

绘制如图 11－13 所示为室外水池，该水池有三部分组成：水池底由建筑地坪创建；水池壁由建筑墙创建；水池水由建筑楼板创建。各部分标高详如图 11－14 所示。

1. 创建水池底

单击“体量和场地”选项卡下面的“场地建模”面板中的“建筑地坪”按钮，自动跳转到“修改/创建建筑地坪边界”上下文选项卡中。在“属性”浏览器中选择族类型“建筑地坪：钱江楼-150 mm -水池底”，修改其实例参数的限制条件：标高设置为“室外地坪”，自标高的高度偏移设置为“－600 mm”，移动鼠标至绘图区域，按照如图 11－15 所示，绘制水池底边界线(半径为 10 000 mm)。单击“完成编辑模式”退出。

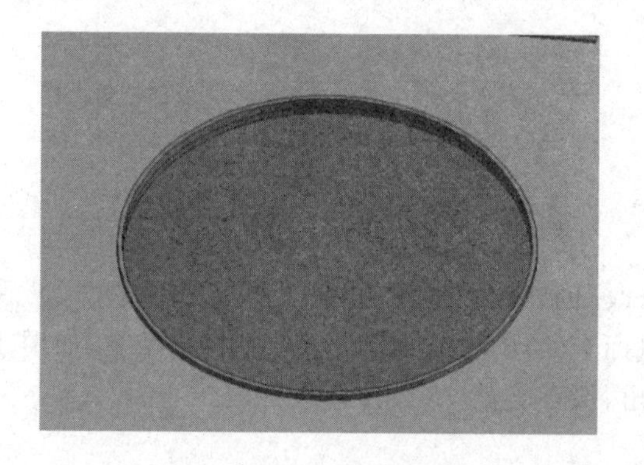

图 11－13 水池三维图

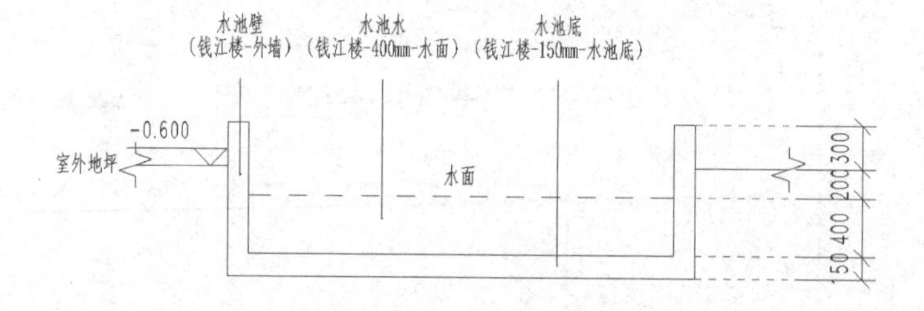

图 11－14 水池详图

2. 创建水池壁

选择“建筑”选项卡下面的“构建”面板，单击“墙”按钮列表中的“墙：建筑”按钮，

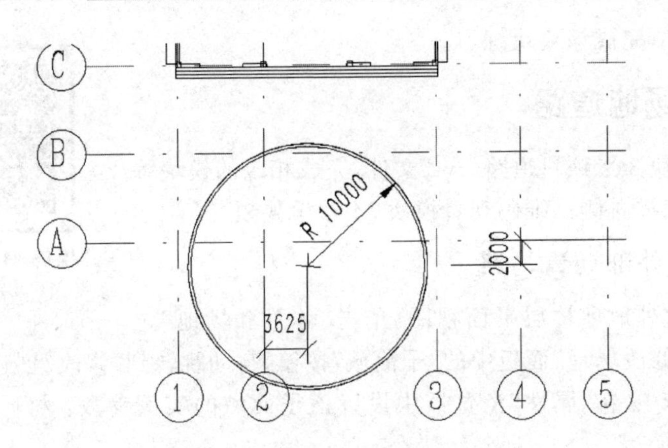

图 11-15 水池布置图

自动跳转到“修改/放置墙”上下文选项卡中，在“属性”浏览器中选择族类型“基本墙：钱江楼－外墙”，并设置其实例参数中的限制条件：定位线为“核心面：内部”，底部限制条件为“室外地坪”，底部偏移为“－600 mm”，顶部约束为“未连接”，无连接高度为“900 mm”，如图 11-16 所示。

单击“绘制”面板中的“拾取线”按钮，移动鼠标至绘图区域，按照如图 11-14 所示绘制水池壁。

3. 创建水池水

选择“建筑”选项卡下面的“构建”面板，单击“楼板”按钮列表下的“楼板：建筑”按钮，自动跳转到“修改/创建楼层边界”上下文选项卡中。选择“属性”浏览器中的族类型“楼板：钱江楼- 400 mm -水面”，同时设置其实例参数的限制条件：标高为“室外地坪”，自标高的高度偏移为“－200 mm”，如图 11-17 所示。

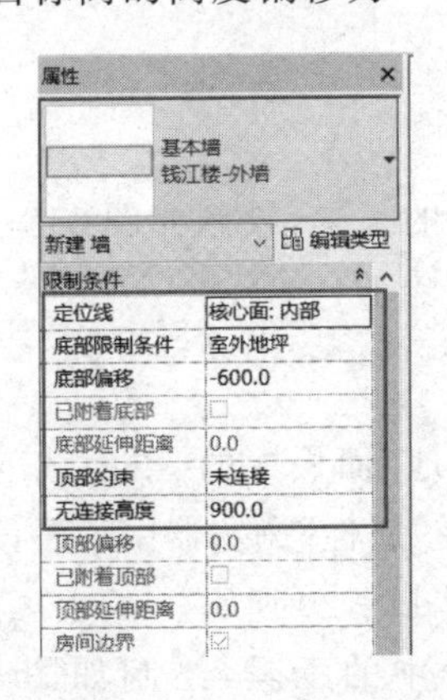

图 11-16 水池壁“属性”浏览器

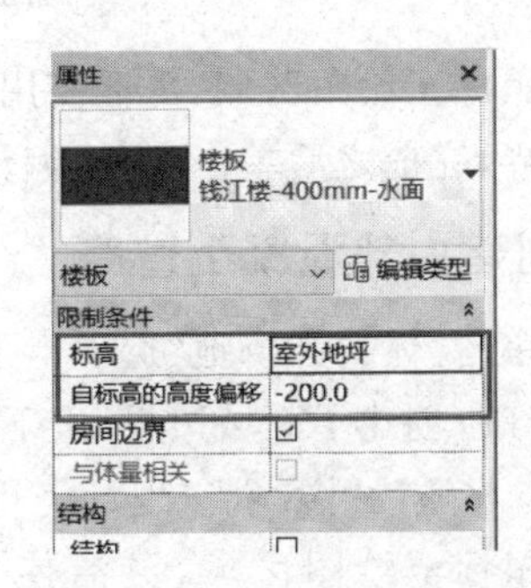

图 11-17 水面“属性”浏览器

单击“绘制”面板中的绘制方式“圆形”，移动鼠标至绘图区域，绘制水池水如图 11-14 所示。

保存文件，完成该模块练习。

11.2.3　场地道路

"模块 34：项目道路"
教学视频

打开"模块 34：项目道路.rvt"文件，完成相应的模块练习。读者可扫描右侧二维码观看模块 34 教学视频。

1. 创建外部沥青马路

切换至室外地坪楼层平面视图，单击"体量和场地"选项卡下面的"修改场地"面板中的"子面域"按钮，自动跳转到"修改/创建子面域边界"上下文选项卡中，在"属性"浏览器中设置该子面域的实例参数：材质为"沥青"，如图 11－18 所示。

属性	
地形	编辑类型
材质和装饰	
材质	沥青
尺寸标注	
投影面积	0.000
表面积	0.000
标识数据	
图像	
注释	
名称	
标记	
阶段化	
创建的阶段	新构造
拆除的阶段	无

图 11－18　沥青材质

移动鼠标至绘图区域，灵活使用"绘制"面板中的工具，绘制如图 11－19 所示的子面域边界，完成之后单击"完成编辑模式"按钮。

2. 创建内部混凝土道路

再次单击"体量和场地"选项卡下面的"修改场地"面板中的"子面域"按钮，自动跳转到"修改/创建子面域边界"上下文选项卡中，在"属性"浏览器中设置该子面域的实例参数：材质为"混凝土-现场浇筑混凝土"，如图 11－20 所示。

移动鼠标至绘图区域，灵活使用"绘制"面板中的工具，绘制如图 11－21～图 11－23 所示的子面域边界，并采用"复制""镜像"等修改工具，将其复制到另一侧次出入口。完成之后单击"完成编辑模式"按钮。

完成的图形如图 11－24 所示，保存文件，完成该模块练习。

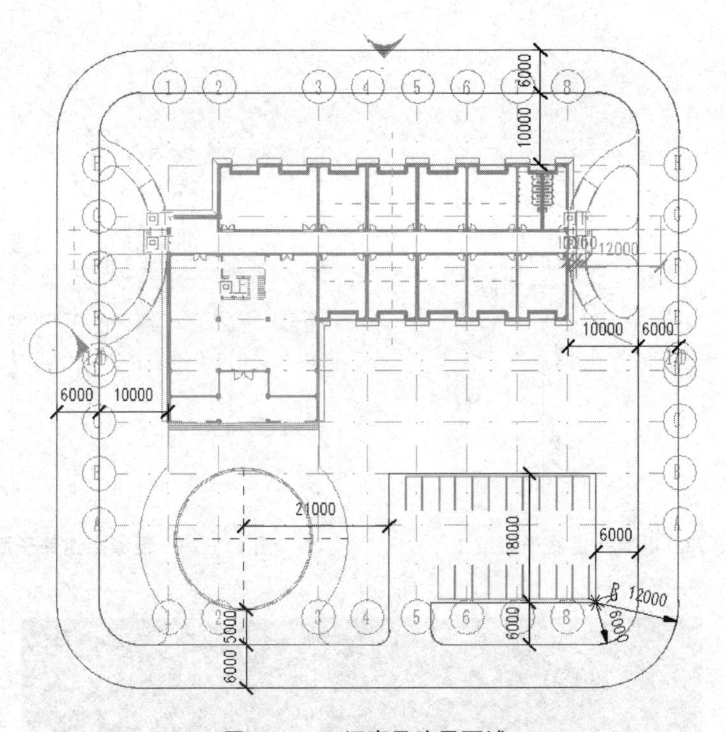

图 11-19　沥青马路子面域

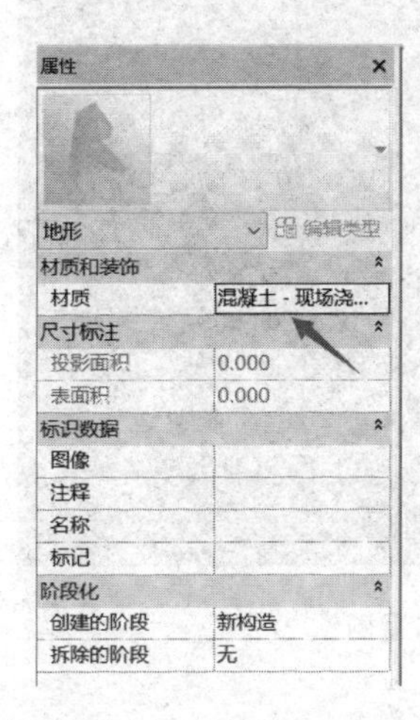

图 11-20　混凝土材质

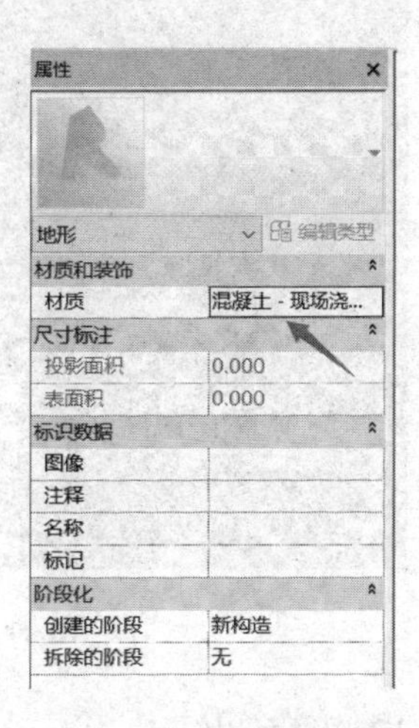

图 11-21　混凝土道路子面域 1

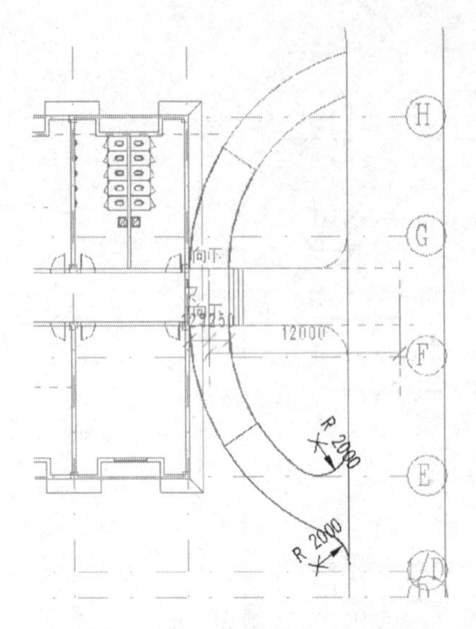

图 11－22　混凝土道路子面域 2

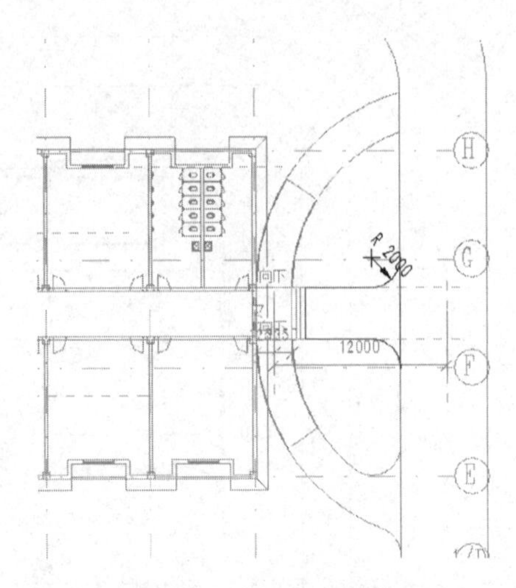

图 11－23　混凝土道路子面域 3

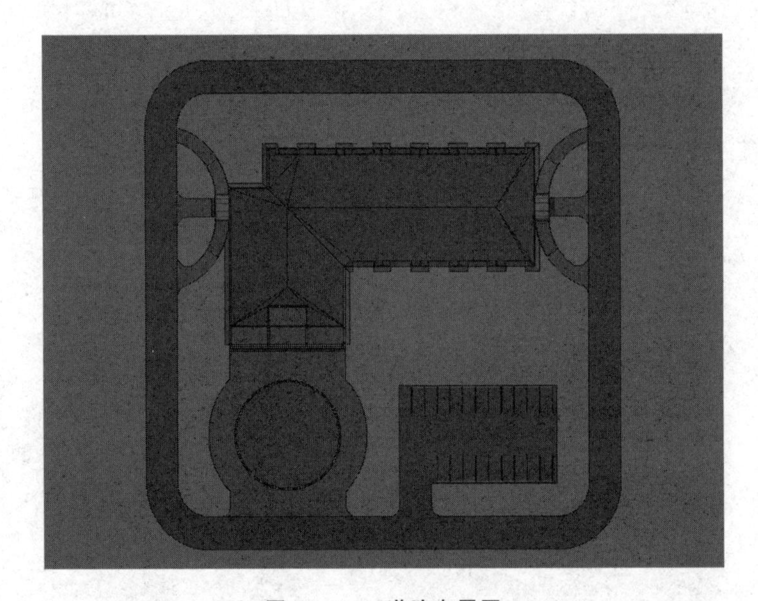

图 11－24　道路布置图

11.2.4　场地构件

打开“模块 35：项目场地构件. rvt”文件，完成相应的模块练习。读者可扫描右侧二维码观看模块 35 教学视频。

1. 创建花坛

"模块35：项目场地构件"教学视频

切换至室外地坪楼层平面视图，选择"建筑"选项卡下面的"构建面板"，单击"建筑"按钮列表中的"墙：建筑"按钮，自动跳转到"修改/放置墙"上下文选项卡中，在"属性"浏览器中新建族类型为"钱江楼-120 mm -其他"的墙体，设置其结构层材质为"石料"，墙体高度为600 mm。移动鼠标至绘图区域，绘制该花坛墙体(主入口花坛布置如图11-25所示，阳台花坛布置如图11-26所示)。

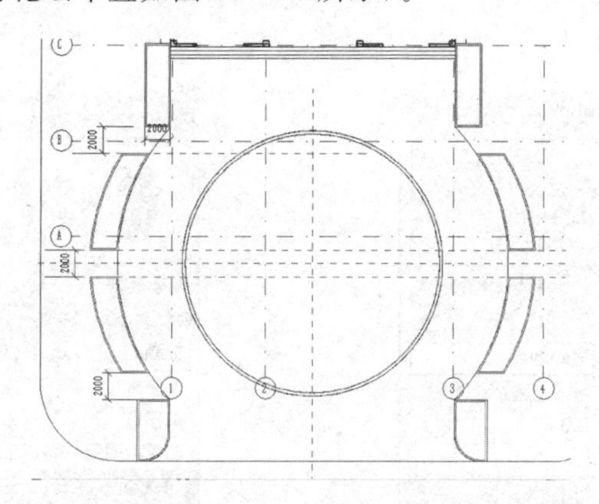

图11-25 主入口花坛布置图

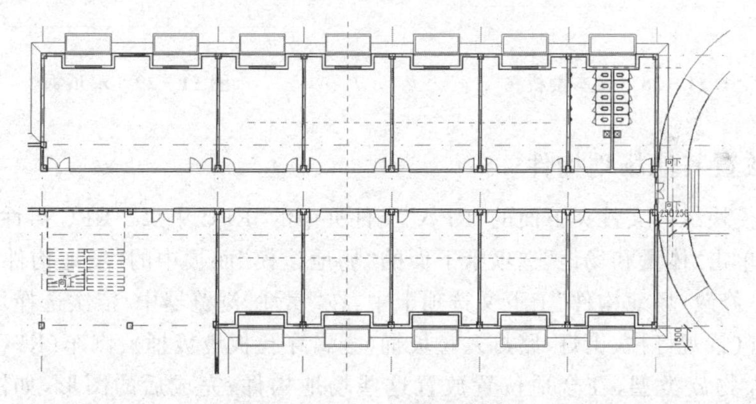

图11-26 阳台花坛布置图

如图11-27所示单击"体量和场地"选项卡下面的"场地建模"面板中的"场地构件"按钮，自动跳转到"修改/场地构件"上下文选项卡中，在"属性"浏览器中选择族类型"日本樱桃树-4.5 m"，并修改其实例参数：标高为"室外地坪"，偏移量为"0 mm"，如图11-28所示。移动鼠标至绘图区域，在主入口花坛内放置该日本樱桃树。

继续在"属性"浏览器中选择族类型"鸡爪枫-3.0 m"，并修改其实例参数：标高

图 11-27 “场地构件”按钮

为“室外地坪”，偏移量为“0 mm”，如图 11-29 所示。移动鼠标至绘图区域，在阳台花坛内放置该鸡爪枫。

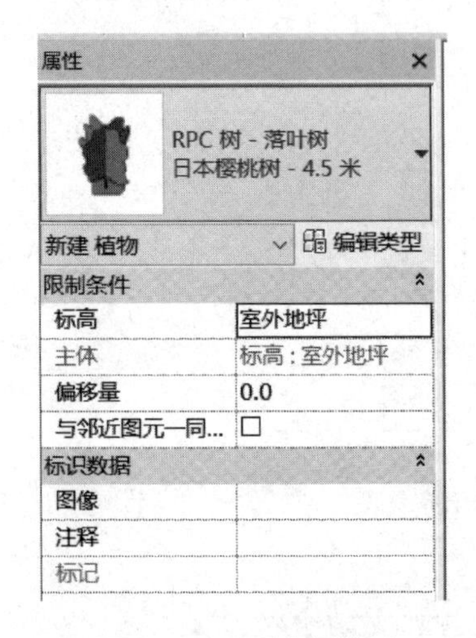

图 11-28 日本樱桃树

图 11-29 鸡爪枫

2. 放置其他场地构件

载入模块练习文件夹下面的“RFA”文件夹中的“RPC 甲虫”“RPC 男性”等 11 个族文件。单击“体量和场地”选项卡下面的“场地建模”面板中的“场地构件”按钮，自动跳转到“修改/场地构件”上下文选项卡中，在“属性”浏览器中，依次选择足球场、篮球场、路灯（景观灯柱、街灯、路灯）、垃圾桶（金属穿孔板垃圾桶）、汽车（RPC 甲壳虫、轿车）和人物族类型，在合适位置放置这些场地构件，完成后的图形，如图 11-30 所示。

保存文件，完成该模块练习。

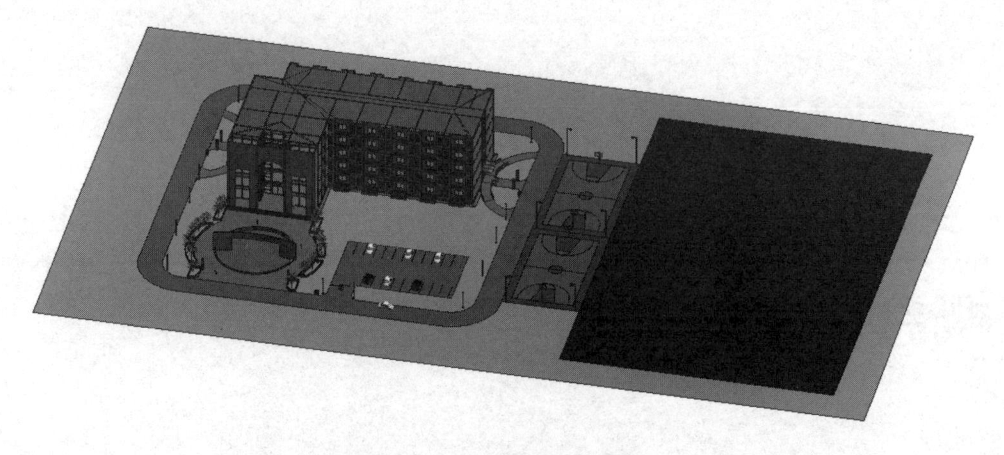

图 11－30　场地构件布置图

习　题

选择题

1. 下列(　　)地形创建方式不需要导入外部文件。

A. 放置点方式　　B. 选择导入实例方式

C. 指定点文件方式　　D. 链接文件

2. 单击“体量和场地”选项卡下面的“场地建模”面板中的“场地构件”按钮,上述操作实现的功能是(　　)。

A. 放置构件　　B. 放置场地构件

C. 编辑构件　　D. 编辑场地构件

第 12 章

概念体量

本章导读

本章我们将基于钱江楼项目和深化练习素材，依托 Autodesk Revit 2016 软件，完成项目概念体量的绘制。

12.1 节：概念体量绘制。

介绍平面体量创建、曲面体量创建和 UV 网格分割表面，完成钱江楼项目雕塑的创建。

12.2 节：概念体量转换为建筑设计模型。

介绍体量楼层的创建，通过实例演练体量面如何转换为楼板、屋顶、建筑墙和幕墙等土建模型图元。

本章建议学习课时：4 课时。

本章配套的素材、练习文件及相关教学视频，请从百度云盘（地址：https://pan.baidu.com/s/1gpIpe6pvyg1q99qLo2e-gQ，提取码：GOOD）下载。

学习目标

能力目标	知识要点
掌握平面体量的创建方式	平面体量的创建
掌握曲面体量的创建方式	曲面体量的创建
掌握 UV 网格的分割	UV 网格的分割
掌握概念体量的转换	概念体量转换为建筑设计模型

概念体量是在建筑的概念设计阶段使用的三维形状，通过体量研究，可以使用造

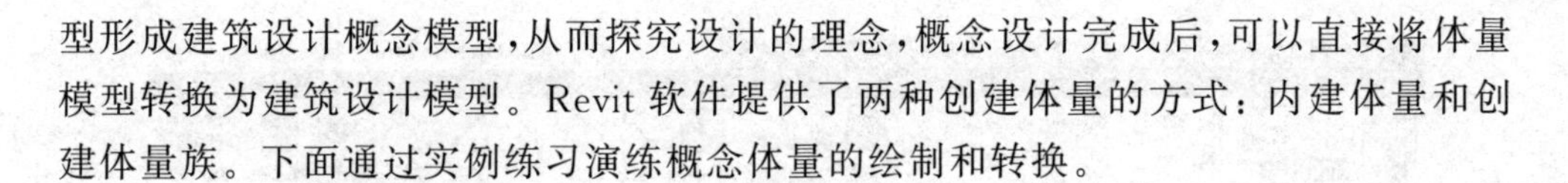

型形成建筑设计概念模型，从而探究设计的理念，概念设计完成后，可以直接将体量模型转换为建筑设计模型。Revit 软件提供了两种创建体量的方式：内建体量和创建体量族。下面通过实例练习演练概念体量的绘制和转换。

12.1　概念体量绘制

12.1.1　平面体量

打开"模块 36－1：平面体量练习.doc"文件，查看相应的练习要求。读者可扫描右侧二维码观看模块 36－1 教学视频。

"模块 36－1：平面体量练习"教学视频

双击桌面 Revit 软件图标，进入到软件欢迎界面，在欢迎界面中单击"新建概念体量"按钮，如图 12－1 所示在弹出的"新概念体量-选择样板文件"对话框中选择"公制体量"样板文件，单击"打开"按钮进入到体量的操作界面。体量的操作界面与项目的略有不同，在功能区中只有"创建""插入""视图""附加模块""管理""修改"六个选项卡。

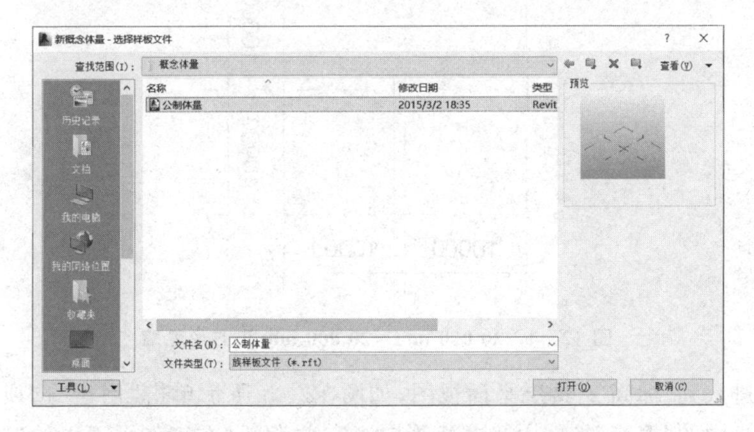

图 12－1　"新概念体量-选择样板文件"对话框

1. 创建实心形状

切换至南立面视图，如图 12－2 所示单击"创建"选项卡下面的"基准"面板中的"标高"按钮，自动跳转到"修改/放置标高"上下文选项卡中，移动鼠标至绘图区域，在距离"标高 1"往上 10 000 mm 处绘制"标高 2"。

双击进入到"标高 1"楼层平面视图，如图 12－3 所示单击"创建"选项卡下面的"绘制"面板中的"模型"按钮，单击"拾取线"按钮，并激活"在工作平面上绘制"按钮，在选项栏中选择放置平面为"标高：标高 1"，偏移量设置为"10 000 mm"，移动鼠标

图 12-2 “标高”按钮

至绘图区域，配合使用“修剪/延伸为角”工具，绘制尺寸为“20 000 mm×20 000 mm”的正方形轮廓，如图 12-4 所示。

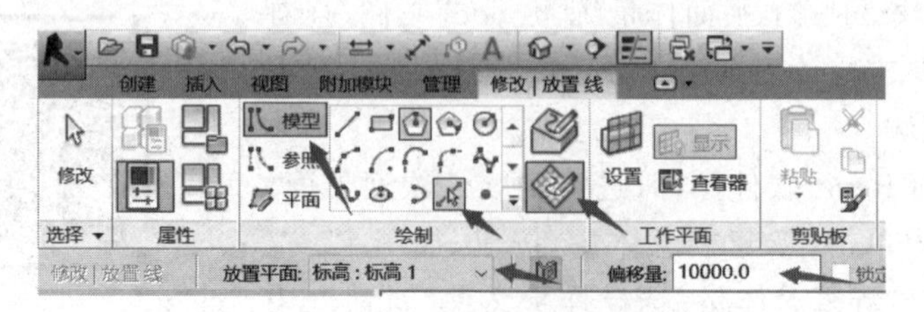

图 12-3 “拾取线”绘制按钮

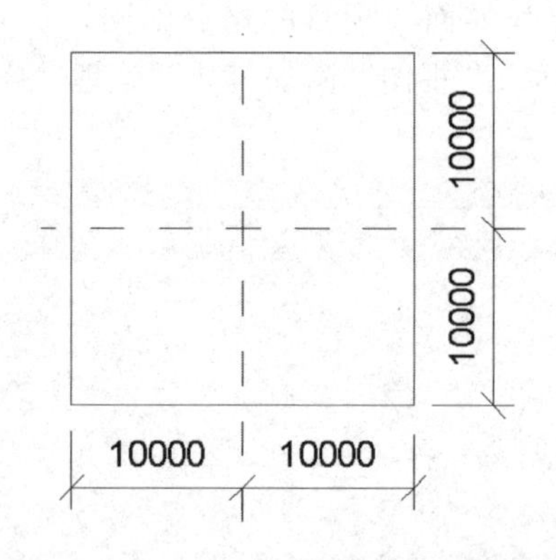

图 12-4 20 000 mm×20 000 mm 正方形轮廓

双击进入到“标高 2”楼层平面视图，如图 12-5 所示单击“创建”选项卡下面的“绘制”面板中的“模型”按钮，单击“矩形”按钮，并激活“在工作平面上绘制”按钮，在

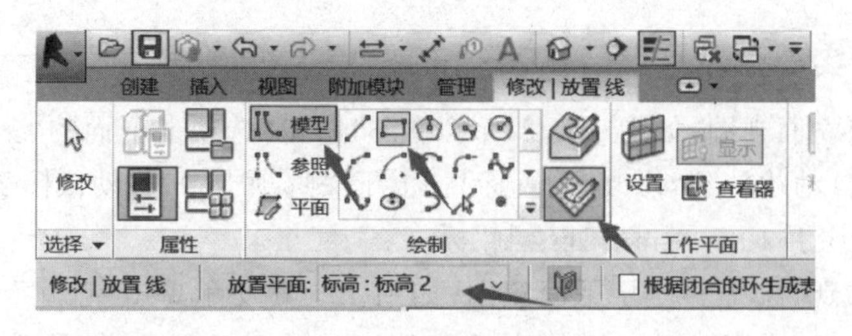

图 12-5 “矩形”按钮

选项栏中选择放置平面为“标高：标高 2”，偏移量设置为“0 mm”，移动鼠标至绘图区域，绘制尺寸为“10 000 mm×10 000 mm”的正方形轮廓，如图 12－6 所示。

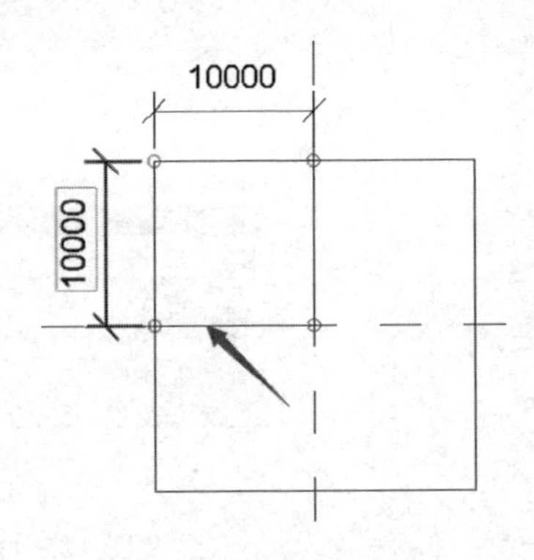

图 12－6　10 000 mm×10 000 mm 正方形轮廓

切换至三维视图，按住键盘“Ctrl”键，鼠标左键选中上述两个轮廓如图 12－7 所示，单击“修改/放置线”上下文选项卡下面的“创建形状”按钮列表中的“实心形状”按钮，将创建如图 12－8 所示的实心形状。

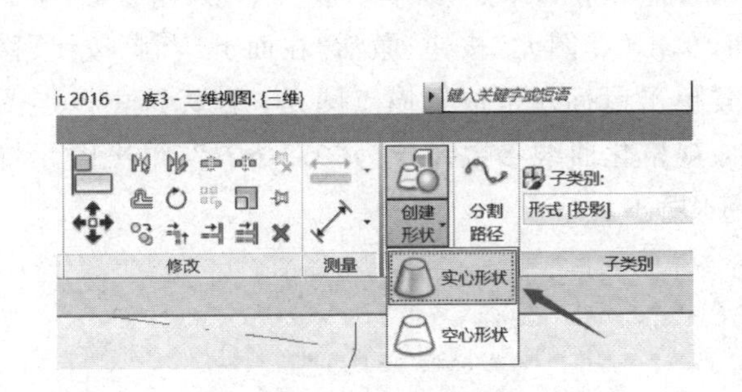

图 12－7　“实心形状”按钮

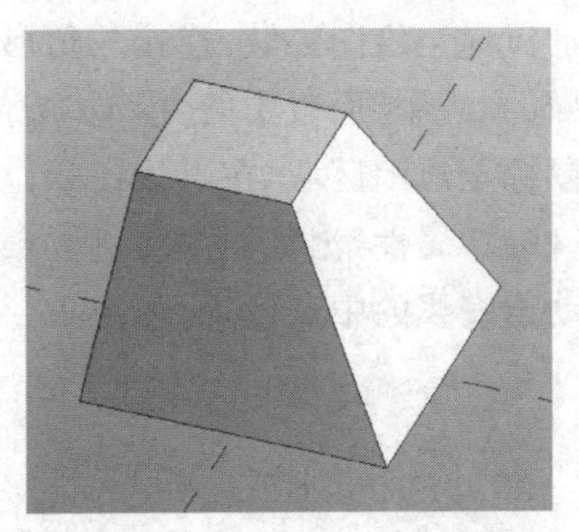

图 12－8　实心形状三维图

2. 创建空心形状

如图 12－9 所示，单击“创建”选项卡下面的“绘制”面板中的“模型”按钮，单击“直线”按钮，激活“在面上绘制”按钮，在选项栏中勾选“三维捕捉”“链”两个复选框，移动鼠标至绘图区域，鼠标依次单击各边中点，如图 12－10 所示为三角形轮廓。

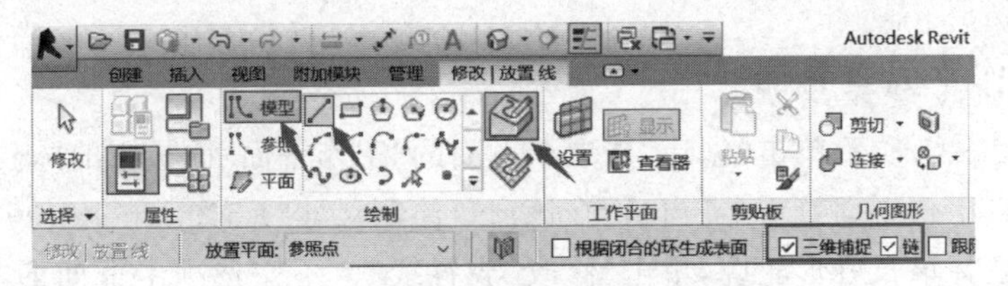

图 12－9　“修改/放置线”上下文选项卡

选中该三角形轮廓,如图 12－11 所示单击“修改/放置线”上下文选项卡下面的“创建形状”按钮列表中的“空心形状”按钮,将创建如图 12－12 所示的空心形状。

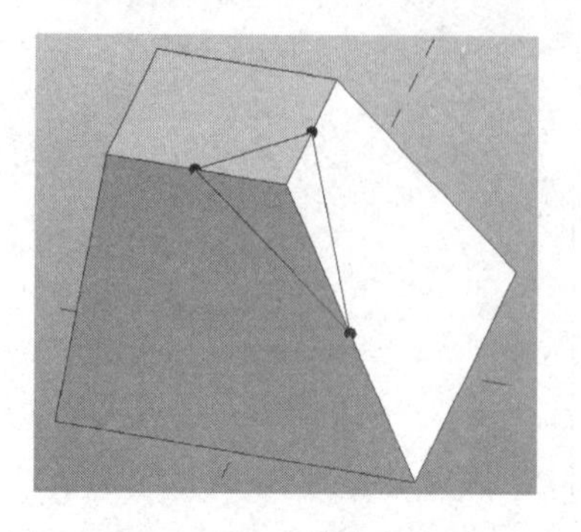

图 12－10　三角形轮廓

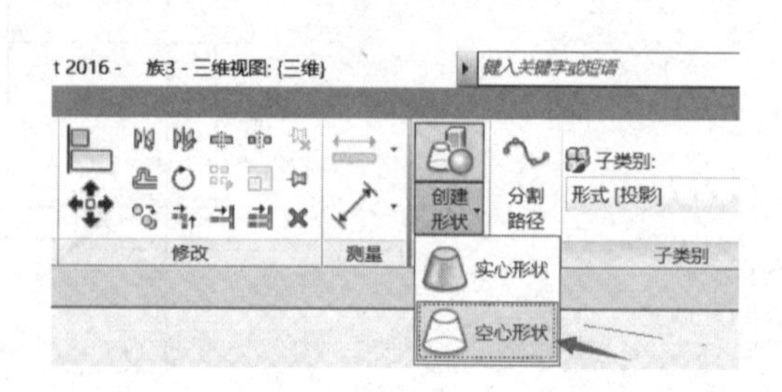

图 12－11　“空心形状”按钮

3. 添加点图元

如图 12－13 所示单击“创建”选项卡下面的“绘制”面板中的“模型”按钮,单击“直线”按钮,激活“在面上绘制”按钮,在选项栏中勾选“三维捕捉”“链”两个复选框,移动鼠标至绘图区域,连接三角形的顶点和底边中点,绘制直线。单击“创建”选项卡下面的“绘制”面板中的“模型”按钮,单击“点图元”按钮,激活“在面上绘制”按钮,移动鼠标至绘图区域,在直线任意位置单击鼠标左键放置该点图元。鼠标选中该点图元,修改“属性”浏览器中实例参数:规格化曲线参数设置为“0.5 mm”,单击图元将移动至直线的中点位置,如图 12－14 所示。

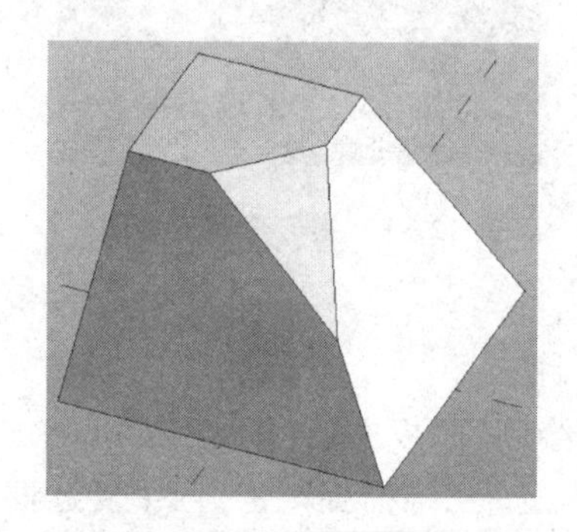

图 12－12　空心形状

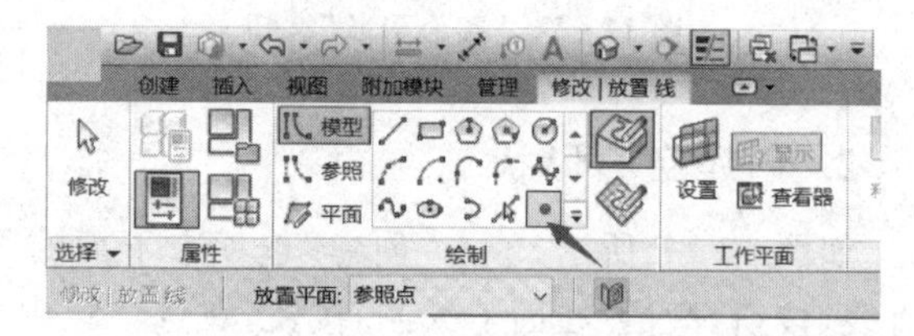

图 12－13　“点图元”按钮

4. 工作平面查看器

如图 12－15 所示单击“创建”选项卡下面的“工作平面”面板中的“查看器”按钮,弹出“参照点工作平面查看器”窗口,在该窗口绘制尺寸“1 500 mm×1 000 mm”的长方形轮廓,选择该长方形轮廓,单击“修改/放置线”上下文选项卡下面的“创建形状”按钮列表中的“实心形状”按钮,生成长方体形状,完成的图元,如图 12－16 所示。

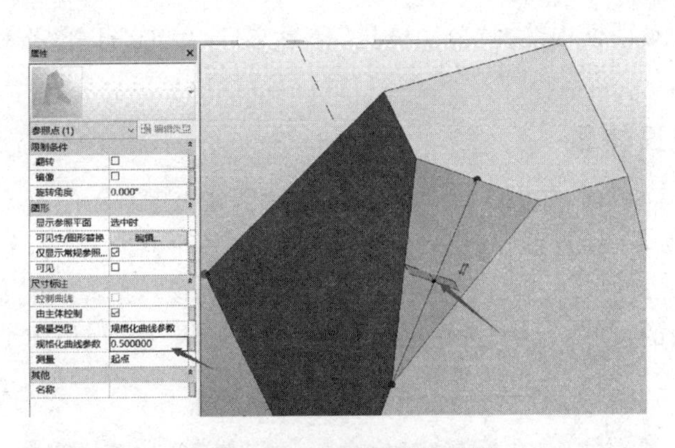

图 12－14　点图元放置位置

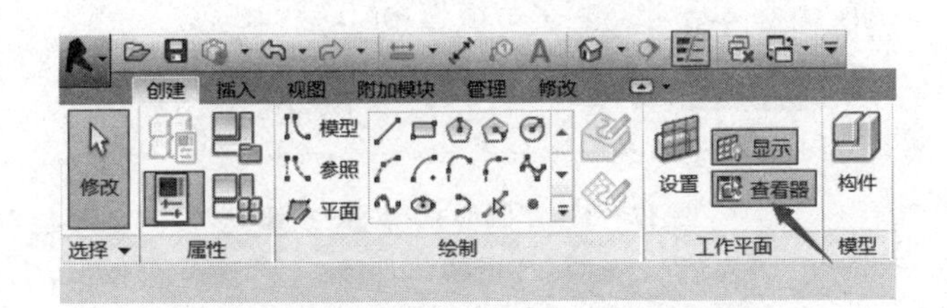

图 12－15　“查看器”按钮

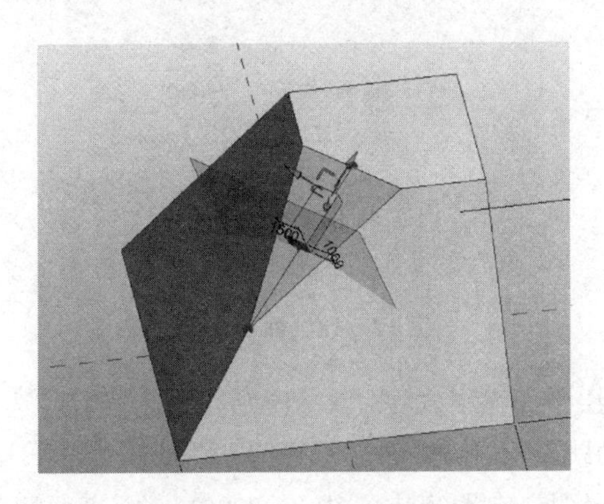

图 12－16　长方体形状

保存文件，完成该模块练习。

12.1.2　曲面体量

“模块 36－2：曲面体量练习”教学视频

打开“模块 36－2：曲面体量练习.doc”文件，查看相应的练习要求。读者可扫描右侧二维码观看模块 36－2 教学视频。

双击桌面 Revit 软件图标，进入到软件欢迎界面，在欢迎界面中单击“新建概念体量”按钮，在弹出的“新概念体量

-选择样板文件”对话框中选择“公制体量”样板文件，单击“打开”按钮进入到体量的操作界面。

1. 创建曲面体量

切换至东立面视图，如图 12－17 所示单击“创建”选项卡下“绘制”面板中的“模型”按钮，单击“圆心-端点弧”按钮，并激活“在工作平面上绘制”按钮，移动鼠标至绘图区域，绘制半径为“30 000 mm”的半圆弧轮廓，选择该轮廓，单击“修改/放置线”上下文选项卡下面的“创建形状”按钮列表中的“实心形状”按钮，如图 12－18 所示为曲面体量。

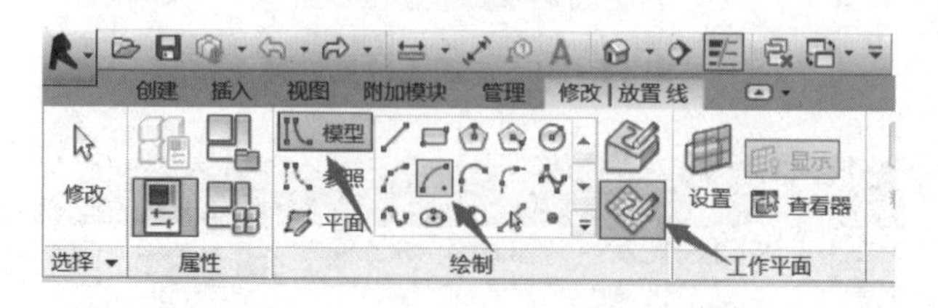

图 12－17 “圆心-端点弧”按钮

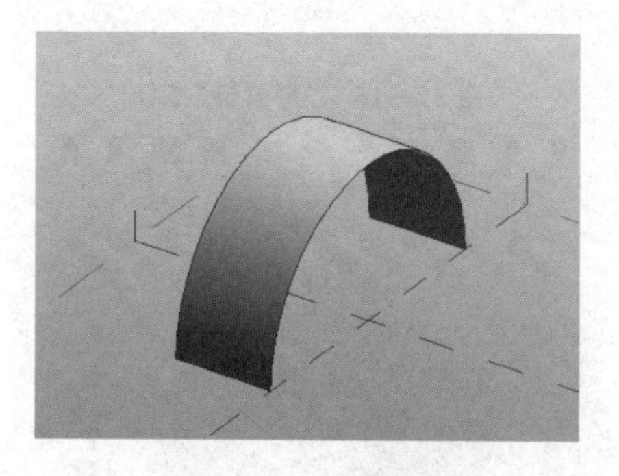

图 12－18 曲面体量

切换至标高 1 楼层平面视图，如图 12－19 所示单击“创建”选项卡下面的“绘制”面板中“平面”按钮，自动跳转至“修改/放置参照平面”上下文选项卡中，单击“直线”绘制方式，移动鼠标至绘图区域，在距离中心线 30 000 mm 距离两侧分别绘制一条参照平面，配合使用“对齐”工具，将曲面拉伸对齐至两侧参照平面位置，如图 12－20 所示。

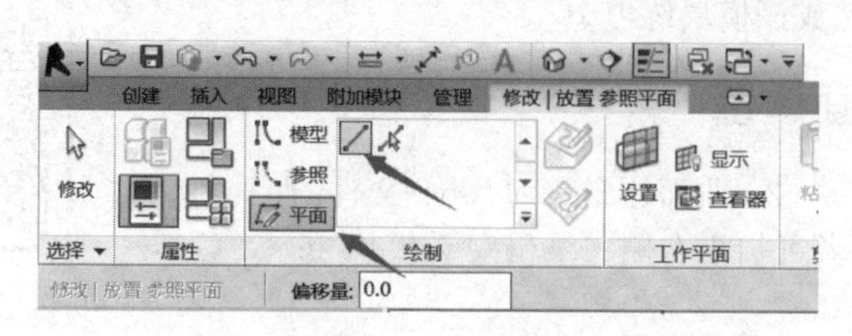

图 12－19 “平面”按钮

2. 添加轮廓和边

选中该曲面体量，如图12-21所示单击“修改/形式”选项卡下面的“形状图元”面板中的“透视”按钮，曲面体量将切换为透视状态，单击“添加轮廓”按钮，移动鼠标至绘图区域，在曲面体量的中部添加一个轮廓。单击“添加边”按钮，在曲面体量的顶部添加一个边，单击该轮廓和边的交点，往下拖动一定距离，如图12-22所示。

图12-20　曲面对齐操作

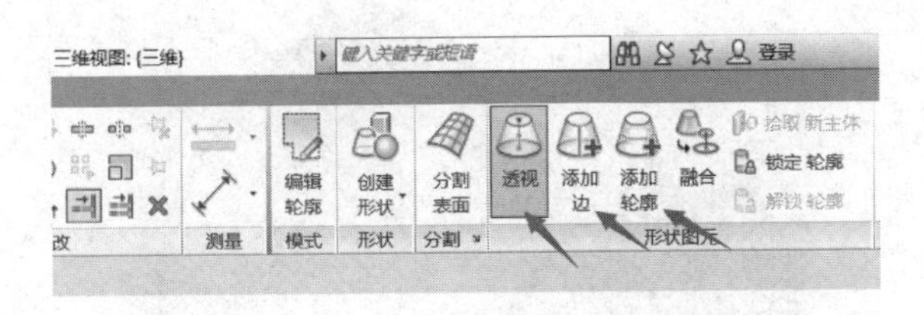

图12-21　“透视”“添加边”“添加轮廓”按钮

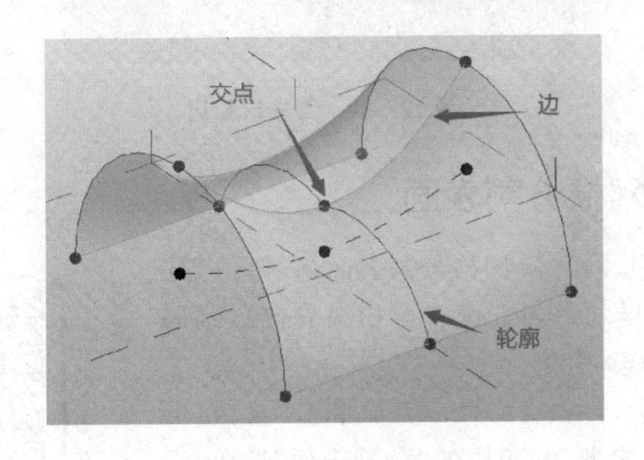

图12-22　交点示意图

3. 添加点图元

如图12-23所示单击“创建”选项卡下面的“绘制”面板中的“模型”按钮，单击“点图元”按钮，激活“在面上绘制”按钮，移动鼠标至绘图区域，在曲面体量左侧边界任意位置单击鼠标左键，放置该点图元。鼠标单击该点图元，将会出现点图元的局部工作平面，单击“创建”选项卡下面的“绘制”面板中的“圆形”按钮，在局部工作平面上绘制一个半径为2 000 mm的圆形轮廓。

按住键盘“Ctrl”键，鼠标选中该圆形轮廓和左侧边，单击“修改/放置线”上下文选项卡下面的“创建形状”按钮列表中的“实心形状”按钮，为曲面体量创建一个圆柱

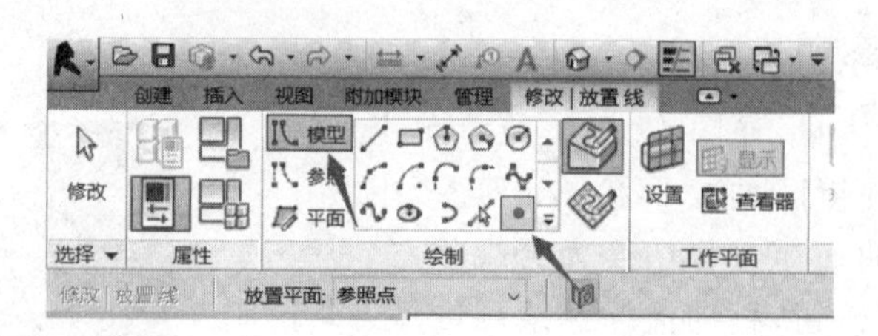

图 12－23 “点图元”按钮

形的翻边。采用同样的方法创建另一侧的圆柱形翻边。完成后将透视状态取消，完成后的图形，如图 12－24 所示。

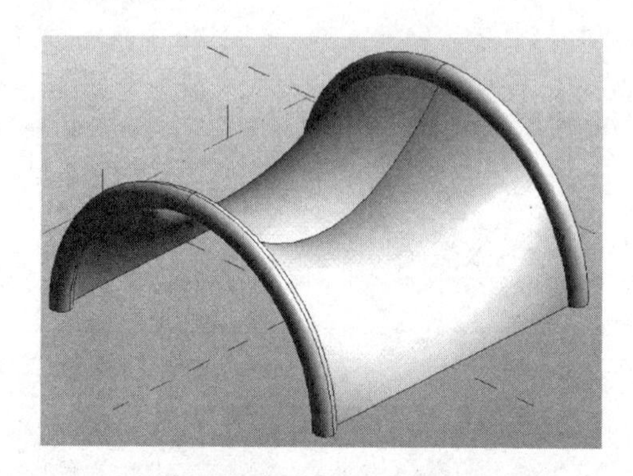

图 12－24 圆柱形翻边

12.1.3 UV 网格分割表面

打开“模块 36－3：UV 网格分割表面练习.rfa”族文件，完成相应的模块练习。读者可扫描右侧二维码观看模块 36－3 教学视频。

“模块 36－3：UV 网格分割表面练习”教学视频

选中曲面体量，如图 12－25 所示单击“修改/形式”选项卡下面的“分割”面板中的“分割表面”按钮，设置“属性”浏览器中的限制条件：U 网格布局为“固定距离”，U 网格距离为“3 000 mm”，对正为“起点”，网格旋转为“30°”；V 网格布局为“固定距离”，V 网格距离为“3 000 mm”，对正为“起点”，网格旋转为“30°”，如图 12－26 所示。

将该模块练习文件夹下“RFA”文件夹中的“锥状幕墙.rfa”族文件载入到本练习文件中，鼠标选中曲面体量，在“属性”浏览器中选择族类型“矩形：锥状幕墙(显示嵌板)”，并且修改其实例参数的边界平铺样式为“悬挑”。完成后的图元，如图 12－27 所示。

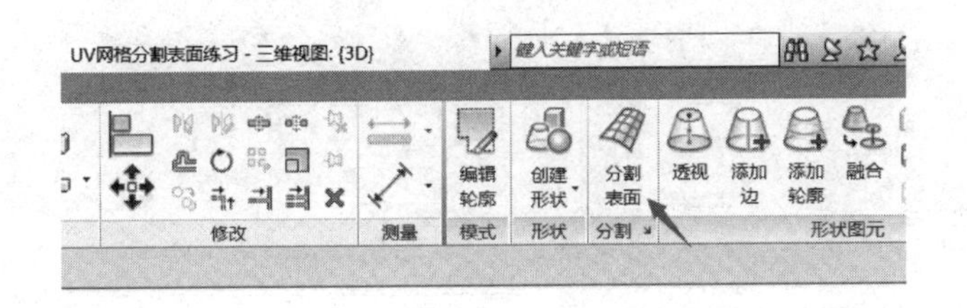

图 12－25　“分割表面”按钮

属性	
	_无填充图案
分割的表面 (1)	编辑类型
限制条件	
边界平铺	部分
所有网格旋转	0.000°
U 网格	
布局	固定距离
距离	3000.0
对正	起点
网格旋转	30.000°
偏移量	0.0
区域测量	0.500000
V 网格	
布局	固定距离
距离	3000.0
对正	起点
网格旋转	30.000°
偏移量	0.0
区域测量	0.500000

图 12－26　UV 网格设置

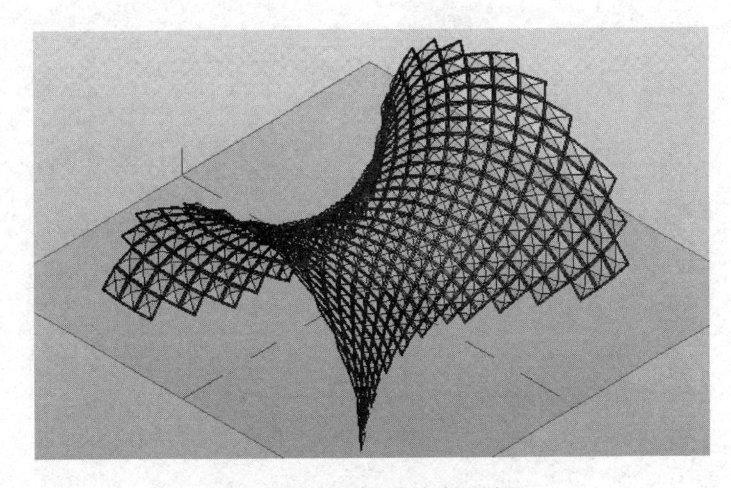

图 12－27　锥状幕墙嵌板效果

12.1.4　项目雕塑(内建体量)

本小节利用概念体量中的内建体量工具创建钱江楼项目的雕塑，打开“模块 37－1：项目雕塑.rvt”文件，完成相应的模块练习。读者可扫描右侧二维码观看模块 37－1 教学视频。

“模块 37－1：项目雕塑”教学视频

如图 12－28 所示单击“体量和场地”选项卡下面的“概念体量”面板中的“内建体量”按钮，弹出“名称”对话框如图 12－29 所示，输入“项目雕塑”，单击“确定”按钮，自动跳转到概念体量的操作界面。

根据如图 12－30 所示南立面和如图 12－31 所示东立面尺寸，创建轮廓线，并转化为实心形体。

图 12－28　“内建体量”按钮

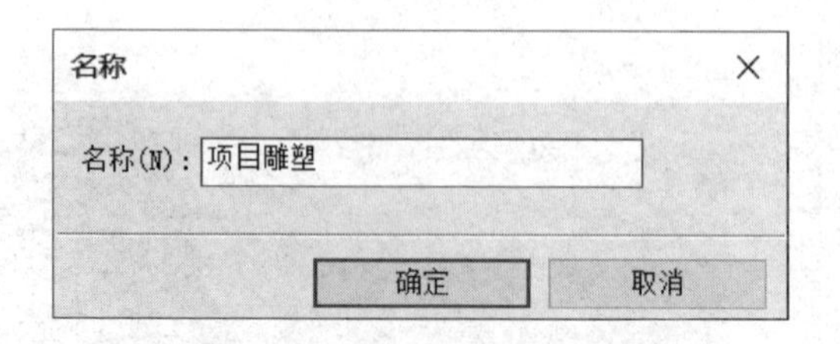

图 12－29　项目雕塑“名称”对话框

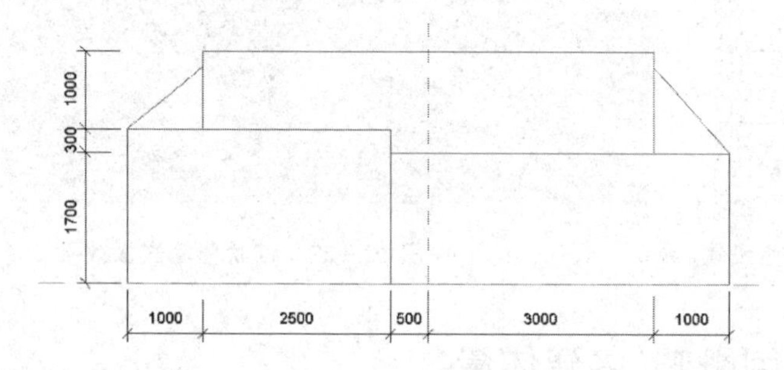

图 12－30　南立面

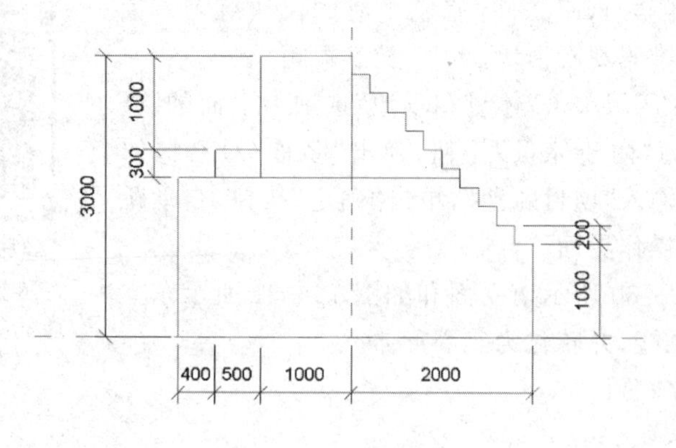

图 12－31　东立面

选中该体量，如图 12－32 所示选择其“属性”浏览器中的材质为“石料”，材质效果，如图 12－33 所示。

单击“修改/形式”选项卡下面的“在位编辑器”面板中的“完成体量”按钮，退出体量操作界面，重新进入到项目操作界面，配合使用“修改”面板中的“移动”命令，将该雕塑移动至水池中央，完成后的图形，如图 12－34 所示。

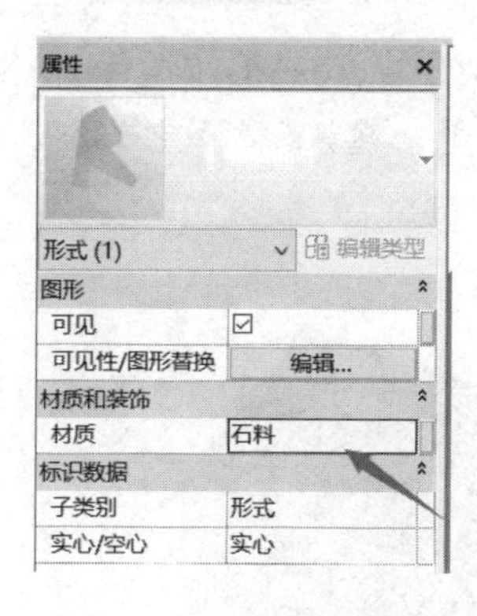

图 12－32 “石料”材质

图 12－33 石料效果图

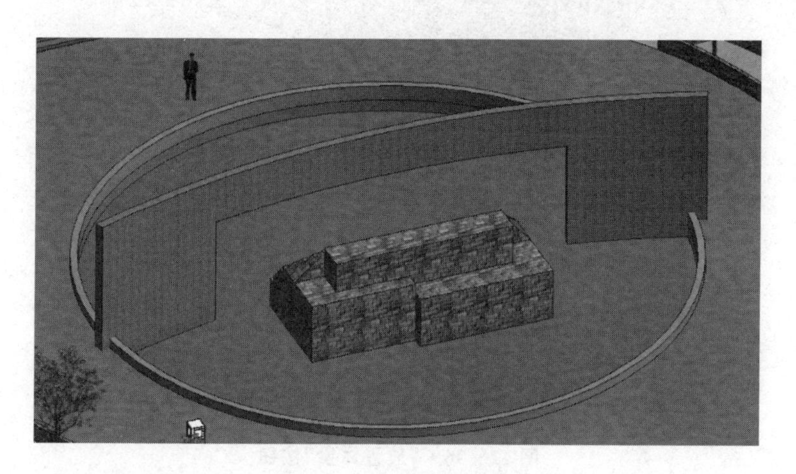

图 12－34 雕塑三维图

12.2 概念体量转换为建筑设计模型

打开“模块 38－1：概念体量深化练习 1.rvt”文件，完成相应的模块练习。该练习将体量模型转换为如图 12－35 所示建筑设计模型，包含楼板、屋顶、建筑墙和幕墙系统。读者可扫描右侧二维码观看模块 38－1 教学视频。

1. 放置体量

"模块 38－1：体量转换为建筑模型"教学视频

切换至一层楼层平面视图，如图 12－36 所示单击"体量和场地"选项卡下面的"概念体量"面板中的"放置体量"按钮，弹出"询问"对话框，询问"项目中未载入体量族。是否要现在载入？"，单击"是"按钮，如图 12－37 所示。在弹出的"载入族"对话框中，选择该模块练习文件夹下"RFA"文件夹中的"综合楼办公楼部分. rfa""综合楼食堂部分. rfa"两个文件。单击"打开"按钮，将其载入进项目中。

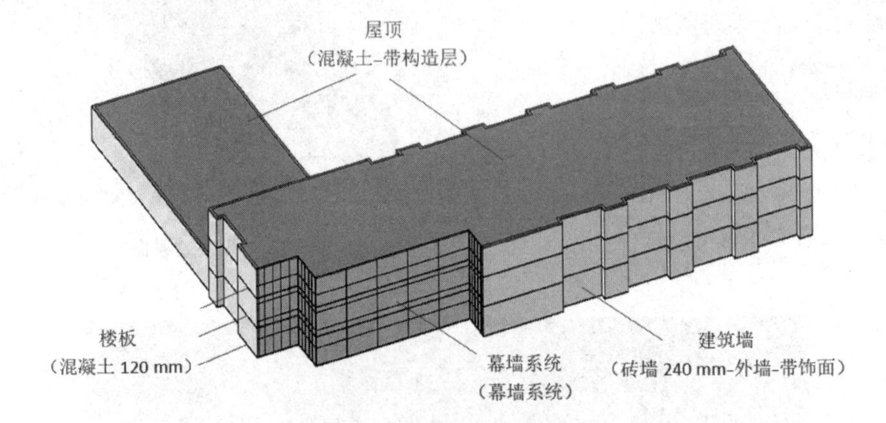

图 12－35　建筑设计模型

图 12－36　"放置体量"按钮

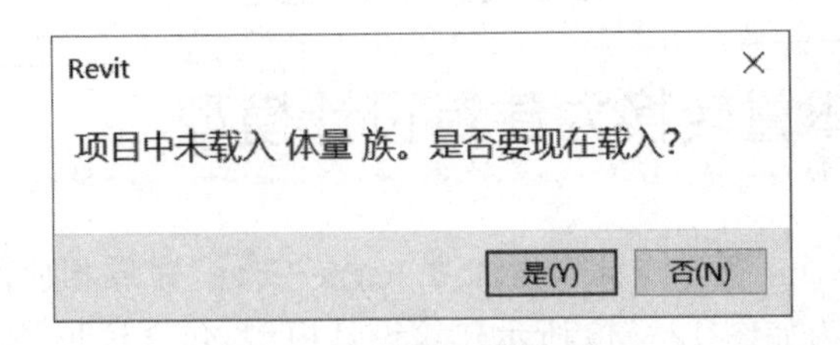

图 12－37　"询问"对话框

如图 12－38 所示为自动跳转到"修改/放置放置体量"上下文选项卡中，单击"放置"面板中的"放置在工作平面"按钮，在"属性"浏览器中选择族类型"钱江楼办公楼部分”，移动鼠标至绘图区域，放置该体量，同样的操作继续放置“综合楼食堂部分”体量，完成后的图形，如图 12－39 所示。

图 12－38 “放置在工作平面”按钮

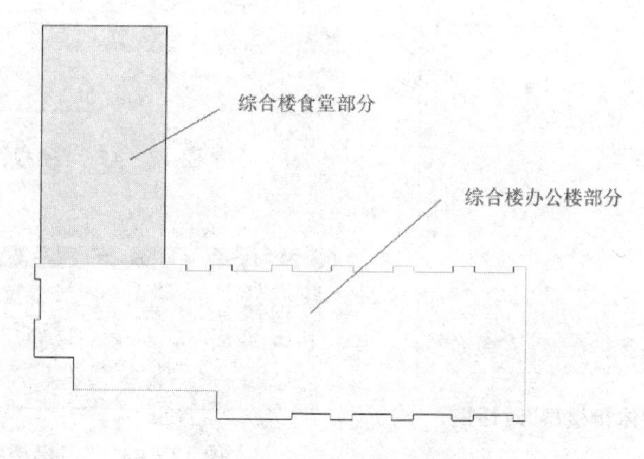

图 12－39 体量布置图

2. 生成体量楼层

选中“钱江楼办公楼部分”体量，如图 12－40 所示单击“修改/体量”上下文选项卡下面的“模型”面板中的“体量楼层”按钮，在弹出的“体量楼层”对话框中勾选“F1”“F2”和“F3”三个复选框，如图 12－41 所示。单击“确定”按钮，软件将为该体量创建三层体量楼层。采用同样的方式，给“钱江楼食堂部分”体量创建“F1”一层体量楼层。

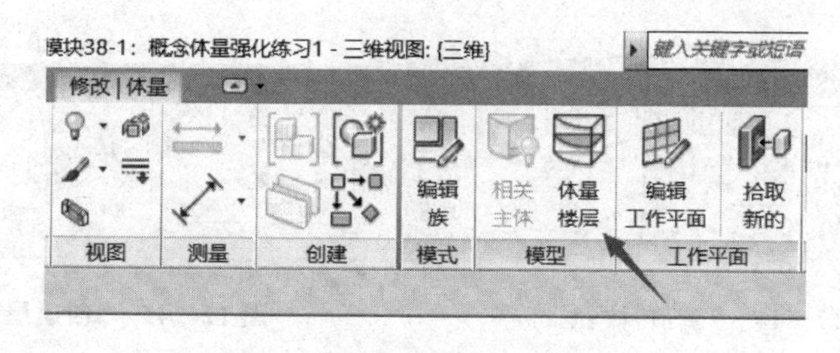

图 12－40 “体量楼层”按钮

3. 添加楼板

如图 12-42 所示单击“体量和场地”选项卡下面的“面模型”面板中的“楼板”按钮，自动跳转到“修改/放置面楼板”上下文选项卡中，激活“选择多个”按钮，在“属性”浏览器中选择族类“楼板：混凝土 120 mm”，移动鼠标至绘图区域，依次单击刚才生成的体量楼层面(办公楼部分 3 个，食堂部分 1 个)，再单击“多重选择”面板中的“创建楼板”按钮，如图 12-43 所示。

图 12-41 “体量楼层”对话框

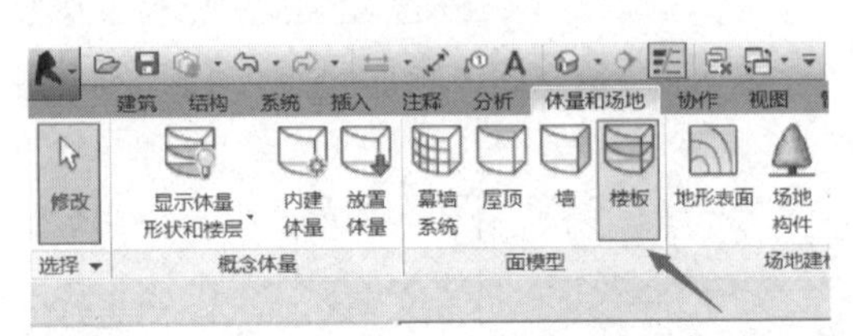

图 12-42 “楼板”按钮

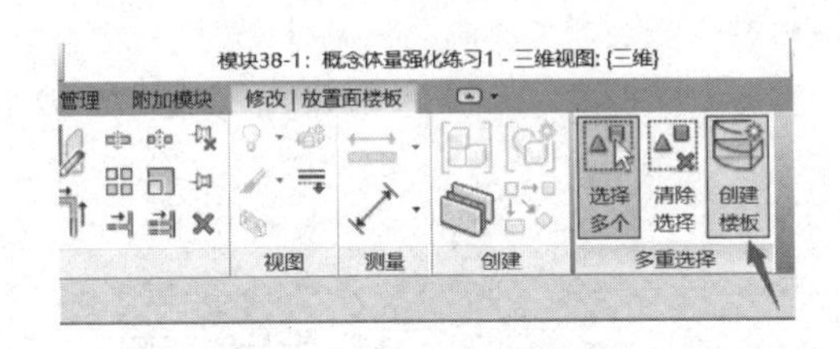

图 12-43 “创建楼板”按钮

4. 添加屋顶

如图 12-44 所示单击“体量和场地”选项卡下面的“面模型”面板中的“屋顶”按钮，自动跳转到“修改/放置面屋顶”上下文选项卡中，激活“选择多个”按钮，在“属性”浏览器中选择族类“基本屋顶：混凝土-带构造层”，移动鼠标至绘图区域，单击办公楼体量顶部，再单击“多重选择”面板中的“创建楼板”按钮，同样的方式单击食堂体量顶部，再单击“多重选择”面板中的“创建屋顶”按钮，如图 12-45 所示。

图 12-44 “屋顶”按钮

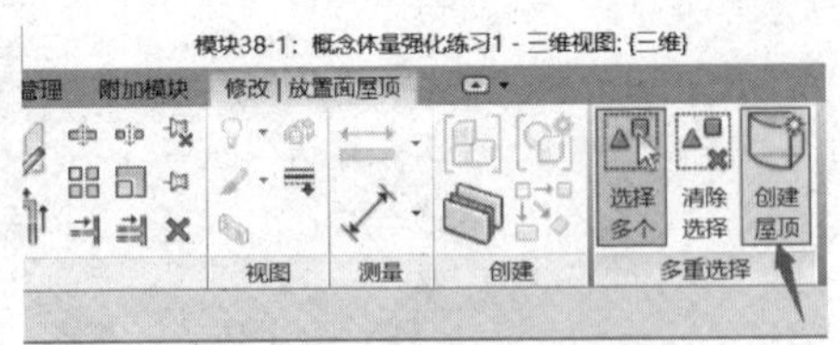

图 12-45 “创建屋顶”按钮

5. 添加建筑墙

如图 12-46 所示单击“体量和场地”选项卡下面的“面模型”面板中的“墙”按钮，

自动跳转到“修改/放置墙”上下文选项卡中，单击“绘制”面板中的绘制方式“拾取面”，在“属性”浏览器中的族类型“基本墙：砖墙 240 mm -外墙-带饰面”，移动鼠标至绘图区域，按照如图 12 - 35 所示添加该墙体。

图 12 - 46　“墙”按钮

6. 添加幕墙系统

如图 12 - 47 所示单击“体量和场地”选项卡下面的“面模型”面板中的“幕墙系统”按钮，自动跳转到“修改/放置面幕墙系统”上下文选项卡中，激活“选择多个”按钮；在“属性”浏览器中选择族类“幕墙系统”按钮，移动鼠标至绘图区域，按照图如 12 - 35 所示依次单击体量面，再单击“多重选择”面板中的“创建系统”按钮，如图 12 - 48 所示。

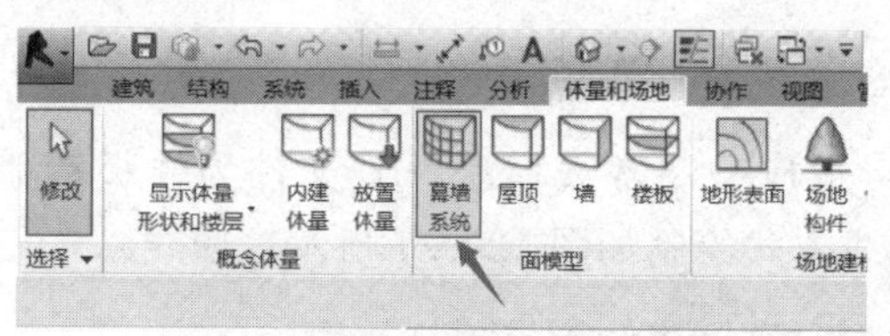

图 12 - 47　“幕墙系统”按钮

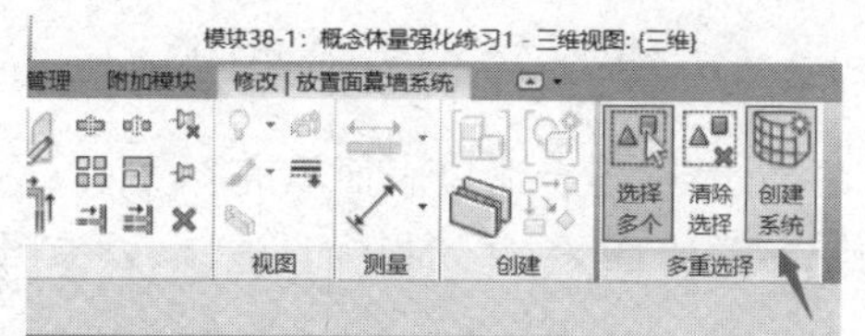

图 12 - 48　“创建系统”按钮

保存文件，完成该模块练习。

习　题

一、选择题

1. 概念体量工具主要应用于设计（　　）阶段。

A. 概念设计　　B. 初步设计　　C. 施工图设计　　D. 钢结构设计

2. 下列图元不能用体量形体直接转换的是（　　）。

A. 楼板　　B. 屋顶　　C. 幕墙系统　　D. 楼梯

二、操作题

1. 打开“模块 36 - 4：自定义网格分割练习. rfa”文件，完成该模块练习，具体操作步骤和要求如下：

（1）根据标高线和参照线，用交点的方式生成自定义网格如图 12 - 49 所示。读者可扫描右侧二维码观看模块 36 - 4 教学视频。

“模块 36 - 4：自定义网格分割练习”教学视频

（2）添加自适应表面填充图案（载入族：自适应嵌板

族,并采用“创建”选项卡下的“放置构件”按钮放置自适应填充图案如图 12－50 所示)。

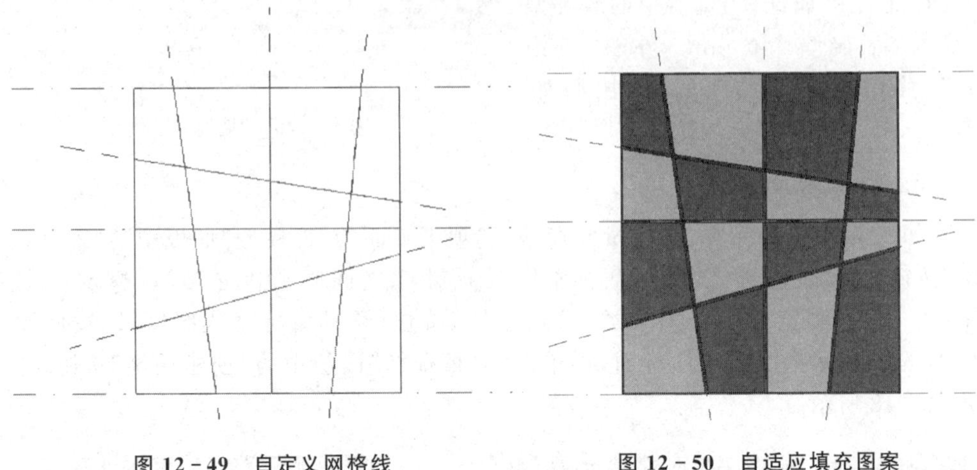

图 12－49　自定义网格线　　　　图 12－50　自适应填充图案

(3) 创建自适应表面填充图案(以“自适应公制常规模型. rft”文件为样板新建族;放置点图元,并切换为自适应;以参照线方式绘制如图 12－51 所示参照线)。

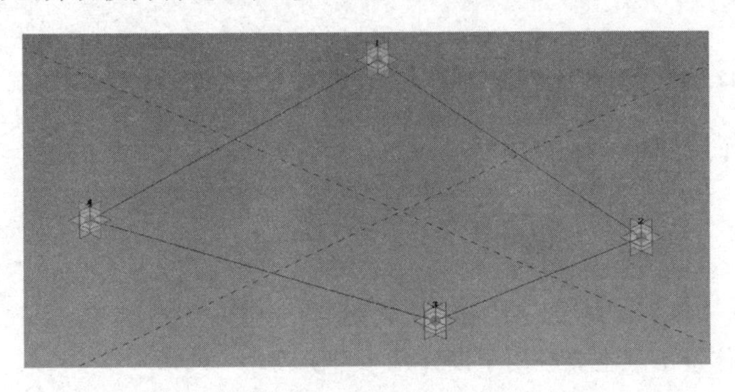

图 12－51　参照线

2. 打开“模块 38－2:概念体量强化练习 2. rvt”文件,完成该模块练习,具体要求如下:

创建如图 12－52 所示建筑设计模型,包括幕墙、楼板和屋顶。其中幕墙网格尺寸为 1 500 mm×3 000 mm,屋顶厚度为 125 mm,楼板厚度为 150 mm。尺寸参数如图 12－53 所示。

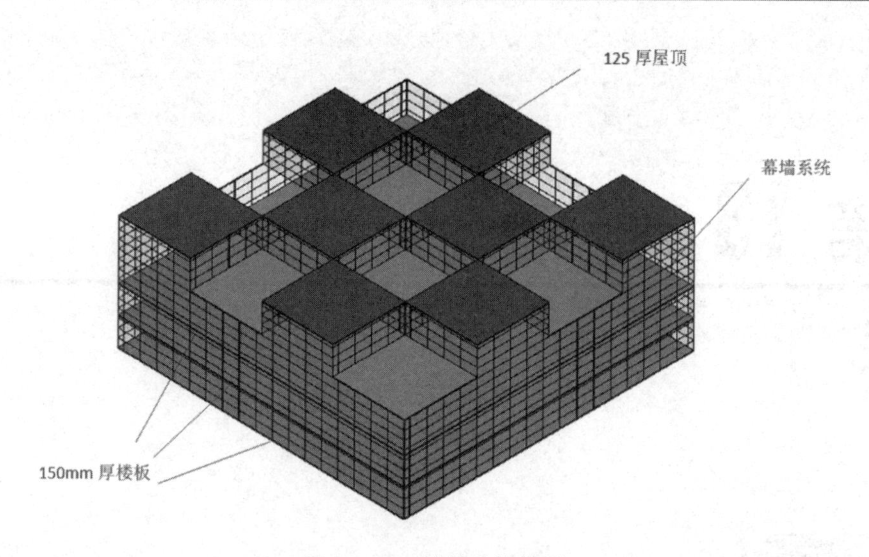

图 12－52　建筑设计模型

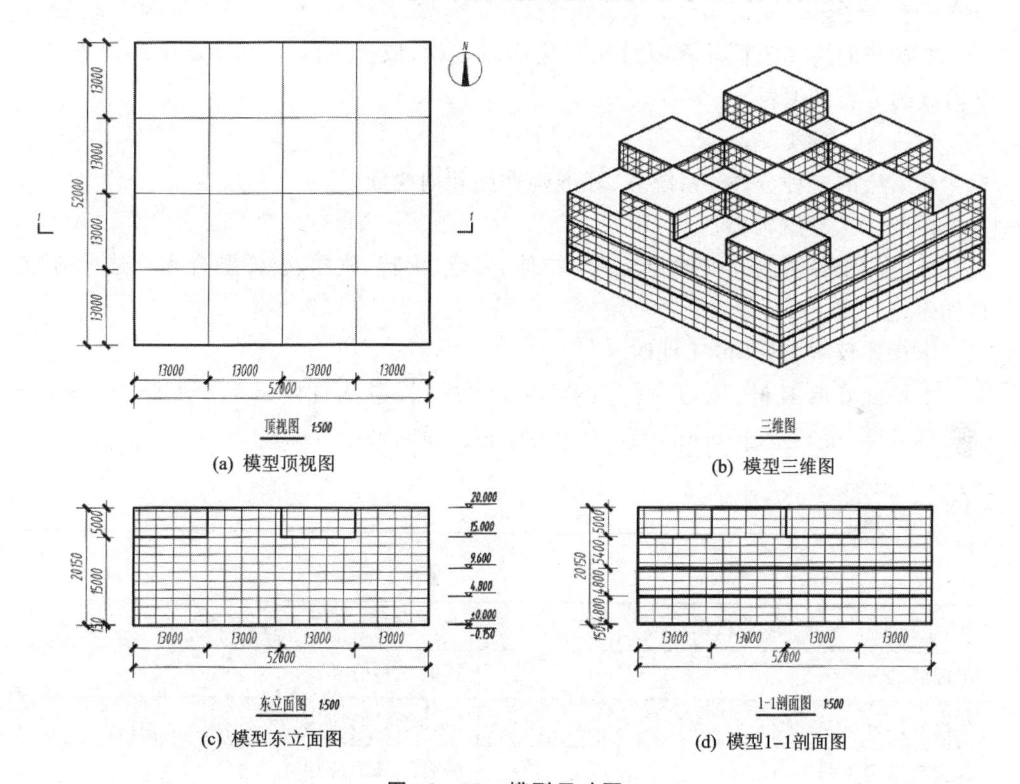

(a) 模型顶视图

(b) 模型三维图

(c) 模型东立面图

(d) 模型1-1剖面图

图 12－53　模型尺寸图

第13章

族

本章导读

本章我们将基于钱江楼项目和深化练习素材，依托 Autodesk Revit 2016 软件，学习族的分类和编辑。

13.1 节：族类型。

介绍族的三种分类：系统族、标准构件族和内建族。

13.2 节：族编辑器。

介绍族编辑器的几何创建工具：拉伸、融合、旋转、放样、放样融合和上述所有空心创建。

本章建议学习课时：4 课时。

本章配套的素材、练习文件及相关教学视频，请从百度云盘（地址：https://pan.baidu.com/s/1gpIpe6pvyg1q99qLo2e-gQ，提取码：GOOD）下载。

学习目标

能力目标	知识要点
掌握族的分类	族的三种分类
掌握族拉伸工具	拉伸工具的应用
掌握族融合工具	融合工具的应用
掌握族旋转工具	旋转工具的应用
掌握族放样工具	放样工具的应用
掌握族放样融合工具	放样融合工具的应用

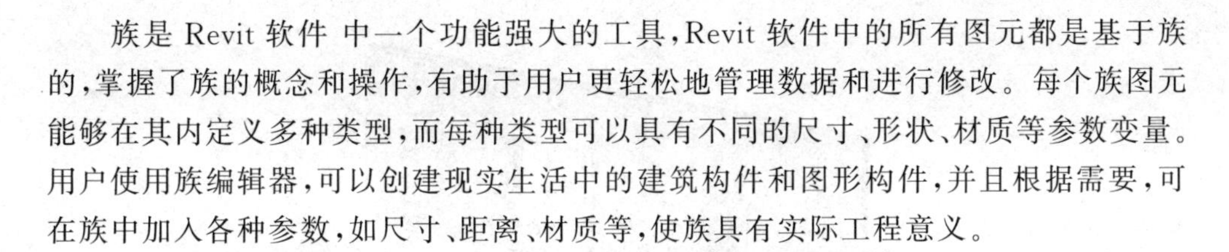

族是 Revit 软件 中一个功能强大的工具,Revit 软件中的所有图元都是基于族的,掌握了族的概念和操作,有助于用户更轻松地管理数据和进行修改。每个族图元能够在其内定义多种类型,而每种类型可以具有不同的尺寸、形状、材质等参数变量。用户使用族编辑器,可以创建现实生活中的建筑构件和图形构件,并且根据需要,可在族中加入各种参数,如尺寸、距离、材质等,使族具有实际工程意义。

13.1 族类型

Revit 软件族类型有系统族、标准构件族和内建族。

13.1.1 系统族

系统族是在 Revit 软件中预定义的族,包含基本建筑构件,如墙、楼板、屋顶等,如图 13-1 所示。例如,基本墙系统族包含定义内墙、外墙、基础墙、常规墙和隔断墙样式的强类型,此外,能够影响项目环境且包含标高、轴网、图纸和视口分类的系统设置也是系统族。用户可以复制和修改现有系统族,也可以通过指定新参数定义新的族类型,但不能创建新系统族。

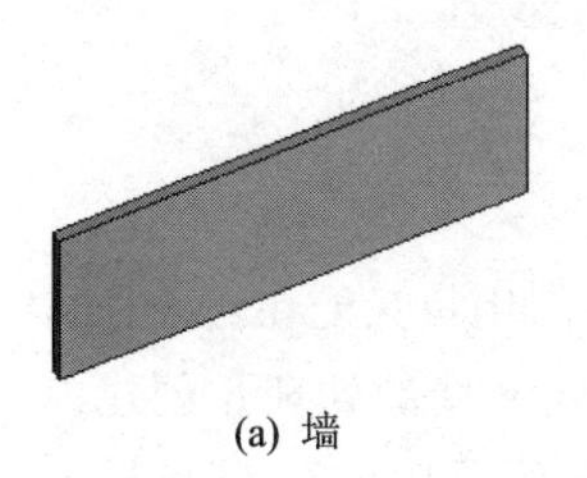

(a) 墙

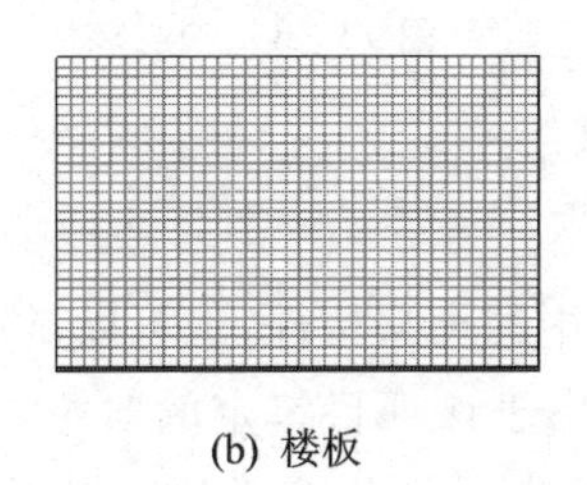

(b) 楼板

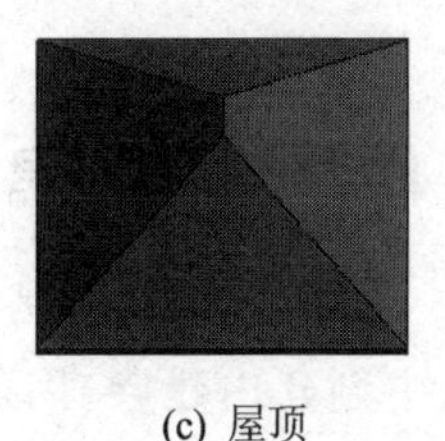

(c) 屋顶

图 13-1 基本建筑构件

13.1.2 标准构件族

在默认情况下,在项目样板中载入标准构件族,但更多的标准构件族存储在构件库中。使用族编辑器可以创建的修改构件。用户可以复制和修改现有构件族,也可以根据各种族样板创建新的构件族。族样板种类繁多,有基于主体的样板和独立的样板。基于主体的族包含需要主体的构件,如以墙为主体的门族、窗族等,如图 13-2 所示。独立族包含柱子、梁和植物等如图 13-3 所示。族样板有助于创建和编辑构件族。标准构件族可以位于项目环境外独自保存,其扩展名为“rfa”,也可以将标准构件族载入到项目中,从一个项目传递到另一个项目,而且,还可以将其从项目文件保存到用户的库中。

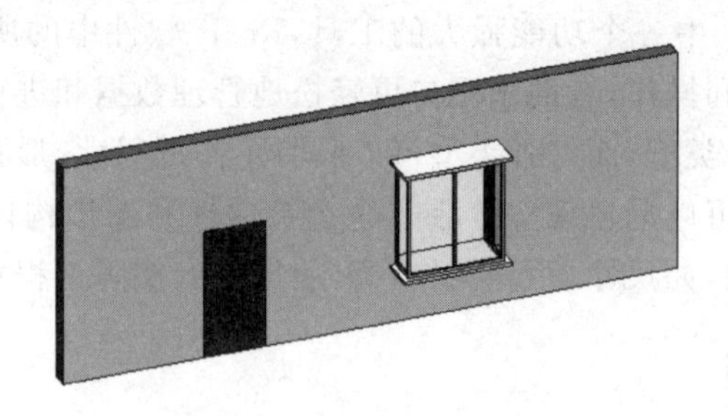

图 13-2　基于主体的族

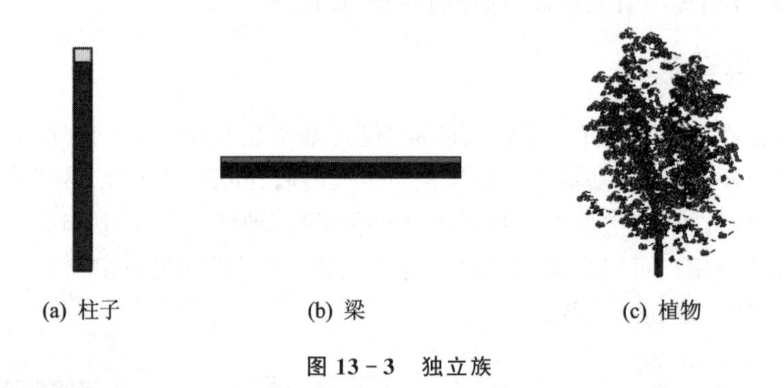

(a) 柱子　　(b) 梁　　(c) 植物

图 13-3　独立族

13.1.3　内建族

内建族可以是特定项目中的模型构件，也可以是注释构件，用户只能在当前项目中创建内建族，因此它们仅用于该项目特定的对象，例如自定义墙的处理。创建内建族时，可以选择类别，且所使用的的族类别将决定构件在项目中的外观和显示控制。

13.2　族编辑器

无论是标注构件族还是内建族，族的创建和编辑都是在族编辑器中创建几何图形，然后设置族参数和族类型。族编辑器是 Revit 软件中的一种图形编辑模式，使用户能够创建并修改族，族编辑器的几何创建工具有：拉伸、融合、旋转、放样和、放样融合和上述所有空心创建。

概念体量是在建筑的概念设计阶段使用的三维形状，通过体量研究，可以使用造型形成建筑设计概念模型，从而探究设计的理念，概念设计完成后，可以直接将体量模型转换为建筑设计模型。Revit 软件提供了两种创建体量的方式：内建体量和创建体量族。下面通过实例练习演练概念体量的绘制和转换。

双击桌面图标进入到软件的欢迎界面，如图13－4所示单击“新建族”按钮，弹出“新族-选择样板文件”对话框，这里面提供了很多族样板文件，有基于主体族样板和独立的族样板，选择任意一个族样板文件，单击“打开”按钮，如图13－5所示。进入到族编辑器界面，这里提供“创建”“插入”“注释”“视图”“附加模块”“管理”和“修改”七个选项卡。

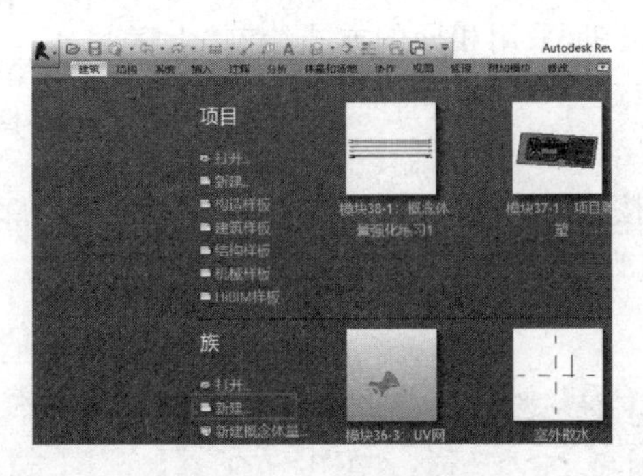

图13－4　“新建族”按钮

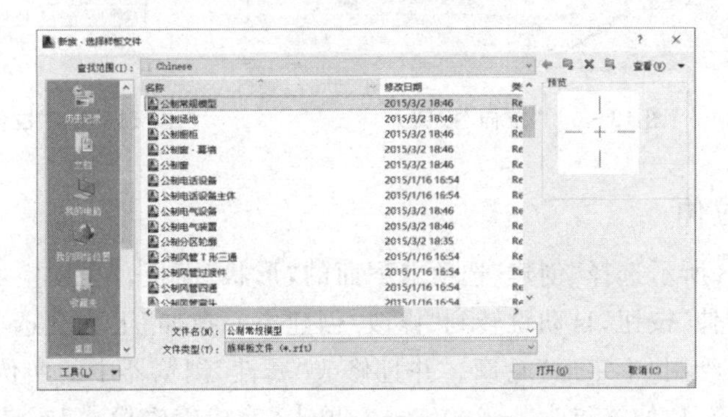

图13－5　“新族-选择样板文件”对话框

在“创建”选项卡下面的“形状”面板中提供了多种创建形体的工具，包含拉伸、融合、旋转、放样、放样融合和所有上述工具的空心形状。

13.2.1　拉　伸

族拉伸的操作可简单概括为“一个边界＋拉伸范围”，可以将已有边界沿法线方向进行移动，创建各种柱体，如长方体、圆柱体等。下面通过全国BIM技能等级考试（一级）第七期第三题“榫卯结构”进行实操练习。读者可扫描右侧二维码观看图学一级7－3教学视频。

1. 实心拉伸

切换至“参照标高”楼层平面视图，如图13－6所示，单击“创建”选项卡下面的“形状”面板中的“拉伸”按钮，自动跳转到“修改/创建拉伸”上下文选项卡中，选择“绘制”面板中的绘制方式“圆形”,移动鼠标至绘图区域,在中心绘制半径为“100 mm”的圆形轮廓。并且修改“属性”浏览器中的实例参数:拉伸起点为“200 mm”,拉伸终点为“350 mm”,如图 13-7 所示,单击“完成编辑模式”。

“图学一级 7-3:拉伸(榫卯结构)”教学视频

继续单击“拉伸”按钮,采用相同的方式绘制“十字形”轮廓,并设置拉伸起点为“50 mm”,拉伸终点为“200 mm”,单击“完成编辑模式”。

继续单击“拉伸”按钮,采用相同的方式绘制“圆形”轮廓,并设置拉伸起点为“-50 mm”.拉伸终点为“-350 mm”,单击“完成编辑模式”。

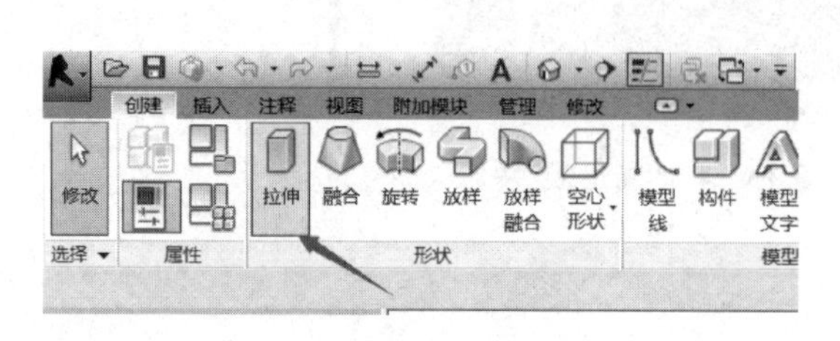

图 13-6 “拉伸”按钮

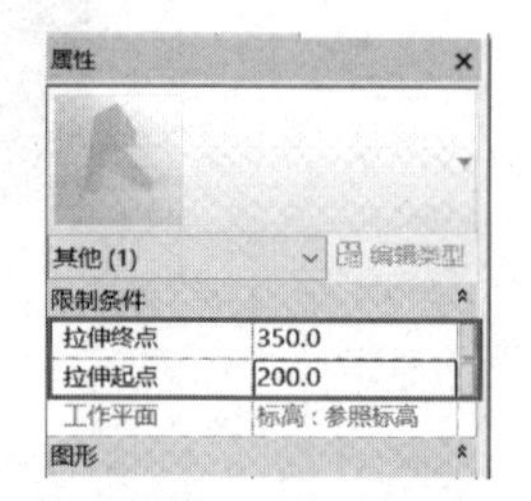

图 13-7 “拉伸”限制条件

2. 空心拉伸

如图 13-8 所示选择“创建”选项卡下面的“形状”面板,单击“空心形状”按钮列表中的“空心拉伸”按钮,自动跳转到“修改/创建空心拉伸”上下文选项卡中,移动鼠标至绘图区域,绘制“十字形”轮廓。并且修改“属性”浏览器中的实例参数:拉伸起点为“-50 mm”,拉伸终点为“-200 mm”,单击“完成编辑模式”。最后通过“修改”选项卡下“几何图形”面板中的“连接”按钮,将形体连接到一起。完成后的图形如图 13-9 所示。

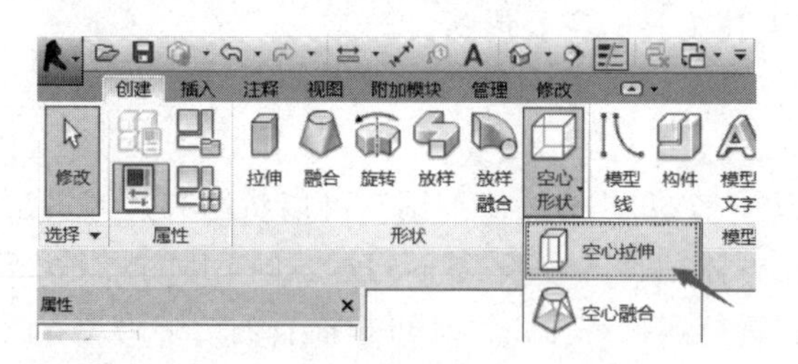

图 13-8 “空心拉伸”按钮

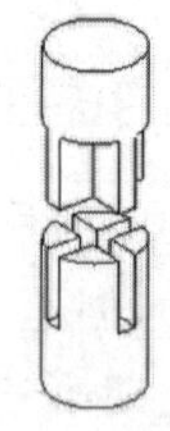

图 13-9 “榫卯结构”三维图

13.2.2 融 合

“图学一级 13－2：融合（纪念碑）”教学视频

族融合的操作可简单概括为“两个边界＋融合范围”，可以将两个边界沿法线方向进行融合，创建复杂形体，如 T 台，天圆地方等。下面通过全国 BIM 技能等级考试（一级）第十三期第二题“纪念碑”进行实操练习，其中涉及融合操作的为如图 13－10 所示纪念碑从标高 4.8～23.8 m 的形体。读者可扫描右侧二维码观看图学一级 13－2 教学视频。

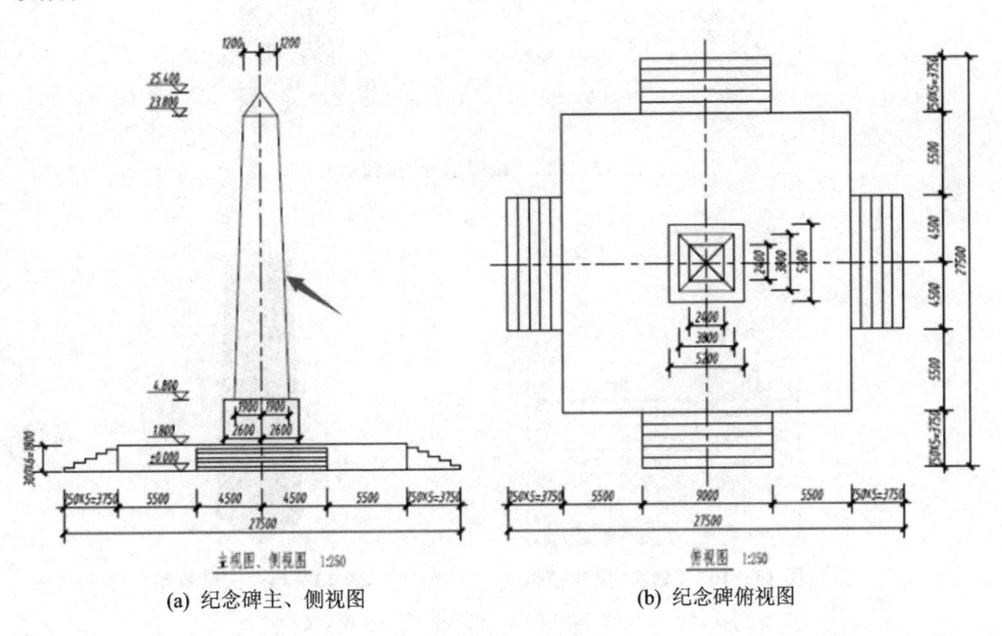

(a) 纪念碑主、侧视图　　(b) 纪念碑俯视图

图 13－10　纪念碑

切换至“参照标高”楼层平面视图，如图 13－11 所示单击“创建”选项卡下面的“形状”面板中的“融合”按钮，自动跳转到“修改/创建融合底部边界”上下文选项卡中，在“绘制”面板中单击“拾取线”按钮，选项栏中设置偏移量为“1 900 mm”，移动鼠标至绘图区域，绘制尺寸为“3 800 mm×3 800 mm”的正方形轮廓。

如图 13－12 所示单击“模式”面板中的“编辑顶部”按钮，自动跳转到“修改/创建融合顶部边界”上下文选项卡中，采用上述的“拾取线”方式，在绘图区域绘制尺寸为“2 400 mm×2 400 mm”的正方形轮廓，如图 13－13 所示在“属性”浏览器中修改其实例参数的限制条件：第一端点为“4 800 mm”，第二端点为“23 800 mm”，单击“完成编辑模式”。完成后的图形如图 13－14 所示。

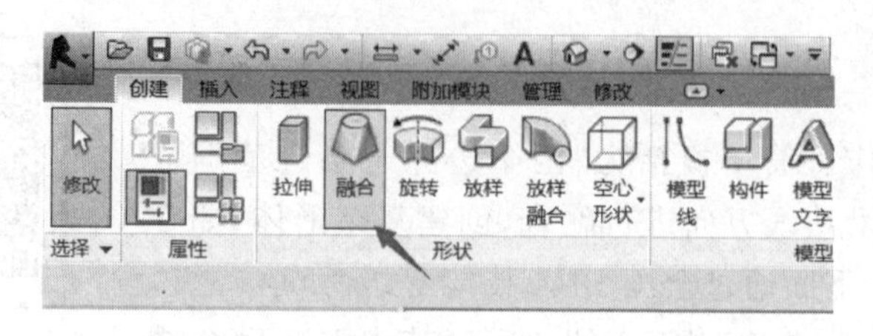

图 13-11 “融合”按钮

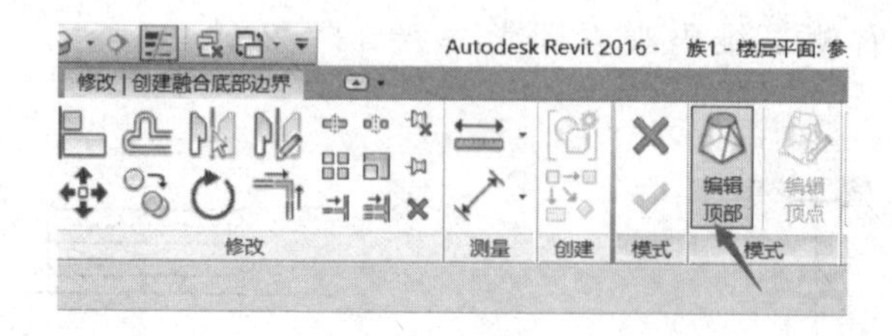

图 13-12 “编辑顶部”按钮

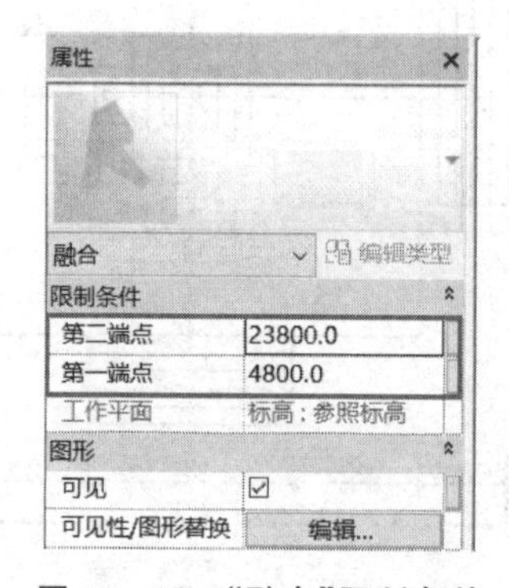

图 13-13 “融合”限制条件

图 13-14 三维模型

13.2.3 旋 转

族旋转的操作可简单概括为“一个边界＋一根旋转轴＋选择范围”，可以将该边界绕着旋转轴进行任意角度(0°～360°)的旋转，创建复杂形体。下面通过全国 BIM 技能等级考试(一级)第十二期第一题“台阶”进行实操练习，具体尺寸参数，如图 13-15 所示。读者可扫描右侧二维码观看图学一级 12-1 教学视频。

“图学一级 12-1：旋转(台阶)”教学视频

双击切换至“前”立面视图，如图 13-16 所示单击“创建”选项卡下面的“形状”面板中的“旋转”按钮，自动跳转到“修改/创建旋转”上下文选项卡中，如图 13-17 所示激活“绘制”面板中的“边界线”按钮，单击“直线”按钮。

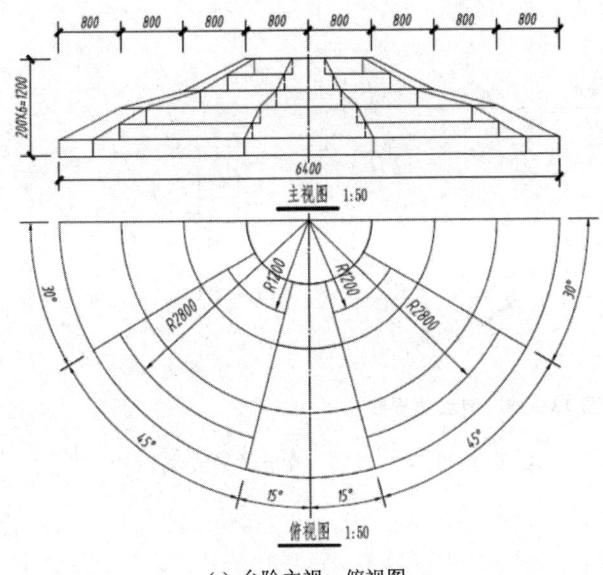

(a) 台阶主视、俯视图

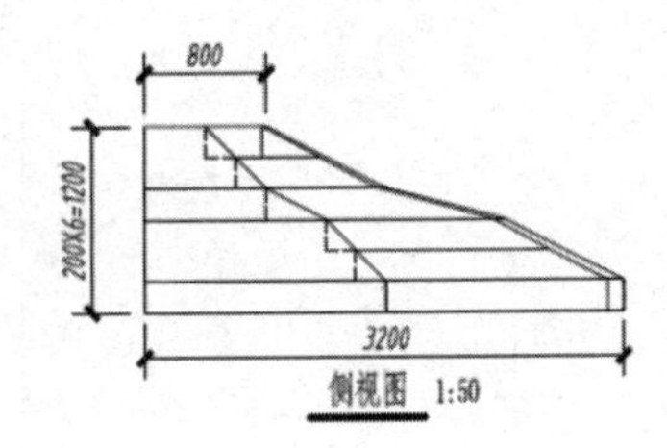

(b) 台阶侧视图

图 13－15 台阶尺寸图

图 13－16 “旋转”按钮

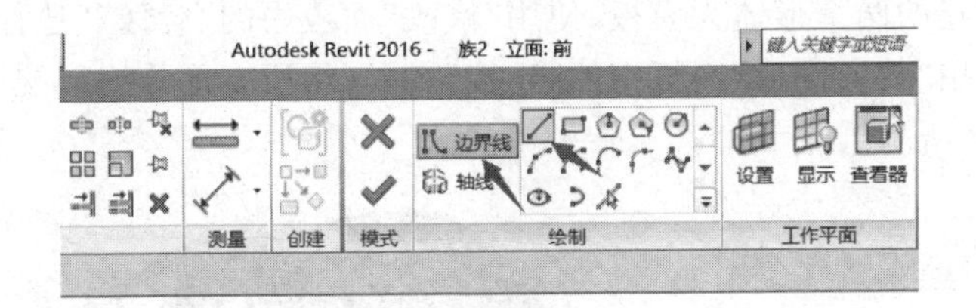

图 13－17 “边界线”按钮

移动鼠标至绘图区域,如图 13－18 所示绘制边界线,再单击“绘制”面板中的“轴线”按钮,移动鼠标至绘图区域,绘制旋转轴线。如图 13－19 所示设置其“属性”浏览器中实例参数的限制条件:起始角度为“0°”,结束角度为“－30°”,单击“完成编辑模式”。

继续单击“创建”选项卡下面的“形状”面板中的“旋转”按钮,自动跳转到“修改/创建旋转”上下文选项卡中,激活“绘制”面板中的“边界线”按钮,单击“直线”按钮。移动鼠标至绘图区域,如图 13－20 所示,绘制边界线,再单击“绘制”面板中的“轴线”按钮,移动鼠标至绘图区域,绘制旋转轴线。如图 13－21 所示,设置其“属性”浏览器中实例

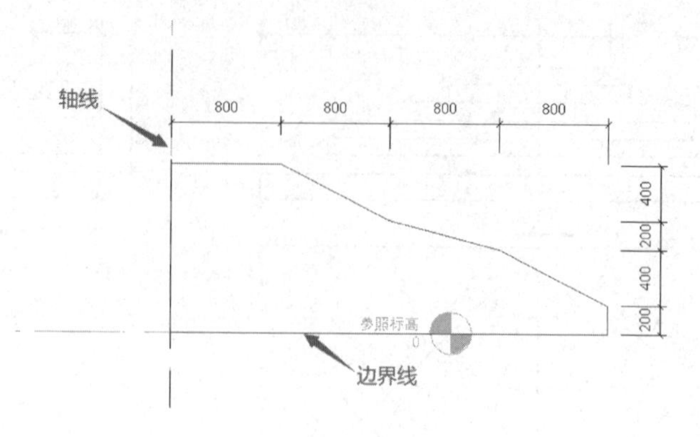

图 13－18　斜坡边界线

参数的限制条件：起始角度为“－30°”，结束角度为“－75°”，单击“完成编辑模式”。

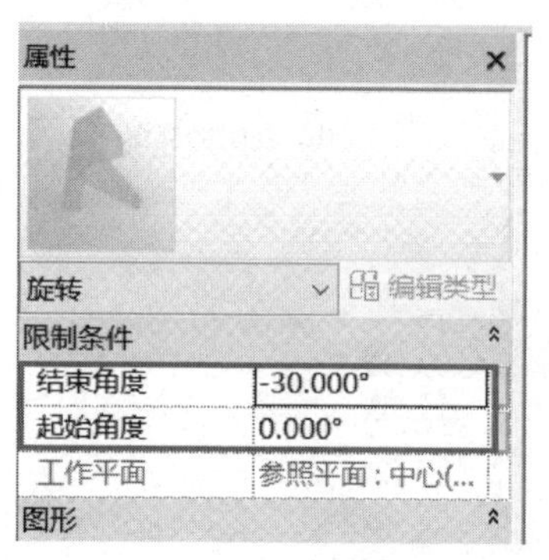

图 13－19　斜坡“旋转”限制条件

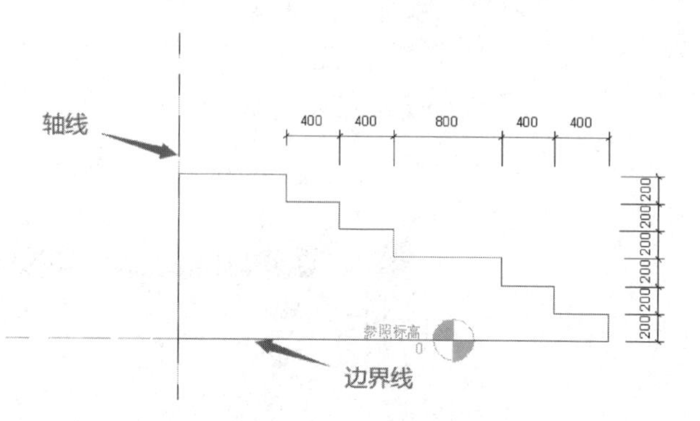

图 13－20　台阶边界线

以上述创建的两个形体为模板，使用“修改”面板中的“镜像”“选择”工具，完成其他形体。最后用“几何图形”面板中的“连接”工具，将所有形体连接统一，完成后的图形如图 13－22 所示。

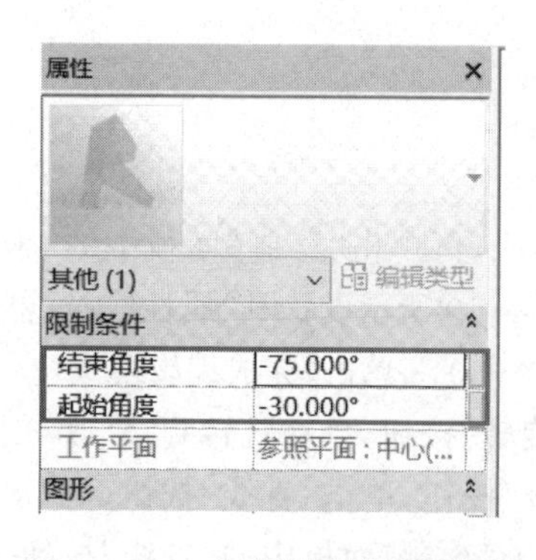

图 13－21　台阶“旋转”限制条件

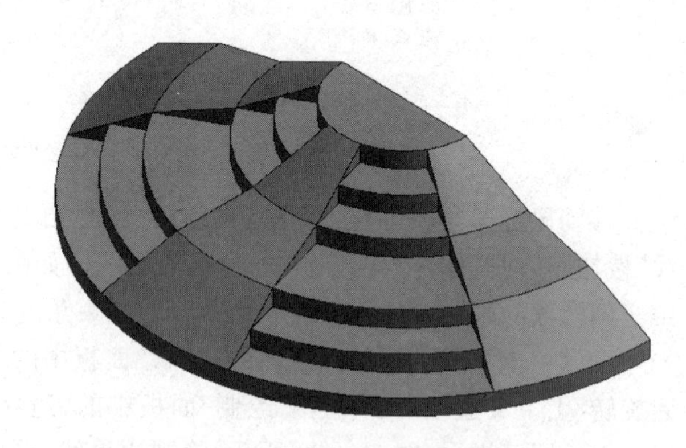

图 13－22　台阶三维模型

13.2.4　放　样

族放样的操作可简单概括为"一个边界＋一段放样路径"，可以将该边界沿着路径进行拉伸，形成复制的几何形体。下面通过全国 BIM 技能等级考试(一级)第三期第四题"柱顶饰条"进行实操练习，具体尺寸参数如图 13－23 所示。读者可扫描右侧二维码观看图学一级 3－4 教学视频。

"图学一级 3－4：放样(柱顶饰条)"教学视频

切换至"参照平面"楼层平面视图，如图 13－24 所示，单击"创建"选项卡下面的"形状"面板中的"放样"按钮，自动跳转到"修改/放样"上下文选项卡；如图 13－25 所示，单击"放样"面板中的"绘制路径"按钮，自动跳转到"修改/放样＞绘制路径"上下文选项卡中，移动鼠标至绘图区域，绘制尺寸为"600 mm×600 mm"的正方形边界，单击"完成编辑模式"。

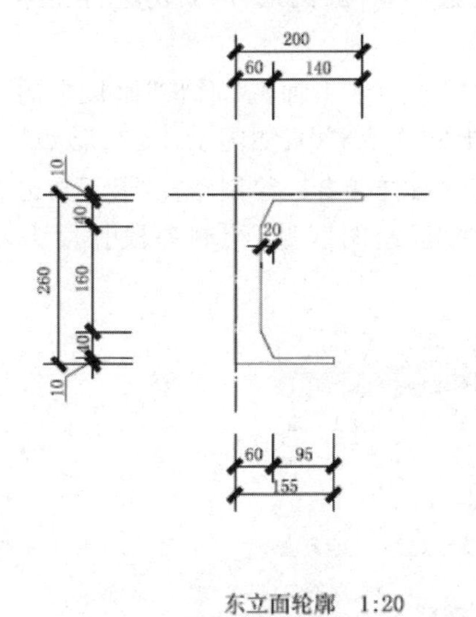

(a) 柱顶饰条东立面轮廓

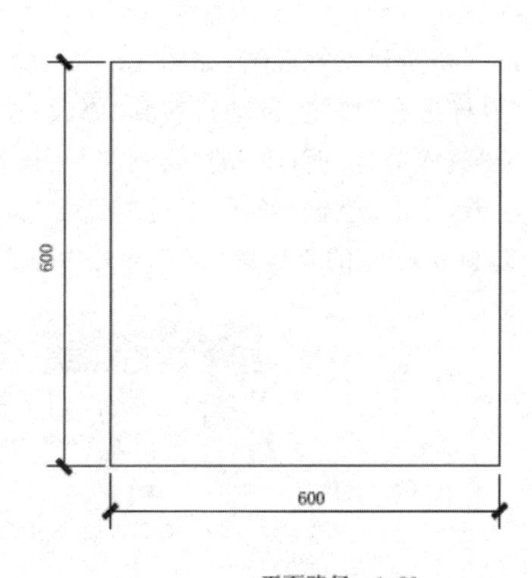

(b) 柱顶饰条平面路径

图 13－23　柱顶饰条尺寸图

图 13－24　"放样"按钮

图 13-25 柱顶饰条“绘制路径”按钮

切换至“前”立面视图,单击“修改/放样”选项卡下面的“放样”面板中的“编辑轮廓”按钮,移动鼠标至绘图区域,绘制轮廓边线。单击“完成编辑模式”退出轮廓绘制,再单击“完成编辑模式”退出放样绘制。

13.2.5 放样融合

族放样融合的操作可简单概括为“两个边界+一段放样路径”,可以将两个边界沿着路径进行融合,形成复制的几何形体。下面通过一个“天圆地方”案例进行实操练习。

切换到三维视图,如图 13-26 所示单击“创建”选项卡下面的“形状”面板中的“放样融合”按钮,自动跳转到“修改/放样融合”上下文选项卡中;如图 13-27 所示单击“放样融合”面板中的“绘制路径”按钮,进入“修改/放样融合>绘制路径”上下文选项卡,单击“绘制”面板中的“直线”按钮,移动鼠标至绘图区域,绘制一段长度为“1 000 mm”的直线段,然后单击“完成编辑模式”。

图 13-26 “放样融合”按钮

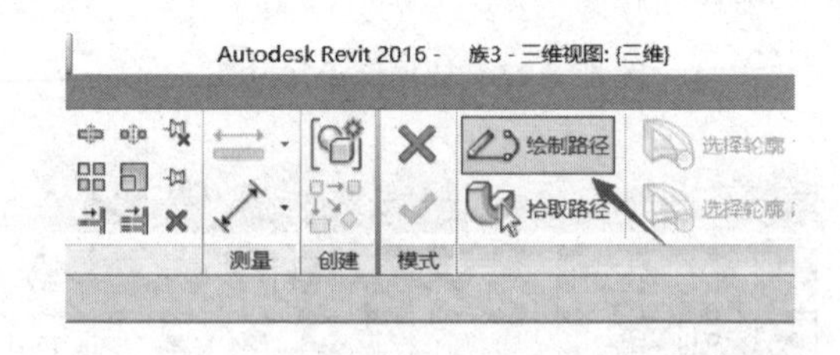

图 13-27 “绘制路径”按钮

如图 13-28 所示单击“放样融合”面板中的“选择轮廓 1”按钮,再单击“选择轮廓”按钮,自动跳转到“修改/放样融合>编辑轮廓”上下文选项卡中,用“矩形”绘制方式，在绘图区域绘制一个尺寸为“300 mm×300 mm”的正方形轮廓。单击“完成编辑模式”。

图 13－28 “选择轮廓 1”按钮

如图 13－29 所示单击“放样融合”面板中的“选择轮廓 2”按钮，再单击“选择轮廓”按钮，自动跳转到“修改/放样融合＞编辑轮廓”上下文选项卡中，用“圆形”绘制方式，在绘图区域绘制一个直径为“200 mm”的圆形轮廓。单击“完成编辑模式”。再单击“完成编辑模式”退出放样融合绘制。完成后的图形如图 13－30 所示。

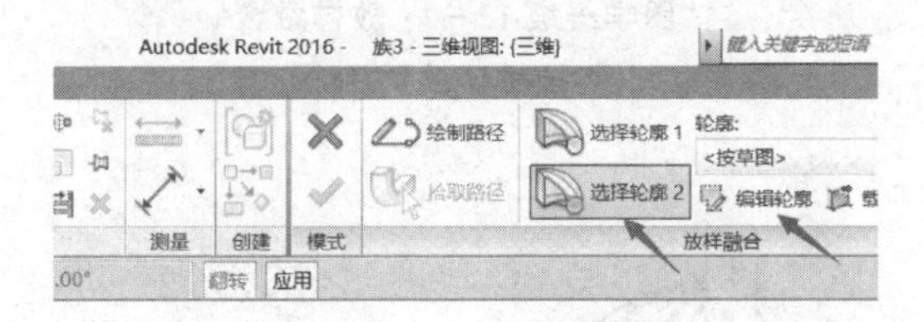

图 13－29 “选择轮廓 2”按钮

图 13－30 天圆地方模型图

习 题

一、选择题

1. 下列不属于族编辑器工具的是(　　)。

A. 旋转　　B. 融合　　C. 旋转融合　　D. 放样融合

2. 融合工具需要创建(　　)个轮廓边界。

A. 1　　B. 2　　C. 3　　D. 4

3. 放样融合工具需要创建(　　)个轮廓边界。

A. 1　　　　B. 2　　　　C. 3　　　　D. 4

二、操作题

如图 13－31 所示完成全国 BIM 技能等级考试(一级)第十二期第二题“斜拉桥”的创建，其中倾斜拉索直径为 500 mm，拉索上方交于一点，该点位于柱中心距顶端 5 m 处。读者可扫描下面二维码观看图学一级 12－2 教学视频。

“图学一级 12－2：放样融合
(斜拉桥)”教学视频

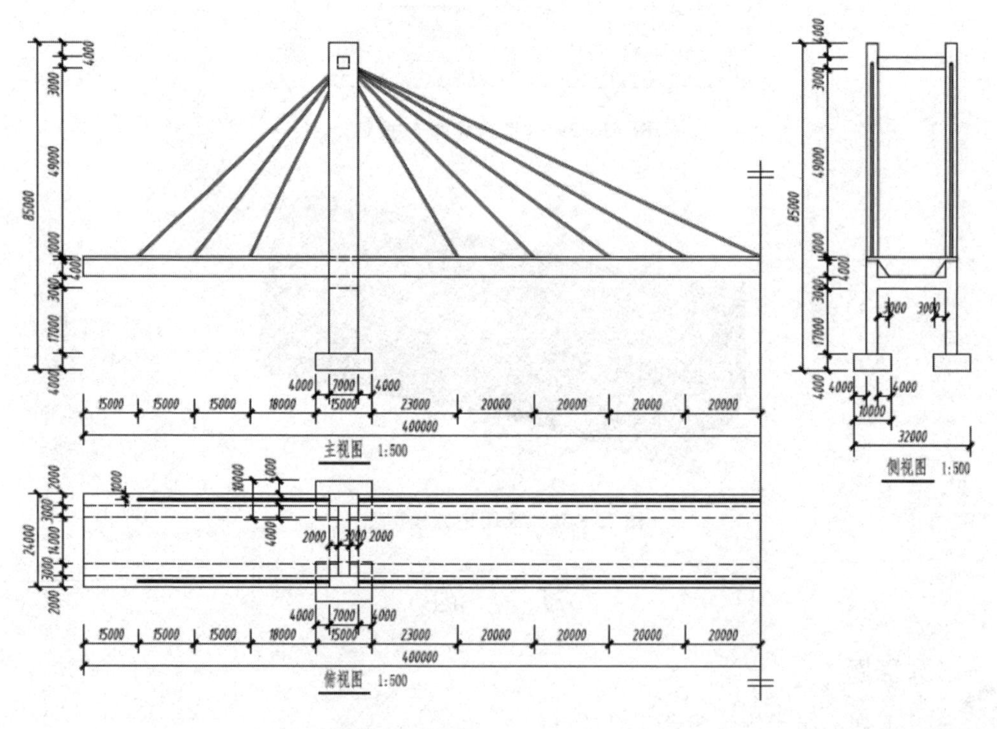

(a) 斜拉桥主、俯视图　　　　(b) 斜拉桥侧视图

图 13－31　斜拉桥尺寸图

第14章

视觉表现

本章导读

本章我们将基于钱江楼项目和深化练习素材，依托 Autodesk Revit 2016 软件，学习视觉表现的相关内容。

14.1 节：房间和面积。

介绍房间的标注方法和图例的设置方式。

14.2 节：项目浮雕。

介绍贴花的编辑和放置。

14.3 节：渲染。

介绍灯源布置、相机设置和渲染设置。

14.4 节：漫游。

介绍漫游路径的创建方式和漫游编辑。

本章建议学习课时：4 课时。

本章配套的素材、练习文件及相关教学视频，请从百度云盘（地址：https://pan.baidu.com/s/1gpIpe6pvyg1q99qLo2e-gQ，提取码：GOOD）下载。

学习目标

能力目标	知识要点
掌握房间标注和图例	房间的标注和图例
掌握贴花编辑和放置	贴花的编辑和设置
掌握相机设置	相机的设置

续表

能力目标	知识要点
掌握渲染设置	灯源和渲染的设置
掌握漫游路径的创建方式	漫游路径的创建
掌握漫游设置	漫游的设置

14.1 房间和面积

房间和面积是建筑中重要的组成部分，使用房间、面积和颜色方案规划建筑的占用和使用情况，并执行基本的设计分析。打开“模块 37：房间和面积分析.rvt”文件，完成相应的模块练习。读者可扫描右侧二维码观看模块 39 教学视频。

“模块 39：房间和面积分析”教学视频

1. 创建房间标注

复制“1F”楼层平面视图，并将其命名为“1F－房间图例”，进入到该视图中，如图 14－1 所示单击“建筑”选项卡下面的“房间和面积”面板中的下拉箭头，单击“面积和体积计算”按钮。在弹出的“面积和体积计算”对话框中，勾选“在墙核心层”复选框，单击“确定”按钮。

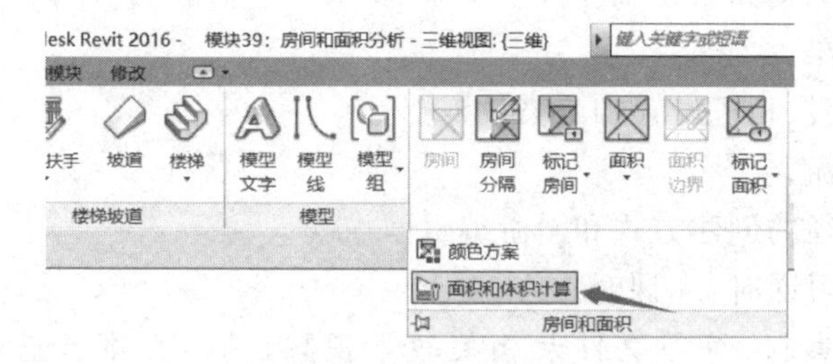

图 14－1 “面积和体积计算”按钮

单击“建筑”选项卡下面的“房间和面积”面板中的“房间”按钮，自动跳转到“修改/放置房间”上下文选项卡中，激活“在放置时进行标记”按钮，选择“属性”浏览器中的族类型为“标记_房间-有面积-施工-仿宋-3 mm－0－67”，移动鼠标之绘图区域，在每个房间处依次单击鼠标左键，并按照如图 14－2 所示，修改房间的标识名称：会议室、教室、男卫生间、女卫生间、办公室、大厅。

2. 创建房间图例

如图 14－3 所示单击“视图”选项卡下面的“图形”面板中的“可见性/图形”按钮，弹出“可见性/图形”对话框，在“注释类型”列表中取消勾选“剖面”“剖面框”“参照平

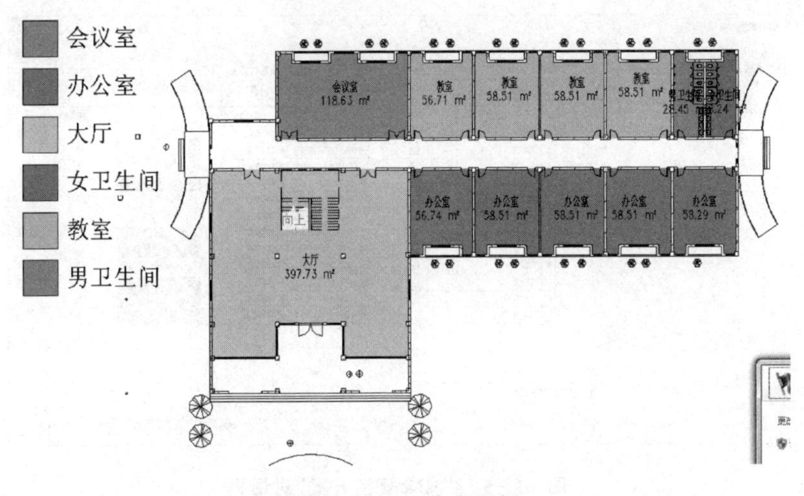

图 14－2 1F－房间图例

面”“立面”和“轴网”复选框，单击“确定”按钮。

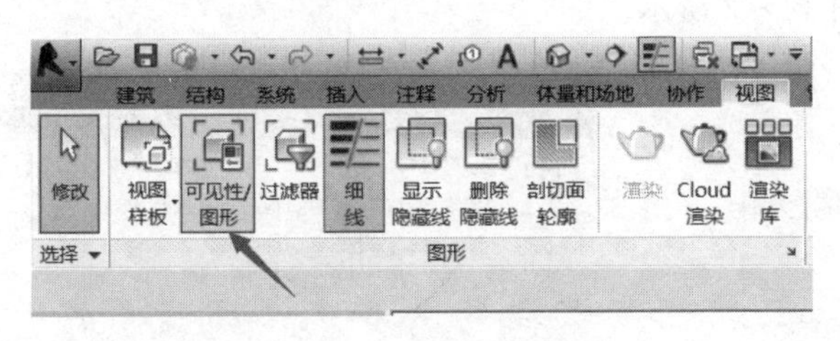

图 14－3 “可见性/图形”按钮

如图 14－4 所示单击“建筑”选项卡下面的“房间和面积”面板中的下拉箭头，单击“颜色方案”按钮。在弹出的“编辑颜色方案”对话框中，选择方案类别为“房间”，标题为“1F 房间图例”，选择颜色方式为“名称”，软件将自动为每个房间定义颜色和填充样式，如图 14－5 所示。在“属性”浏览器中，修改当前视图的颜色方案为“方案 1”，如图 14－6 所示。

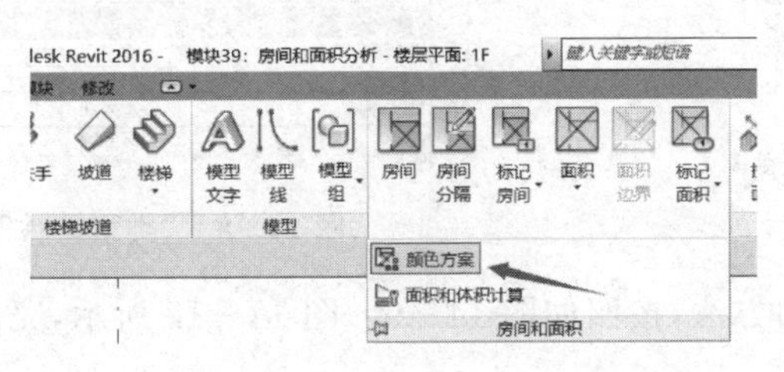

图 14－4 “颜色方案”按钮

如图 14－7 所示单击“注释”选项卡下面的“颜色填充”面板中的“颜色填充图例”按钮，自动跳转到“修改/放置颜色填充图例”上下文选项卡中，单击“属性”浏览器中的“编辑类型”按钮，在弹出的“类型属性”对话框中，将显示值改为“按视图”，如

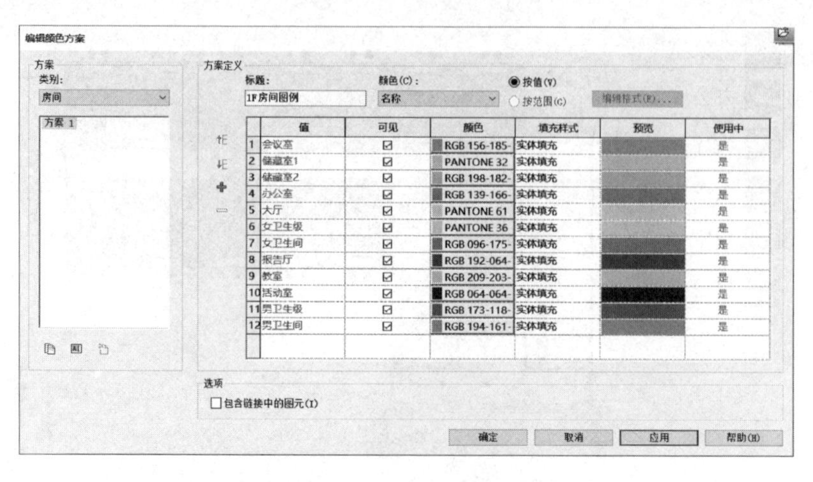

图 14-5 “编辑颜色方案”对话框

图 14-8 所示。单击“确定”按钮，移动鼠标至绘图区域，单击鼠标左键放置该图例，完成的图形，如图 14-2 所示。

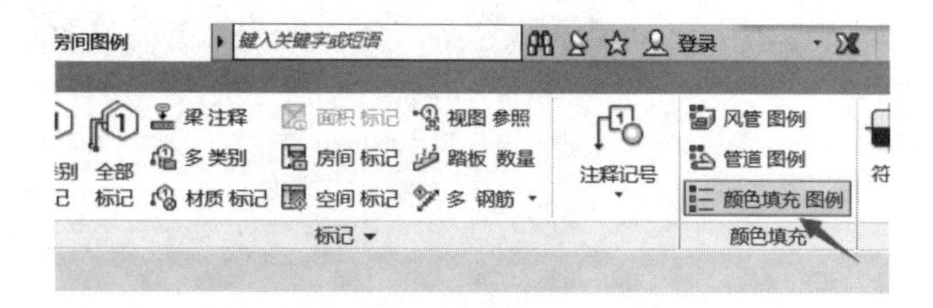

图 14-7 “颜色填充图例”按钮

图 14-6 选择“方案 1”

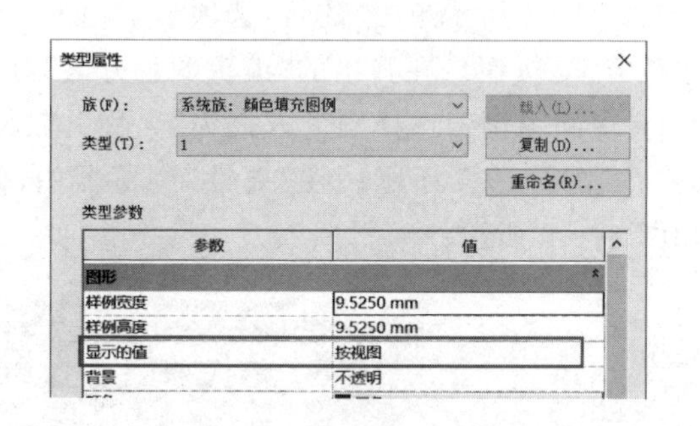

图 14-8 “类型属性”对话框

采用上述同样的方法，按照如图 14-9～图 14-12 所示，完成 2F-5F 的房间标注和图例。

保存文件，完成该模块练习。

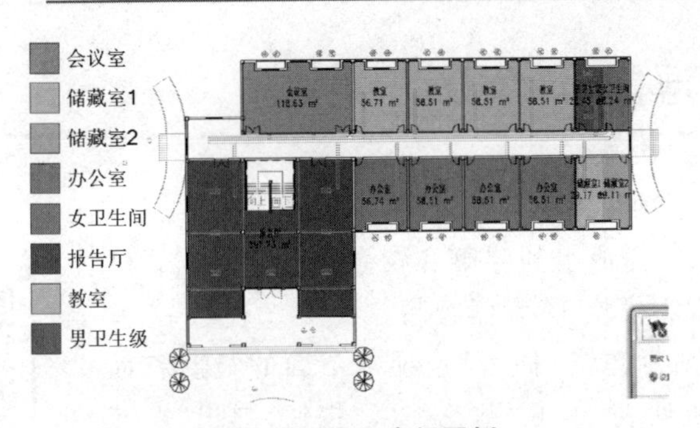

图 14－9　2F－房间图例

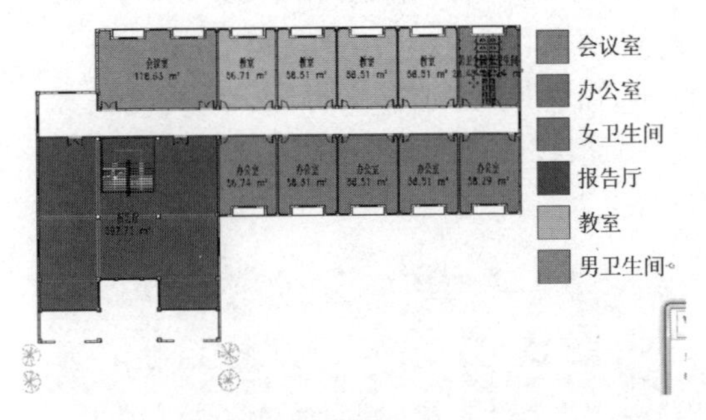

图 14－10　3F－房间图例

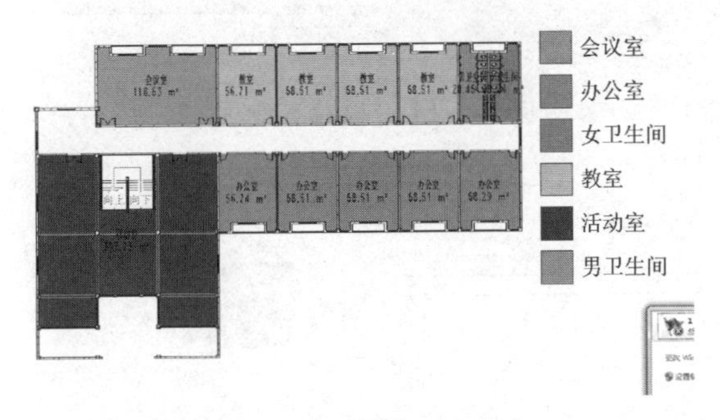

图 14－11　4F－房间图例

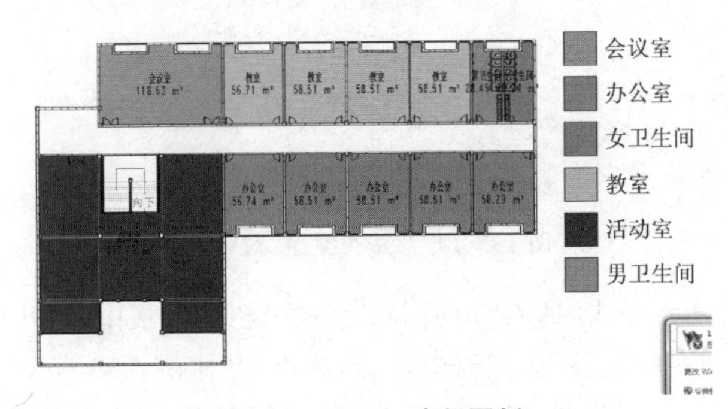

图 14－12　5F－房间图例

14.2 项目浮雕

打开“模块 40：项目浮雕.rvt”文件，完成相应的模块练习，该练习中将运用 Revit 软件“贴花”工具，完成水利浮雕和校徽的创建。读者可扫描右侧二维码观看模块 40 教学视频。

“模块 40：项目浮雕”
教学视频

如图 14－13 所示单击“插入”选项卡下面的“链接”面板中的“贴花”按钮列表，单击“贴花类型”按钮，弹出“贴花类型”对话框如图 14－14 所示，单击“新建”按钮，在弹出的“新贴花”对话框中输入“水利浮雕”。单击“确定”按钮，单击右侧“浏览文件”按钮，在弹出的“选择文件”对话框中选择该模块练习文件夹下“资料”文件下的“水利浮雕.Jpg”图形，单击“打开”按钮。

图 14－13 “贴花类型”按钮

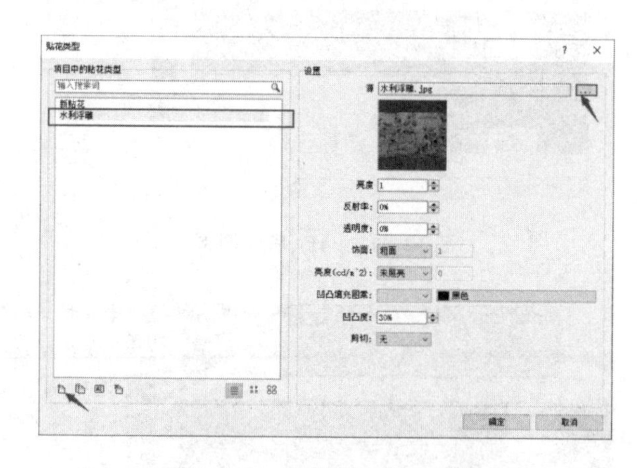

图 14－14 “贴花类型”对话框

如图 14－15 所示单击“插入”选项卡下面的“链接”面板中的“贴花”按钮列表，单击“放置贴花”按钮，在“属性”浏览器中，选择族类型“水利浮雕”，设置选项栏中的宽度为“400 mm”，勾选“固定宽高比”复选框，移动鼠标至绘图区域，按照如图 14－16 所示放置水利浮雕。

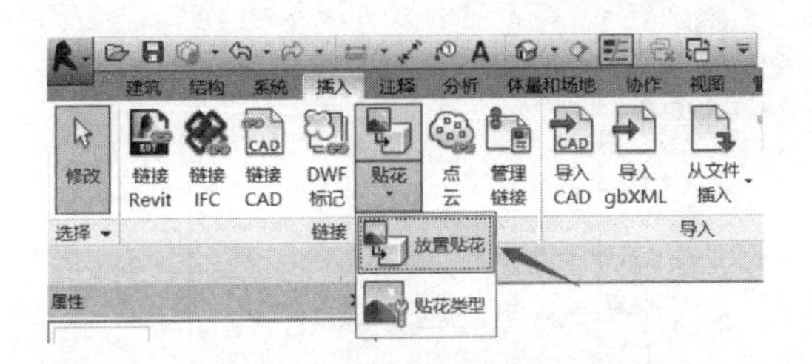

图 14－15　“放置贴花”按钮

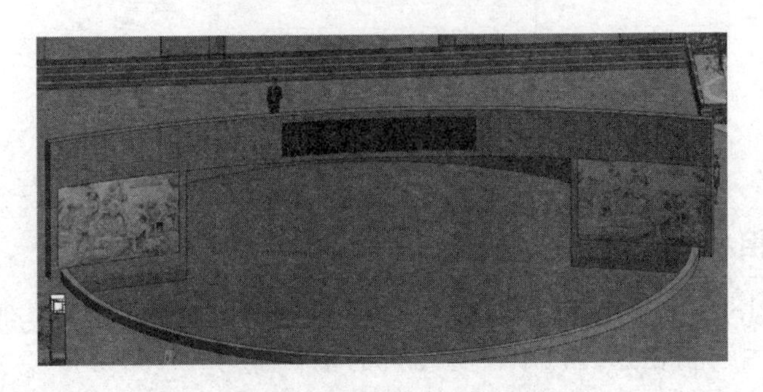

图 14－16　贴花放置效果

采用相同的方式设置并放置校徽贴花。

保持文件，完成该模块练习。

14.3　渲　染

在 Revit 软件中，利用现有的三维模型，还可以创建效果图和漫游动画，全方位展示设计意图。Revit 软件集成了 Mental Ray 渲染器，可以生成建筑模型的照片级真实感图像，在其中可以及时看到设计效果。渲染视图前先对构件材质进行编辑，然后放置相机调节视图，最后进行渲染设置并渲染。

打开“模块 42：室内渲染.rvt”文件，完成相应的模块练习，在该练习中我们将完成男卫生间夜晚的室内渲染操作。读者可扫描右侧二维码观看模块 42 教学视频。

“模块 42：室内渲染”教学视频

1. 放置灯源

切换至一层楼层平面视图，采用“插入族”工具插入该模块练习文件夹下面的“FRA”文件夹中的“暗灯槽-抛物面矩形.rfa”族文件，并且采用“放置构建”工具，按照如图 14－17 所示放置四个暗灯槽，放置的高度设置为“2 600 mm”。

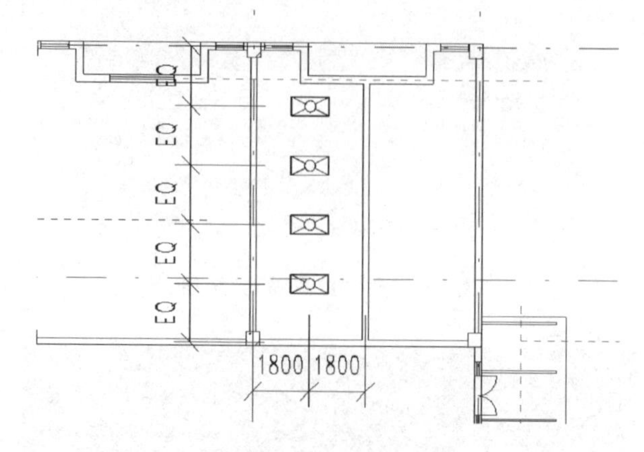

图 14 - 17 灯源布置图

2. 布置相机

如图 14 - 18 所示单击“视图”选项卡下面的“构建”面板中的“三维视图”按钮列表，单击“相机”按钮，在选线栏中设置相机的偏移量为“1 750 mm”。移动鼠标至绘图区域，在男卫生间右下角处单击鼠标左键放置相机，设置视角的偏移量为“1 750 mm”，移动鼠标至男卫生间左上方，单击鼠标放置视角，如图 14 - 19 所示。

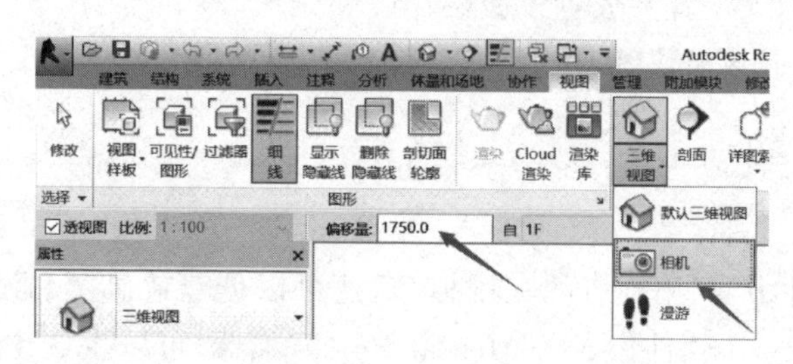

图 14 - 18 “相机”按钮

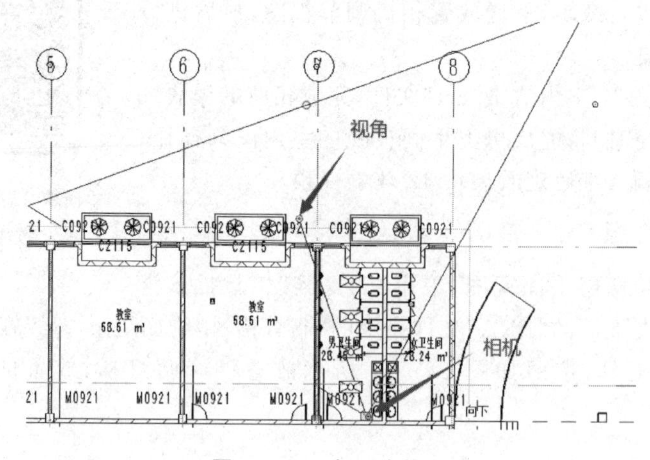

图 14 - 19 相机布置图

在“项目浏览器”中将该视角名称修改为“1F -男卫生间”，并打开视角，拖动视角范围，设置视觉显示样式为真实，如图 14 - 20 所示。

图 14 - 20 1F -男卫生间视角

3. 渲染设置

如图 14 - 21 所示单击“视图”选项卡下面的“图形”面板中的“渲染”按钮。如图 14 - 22 所示在弹出的“渲染”对话框中设置渲染参数：渲染引擎选项“NVIDIA mental ray”，质量设置为“中”，输出分辨率为“屏幕”复选框，照明方案为“室内：仅人造光”。

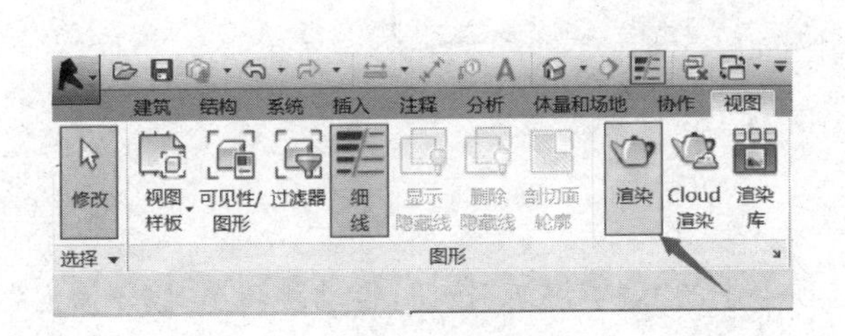

图 14 - 21 “渲染”按钮

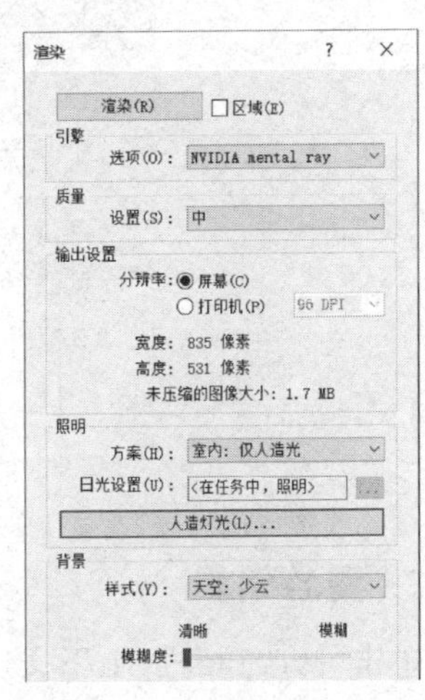

图 14 - 22 “渲染”对话框

单击“人造灯光”按钮，在弹出的“人造灯光”对话框中取消勾选“路灯”“街灯”，并将室内灯暗显设为“1”，单击“确定”按钮，继续设置渲染参数：背景样式为“天空：少云”，模糊度为“最清晰”。单击“渲染”按钮开始渲染。

渲染结束后，单击“保存到项目中”按钮，将渲染结果保存到项目中，并单击“导出”按钮，将渲染结果到处，保存为“男卫生间夜晚渲染”。

保存文件，完成该模块练习。

14.4 漫　游

漫游是有一个个帧组成的，每一个帧都对应一个相机视图，其实质也是对相机视图的条件。打开“模块 43：漫游动画.rvt”文件，完成相应的模块练习。读者可扫描右侧二维码观看模块 43 教学视频。

“模块 43：漫游动画”
教学视频

1. 漫游路径

切换至“室外地坪”楼层平面视图，如图 14－23 所示单击“视图”选项卡下面的“创建”面板中的“三维视图”按钮列表，单击“漫游”按钮，自动跳转到“修改/漫游”上下文选项卡中，移动鼠标至绘图区域；绘制如图 14－24 所示的漫游路径，注意图上“1”点的相机高度为自“室外地坪”偏移“1 750 mm”，“2”点的相机高度为自“1F”偏移“1 750 mm”，“3”点的相机高度为“1F”偏移“3 550 mm”，“4”点的相机高度为“2F”偏移“1 750 mm”，完成后单击“完成漫游”按钮。

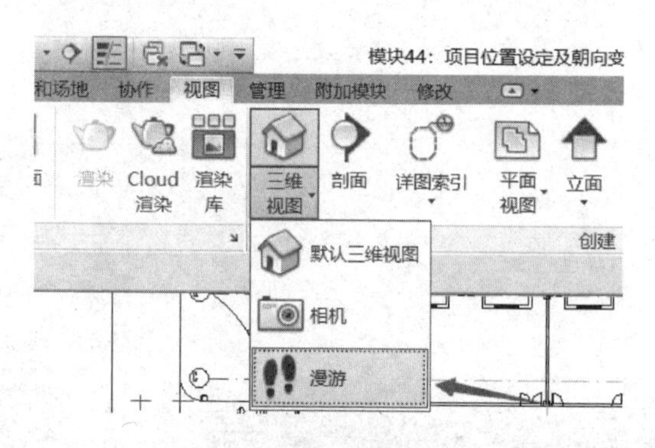

图 14－23　“漫游”按钮

2. 漫游编辑

单击“修改/相机”上下文选项卡中的“编辑漫游”按钮，自动跳转至“编辑漫游”上下文选项卡，在该模式下，我们可以对漫游的相机、路径、关键帧进行修改、设置。

单击“应用程序菜单”中的“导出”按钮，单击“图像和动画”按钮列表中的“漫游”按钮，弹出“长度/格式”对话框，设置视觉样式为“真实”，单击“确定”按钮，在弹出的“导出漫游”对话框中，将文件名命名为“钱江楼-漫游”，单击“保存”按钮，输出漫游动画。

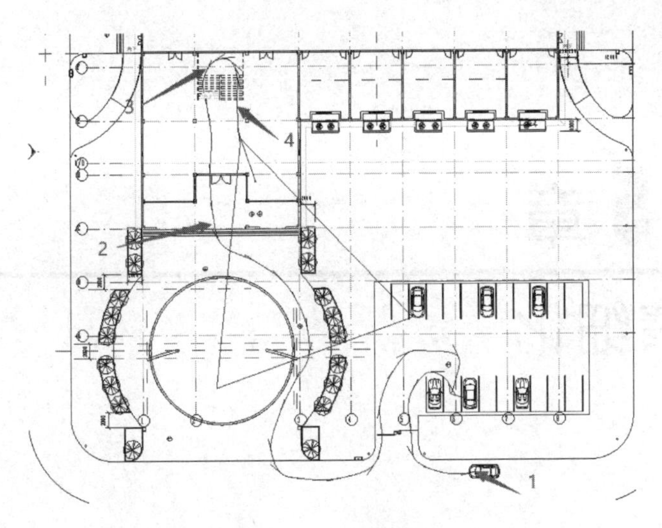

图 14－24　漫游路径

保存文件，完成该模块练习。

习　　题

一、选择题

1. 以下操作不需要放置相机的是（　　）。

A. 室内渲染　　B. 室外渲染　　C. 漫游　　D. 贴花

2. 以下导出的成果是一段视频的是（　　）。

A. 渲染　　B. 漫游　　C. 明细表　　D. 贴花

二、操作题

打开"模块 41：室外渲染. rvt"文件，完成钱江楼项目室外渲染操作，具体要求如下：任意选取一个室外视角，渲染参数设置如下：质量设置为"中"，输出设置为"打印机 150DPI"，照明方案为"室外仅日光"，背景"天空少云"，模糊度为"最清晰"，最后将渲染完成的图片保存到当前项目中，并命名为"室外渲染"；并导出 JPG 格式的渲染图像。读者可扫描右侧二维码观看模块 41 教学视频。

"模块 41：室外渲染"

第 15 章

模型精细化

本章导读

本章我们将基于钱江楼项目和深化练习素材，依托 Autodesk Revit 2016 软件，对模型进行精细化处理。

15.1 节：绿色设计。

介绍位置设定与朝向变更，阴影和日光路径。

15.2 节：对象管理。

介绍线型设置和模型对象样式。

15.3 节：视图控制。

介绍视图样板的创建、应用和链接。

本章建议学习课时：4 课时。

本章配套的素材、练习文件及相关教学视频，请从百度云盘（地址：https://pan.baidu.com/s/1gpIpe6pvyg1q99qLo2e-gQ，提取码：GOOD）下载。

学习目标

能力目标	知识要点
掌握位置设定	项目位置的设定
掌握朝向变更	项目朝向的变更
掌握线型设置	线型的设置
掌握模型对象样式编辑	模型对象样式的编辑
掌握视图样板	视图样板的创建、应用和链接

15.1 绿色设计

建筑的绿色设计是控制建筑物各项技术性能最有效手段之一,如果在设计之初就考虑生态技术因素,将对整个项目的节能环保起到指导作用。而 Revit 软件在绿色建筑设计中有着非常广泛的应用。本节绿色设计内容包含项目位置设定、项目朝向变更、阴影和日光路径。

15.1.1 位置设定

“模块 44:项目位置设定及朝向变更”教学视频

打开“模块 44:项目位置设定及朝向变更.rvt”文件,完成相应的模块练习。读者可扫描右侧二维码观看模块 44 教学视频。

如图 15-1 所示单击“管理”选项卡下面的“项目位置”面板中的“地点”按钮,弹出“位置、气候和场地”对话框,如图 15-2 所示,在“位置”选项卡中,定义位置依据为“Internet 映射服务”,项目地址栏为“浙江省杭州市萧山区浙江同济科技职业学院”,单击“搜索”按钮,将会定位到该校附近,在地图中,拖动标志到精确位置。

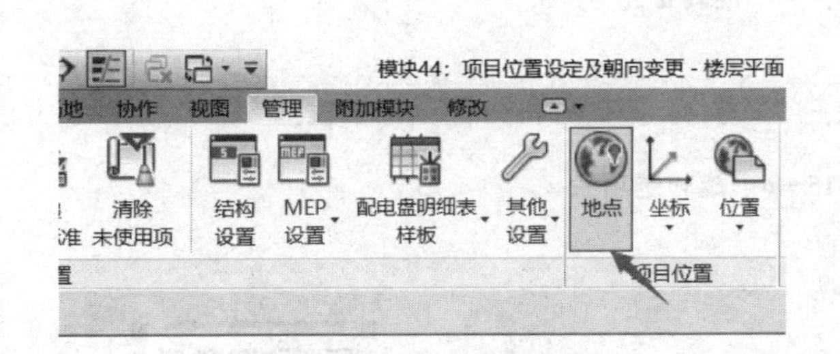

图 15-1 “地点”按钮

图 15-2 “位置、气候和场地”对话框

15.1.2 朝向变更

单击“场地”选项卡,从项目北到正北方向的角度为“0°”如图 15-3 所示。单击“确定”按钮退出,修改楼层平面“属性”浏览器中的方向为“正北”如图 15-4 所示。

如图 15-5 所示,单击“管理”选项卡下面的“项目位置”面板中的“位置”选项卡,单击“旋转正北”按钮,修改项目栏中的逆时针旋转角度为“30°”,按键盘“Enter”键。如图 15-6 所示此时绘图区域中,正北方向将逆时针旋转“30°”,但是项目北方向仍然不变。

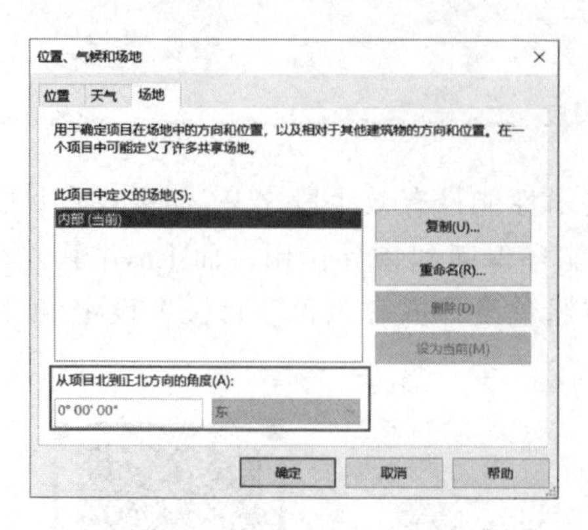

图 15-3　项目北到正北角度

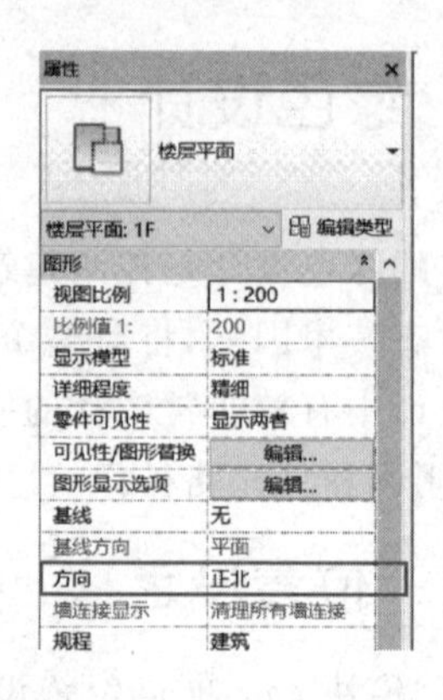

图 15-4　设置“正北”方向

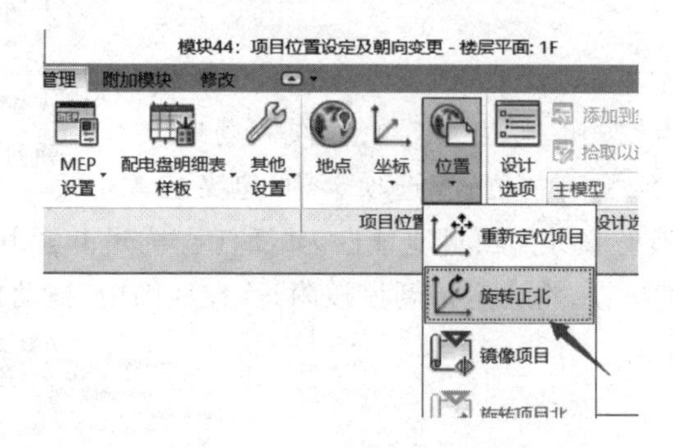

图 15-5　“旋转正北”按钮

图 15-6　旋转选项栏

保存文件，完成该模块练习。

15.1.3　阴影及日光路径

打开“模块 45：阴影及日光路径.rvt”文件，完成相应的模块练习。读者可扫描右侧二维码观看模块 45 教学视频。

“模块 45：阴影及日光路径”教学视频

切换至三维视图，如图 15-7 所示单击“视图控制栏”中的“打开阴影”按钮，软件将显示建筑阴影。如图 15-8 所示，单击“视图控制栏”中的“打开日光路径”按钮，软件将打开太阳的路径。

图 15 – 7 “打开阴影”按钮

图 15 – 8 “打开日光路径”按钮

如图 15 – 9 所示，单击“视图控制栏”中“日光设置”按钮，弹出“日光设置”对话框如图 15 – 10 所示，日光研究为“多天”，地点到“浙江省杭州市萧山区浙江同济科技职业学院”，日期设为“2018 年 6 月 19 日—2018 年 6 月 23 日”，时间间隔为“一小时”，地平面的标高为“室外地坪”。单击“保存设置”按钮，在弹出的“名称”对话框中输入“多天日光研究”。单击“确定”按钮退出“日光设置”对话框。

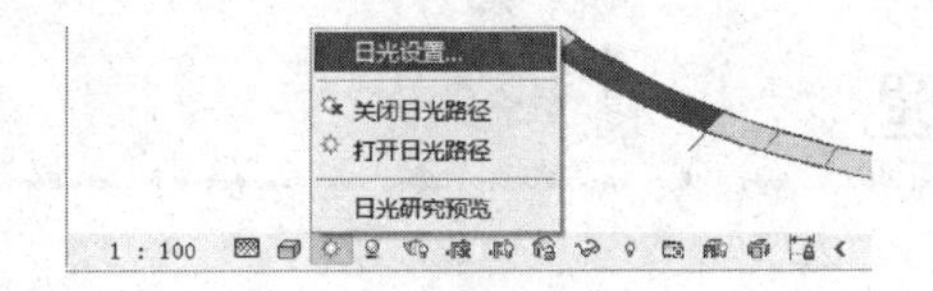

图 15 – 9 “日光设置”按钮

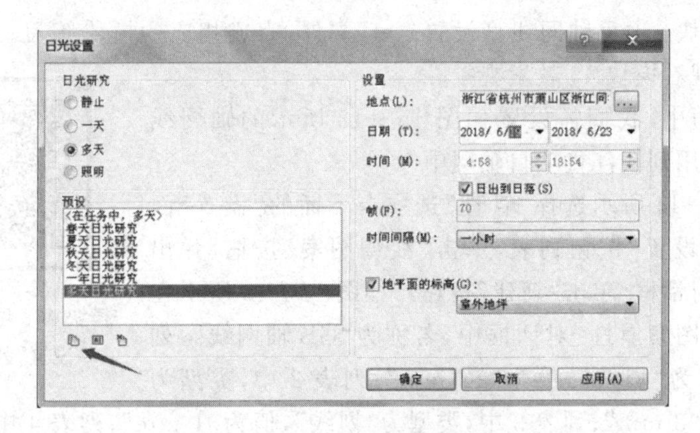

图 15 – 10 “日光设置”对话框

如图 15 – 11 所示单击“应用程序菜单”中的“导出”按钮列表，单击“图像和动画”按钮列表中的“日光研究”按钮；如图 15 – 12 所示在弹出的“长度/格式”对话框中，视觉样式为“带边框着色”，单击“确定”按钮，导出日光研究视频。

保存文件，完成该模块练习。

图 15 - 11 “日光研究”按钮

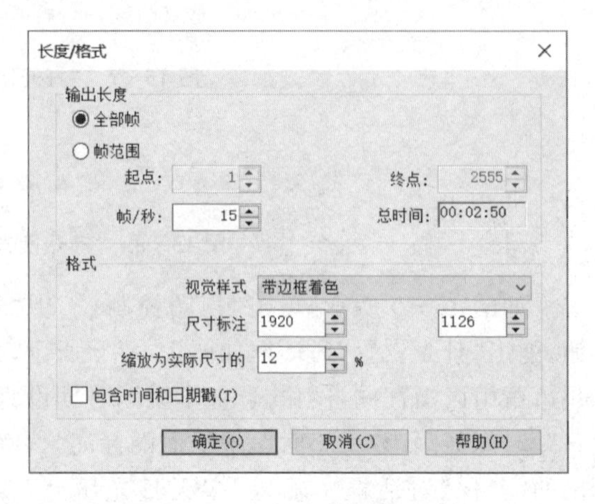

图 15 - 12 “长度/格式”对话框

15.2 对象管理

15.2.1 线型设置

打开“模块：项目轴网线型设置.rvt”文件，完成相应的模块练习。读者可扫描右侧二维码观看模块 46 教学视频。

“模块 46：项目轴网线型设置”教学视频

在该练习中，我们需设置如图 15 - 13 所示的轴网线型，并将其应用到钱江楼项目轴网中。

如图 15 - 14 所示选择“管理”选项卡下面的“设置”面板中的“其他设置”按钮列表，单击“线型图案”按钮，弹出“线型图案”对话框，单击“新建”按钮。如图 15 - 15 所示在弹出的“线型图案属性”对话框中，名称为“GB 轴网线”，列表 1 中，类型为“划线”，值为“12 mm”；列表 2 中，类型为“空间”，值为“3 mm”；列表 3 中，类型为“划线”，值为“1 mm”；列表 4 中，类型为“空间”，值为“3 mm”，单击“确定”按钮退出“浅型图案属性”对话框。

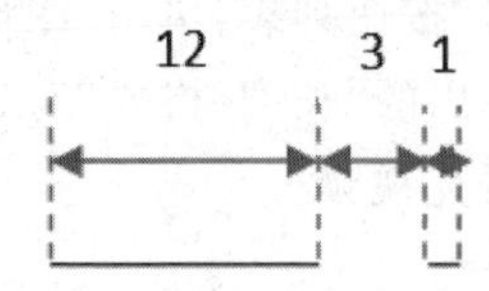

图 15 - 13 轴网线型

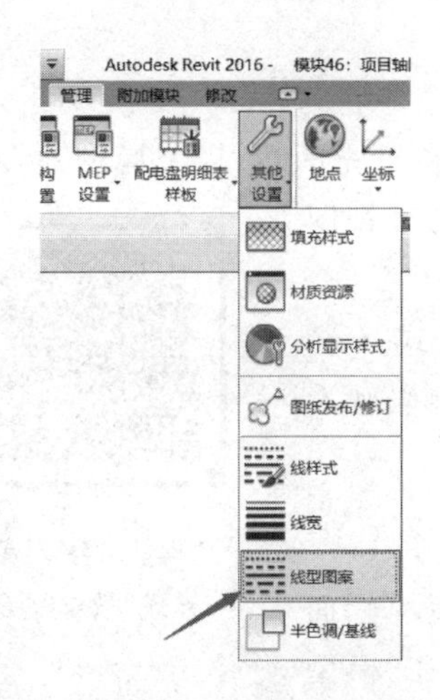

图 15 - 14　“线型图案”按钮

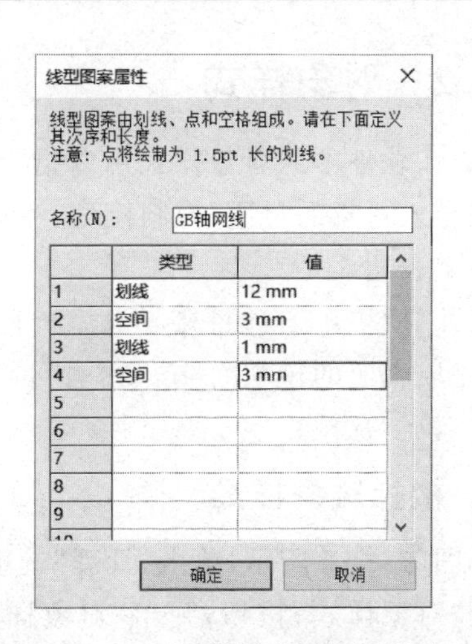

图 15 - 15　“线型图案属性”对话框

移动鼠标至绘图区域，选中任意一条轴网线，单击“属性”浏览器中的“编辑类型”按钮，弹出“类型属性”对话框，设置轴线中段为“自定义”，轴线中段颜色为“灰色”，轴线中段填充图案为“GB 轴网线”，然后单击“确定”按钮，此时项目轴网线的样式将，如图 15 - 16 所示。

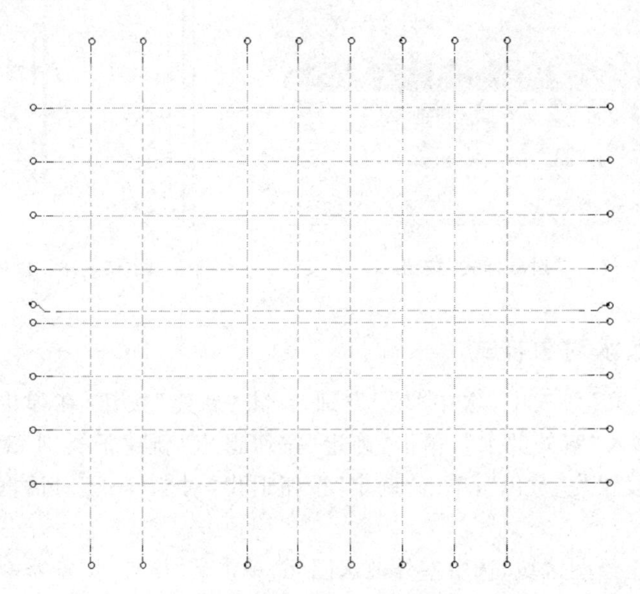

图 15 - 16　项目轴网线

保存文件，完成该模块练习。

15.2.2 对象样式

Revit 软件中的对象样式用以指定线宽、颜色和填充图案，以及模型对象、注释对象和导入对象的材质，控制模型、注释等图元在各种视图中的显示表达。

打开“模块 47：项目楼梯及室外散水的对象样式.rvt”文件，完成相应的模块练习。读者可扫描右侧二维码观看模块 47 教学视频。

“模块 47：对象样式”教学视频

1. 楼梯对象样式

如图 15－17 所示，单击“管理”选项卡下面的“设置”面板中的“对象样式”按钮，弹出“对象样式”对话框，在“模型对象”列表中，设置“楼梯”的线颜色为“黄色”；在“注释对象”列表中，设置“楼梯路径”下各项子类别颜色为“绿色”，修改完成后楼梯的图形，如图 15－18 所示。

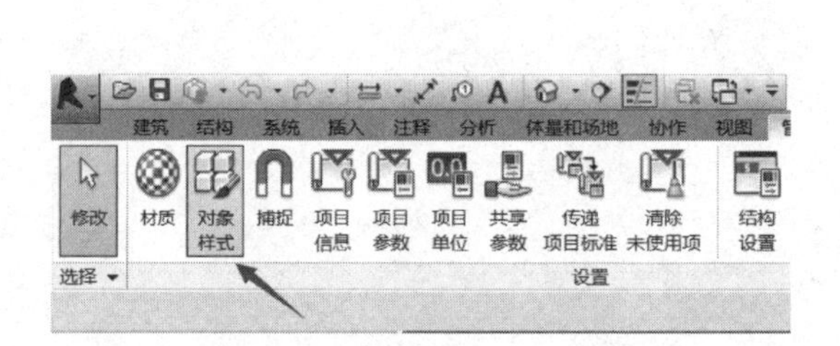

图 15－17 “对象样式”按钮

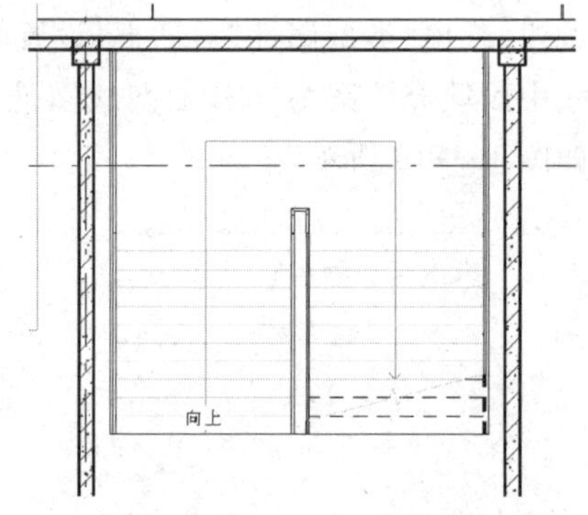

图 15－18 楼梯平面图

2. 室外散水对象样式

在“模型对象”列表中，选中“墙”类别，单击“新建”按钮，在弹出的“新建子类别”对话框中输入“室外散水”，单击“确定”按钮退出“新建子类别”对话框，将室外散水的线颜色设置为“黄色”，单击“确定”按钮退出“对象样式”对话框，如图 15－19 所示。

移动鼠标至绘图区域，选中室外散水图元，单击其“属性”浏览器中的“编辑类型”按钮，在弹出的“编辑类型”对话框中，将墙的子类别修改为“室外散水”。修改完成后室外散水的图形如图 15－20 所示。

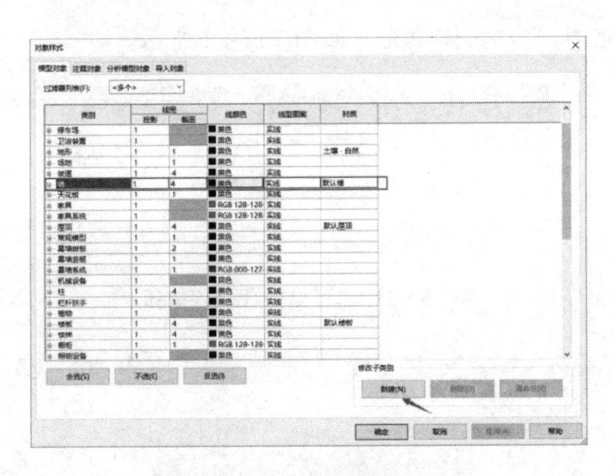

图 15 - 19　“对象样式”对话框

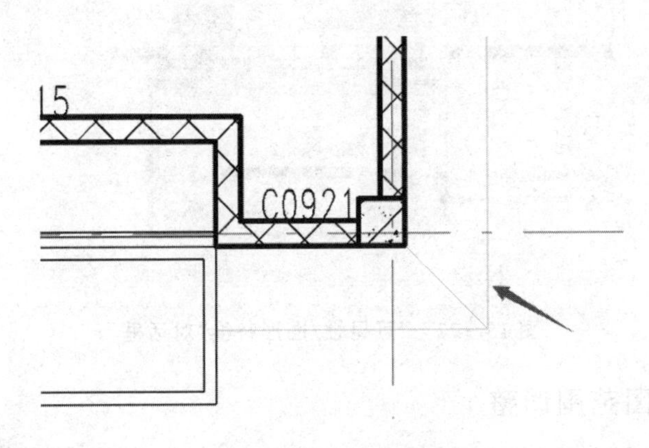

图 15 - 20　散水样式

15.3　视图控制

视图样板是一系列视图属性，例如视图比例、规程、详细程度以及可见性设置等，使用视图样板可以为视图应用进行标准设置。

15.3.1　视图图元显示

打开“模块 48：项目视图图元显示.rvt”文件，完成相应的模块系。读者可扫描右侧二维码观看模块 48 教学视频。

“模块 48：项目视图图元显示”教学视频

1. 可见性设置

切换至二层楼层平面视图。单击“视图”选项卡下面的“图形”面板中的“可见性/图形”按钮如图 15 - 21 所示，弹出“可见性/图形替换”对话框，在“模型类别”列表中，设置

结构柱的截面填充图案为“实体填充”,如图 15-22 所示。

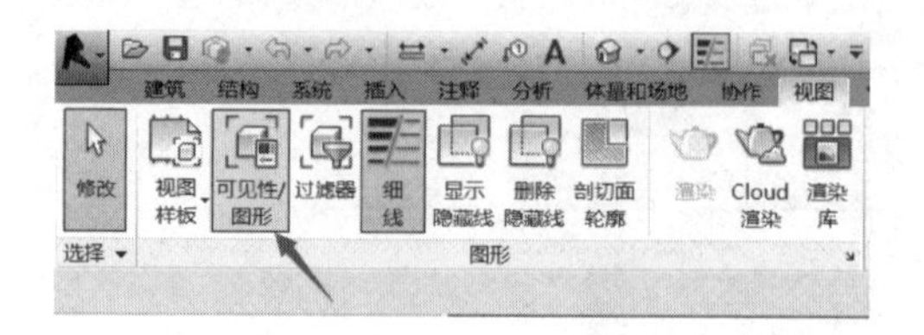

图 15-21 “可见性/图形”按钮

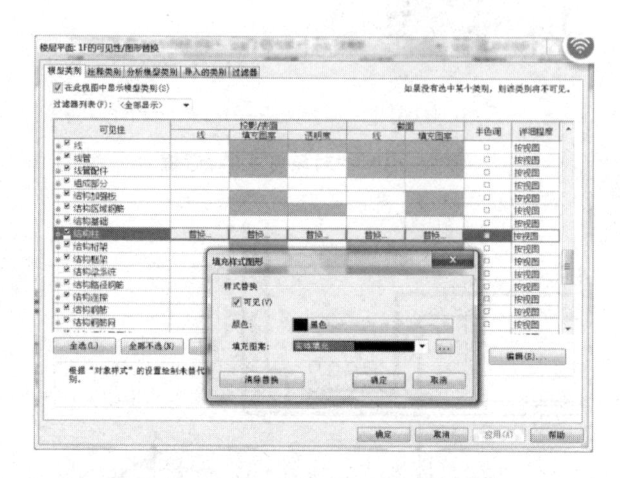

图 15-22 “可见性/图形替换”对话框

2. 局部视图范围调整

如图 15-23 所示单击“视图”选项卡下面的“创建”面板中的“平面视图”按钮列表,单击“平面区域”按钮,自动跳转到“修改/创建平面区域边界”上下文选项卡中。移动鼠标至绘图区域,分别绘制如图 15-24 所示的三个平面区域。同时分别设置平面区域“属性”浏览器中的“视图范围”:1 号平面区域修改为如图 15-25 所示,2、3 号平面区域修改为如图 15-26 所示。设置完成后,1 号区域的树木将不被显示,2、3 号区域将显示雨篷。

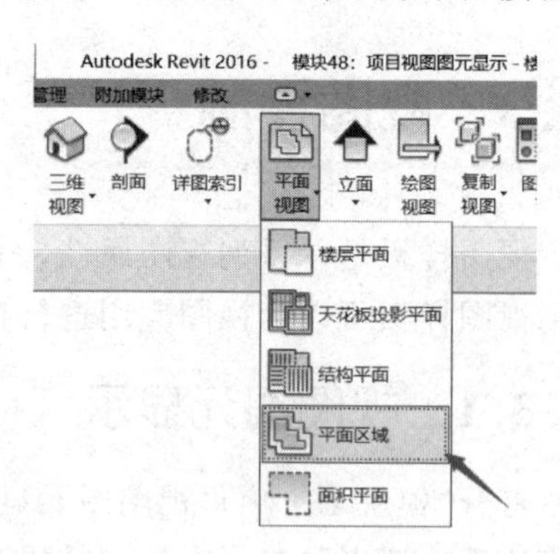

图 15-23 “平面区域”按钮

保存文件,完成该模块练习。

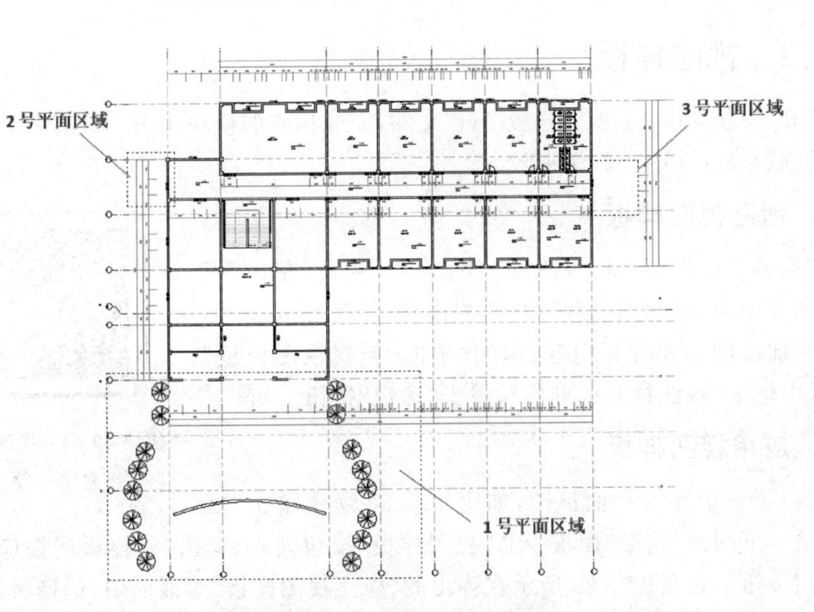

图 15-24　平面区域布置图

图 15-25　1 号区域“视图范围”对话框

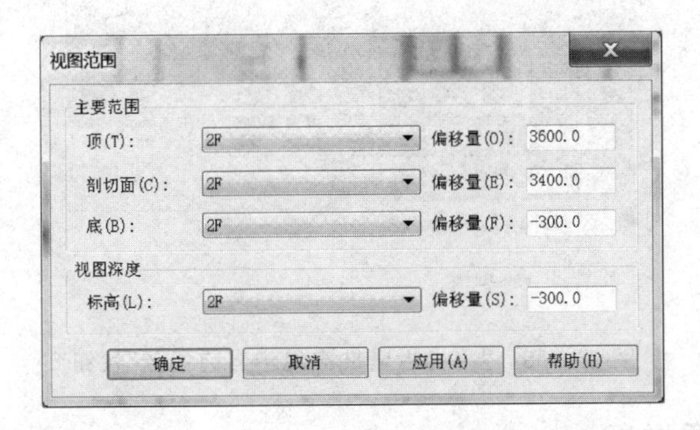

图 15-26　2、3 号区域“视图范围”对话框

15.3.2 视图样板

打开“模块 49－1：视图样板.rvt”文件，完成相应的模块练习。读者可扫描右侧二维码观看模块 49－1 教学视频。

1. 创建视图样板

“模块 49－1：视图样板”教学视频

切换至二层楼层平面视图，如图 15－27 所示，单击“视图”选项卡下面的“图形”面板中的“视图样板”按钮列表，单击“从当前视图创建样板”按钮，在弹出的“新建视图样板”对话框中输入“钱江楼－标准层”，单击“确定”按钮。

2. 应用视图样板

切换至三层楼层平面视图，如图 15－28 所示单击“视图”选项卡下面的“图形”面板中的“视图样板”按钮列表，单击“将样板属性应用于当前视图”按钮。如图 15－29 所示在弹出的“应用视图样板”对话框中，选择名称为“钱江楼-标准层”。单击“确定”按钮，三层楼层平面视图将应用该视图样板。

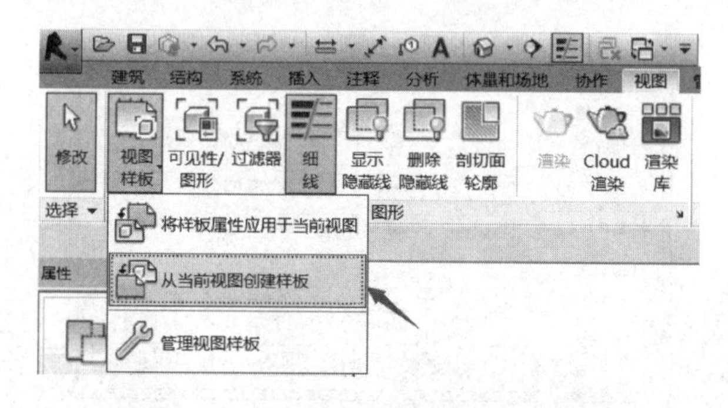

图 15－27 “从当前视图创建样板”按钮

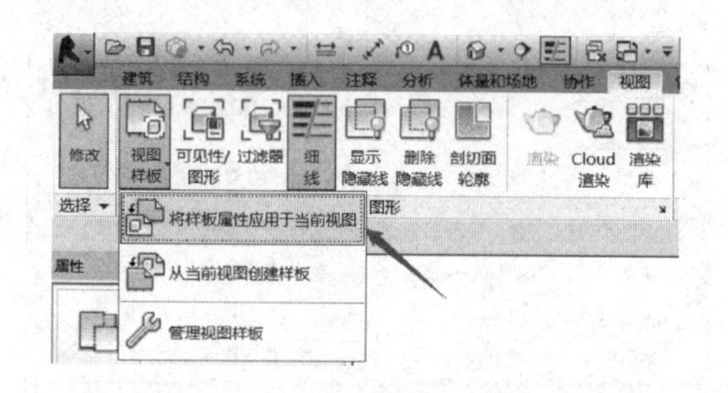

图 15－28 “将样板属性应用于当前视图”按钮

3. 关联视图样板

切换至四层楼层平面视图，如图 15－30 所示在“属性”浏览器中，选择视图样板为“钱江楼_标准层”。

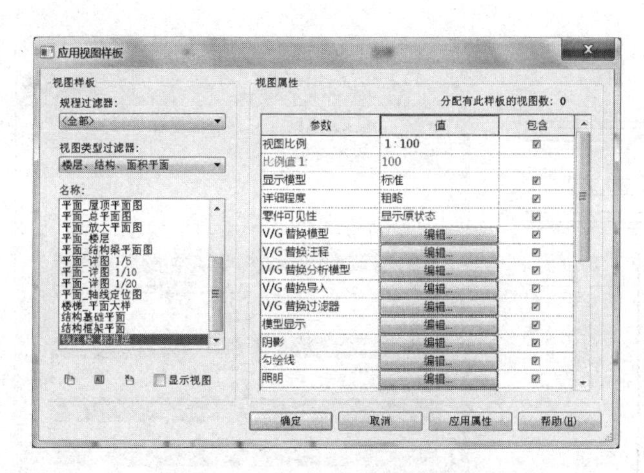

图 15 - 29　“应用视图样板”对话框

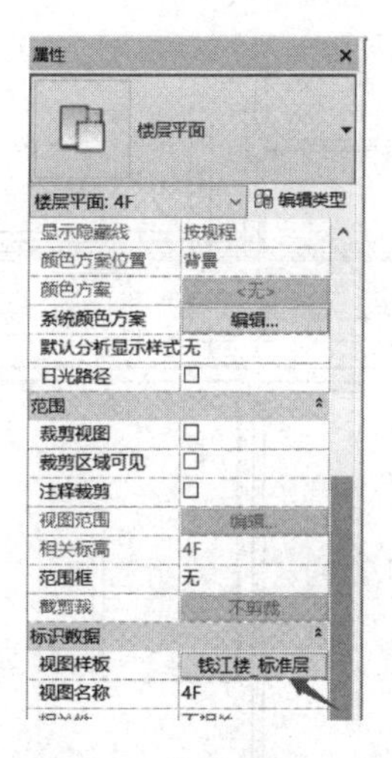

图 15 - 30　关联视图样板

4. 对比应用和关联视图样板的不同

切换至三层楼层平面视图，调整视图比例为“1∶200,”，视觉样式为“着色”。切换至四层楼层平面视图，视觉样式是灰色的，不能修改，只能通过修改“关联视图样板”中的属性进行修改。

保存文件，完成该模块练习。

习　题

操作题

打开“模块 49 - 2：创建项目视图. rvt”文件，完成钱江楼项目剖面视图的创建，具体要求如下：

1. 绘制如图 15 - 31 所示的剖面线，创建楼梯位置的剖面图，剖面视图属性的详细程度修改为“粗略”。读者可扫描右侧二维码观看模块 49 - 2 教学视频。

“模块 49 - 2：创建项目视图”教学视频

2. 楼板的图形粗略比例填充样式修改为“实体填充”，粗略比例填充颜色修改为“黑色”，如图 15 - 32 所示。

3. 在“可见性/图形替换”，将“模型类别”列表中，楼梯的截面填充图案修改为“实体填充”，场地类别中子类别建筑地坪的截面填充图案修改为“场地-铺地砾石”。将“可见性/图形替换”中结构框架的截面填充图案改为黑色实体填充，或者在剖面中采用“填充区域”的方法绘制梁截面，单击“注释”选项卡下“区域”面板中的“填充区域”按钮，如图 15－33 所示。

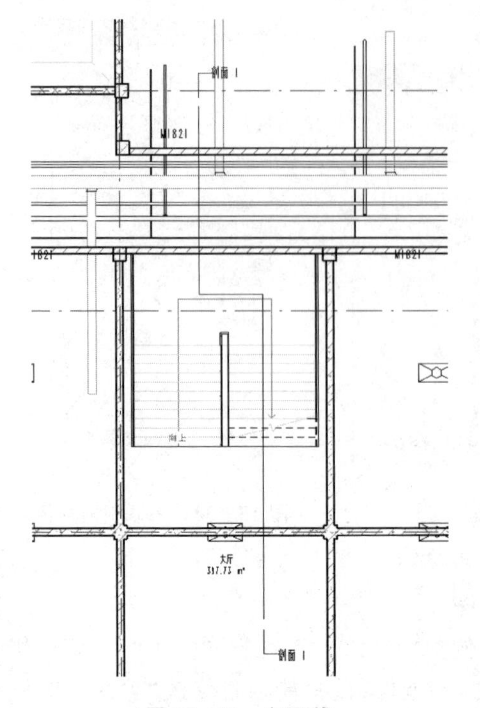

图 15－31　剖面线

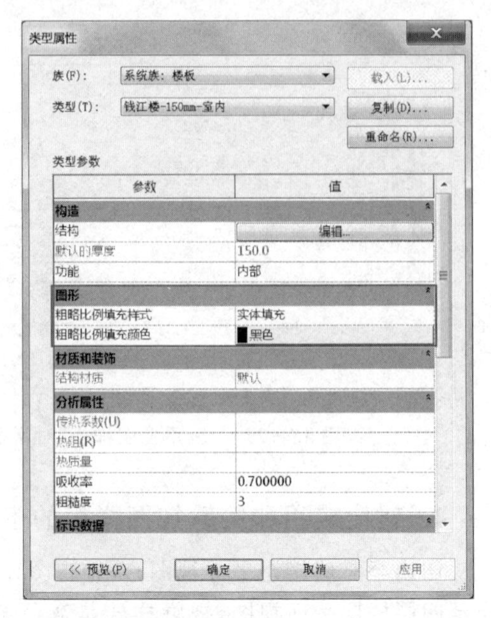

图 15－32　楼板“类型属性”对话框

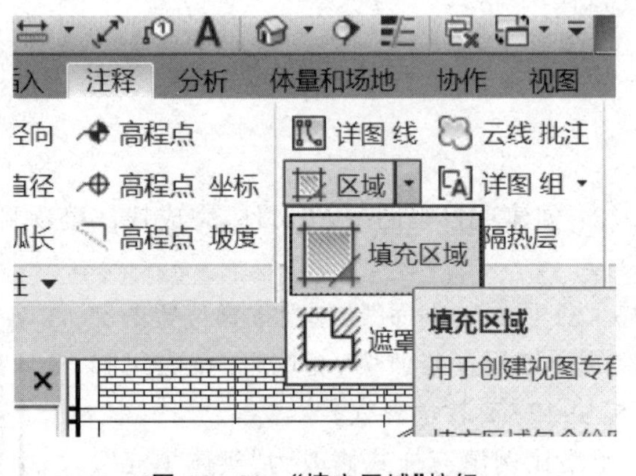

图 15－33　“填充区域”按钮

4. 在剖面楼梯位置绘制“200 mm×250 mm”的梯边梁（“视图”→“剖切面轮廓”）。梯边梁位置及详图如图 15－34～图 15－36 所示。

5. 将当前剖面视图设置为视图样板，命名为“钱江楼_剖面”。

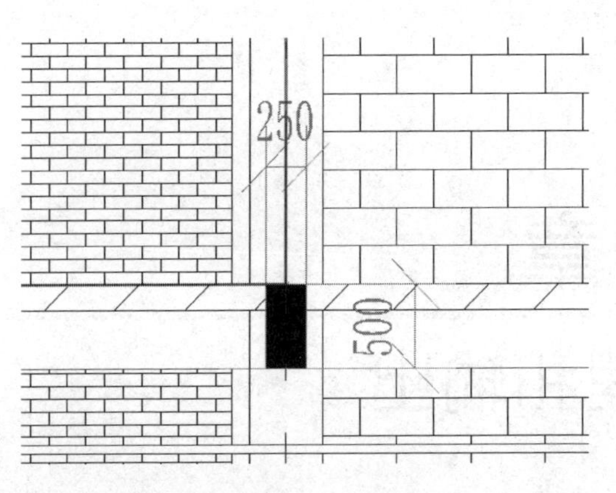

图 15-34　梁截面

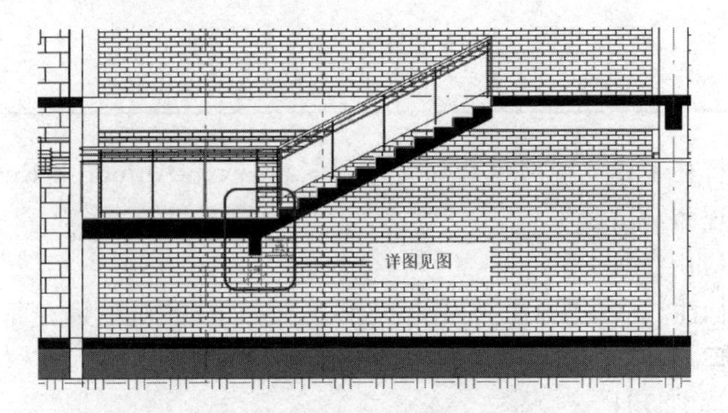

图 15-35　梯边梁

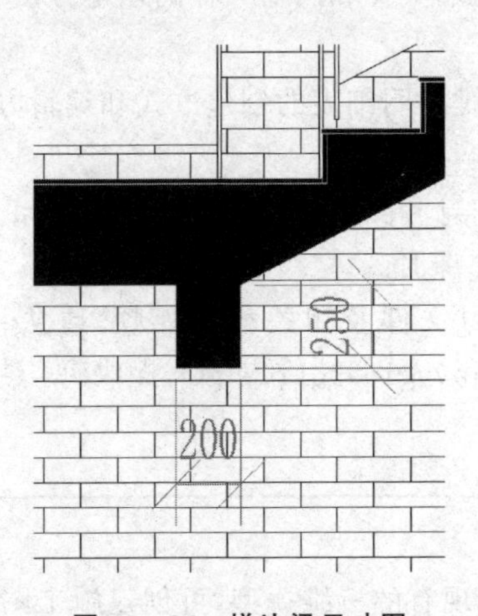

图 15-36　梯边梁尺寸图

第 16 章

成果整理和输出

本章导读

本章我们将基于钱江楼项目和深化练习素材，依托 Autodesk Revit 2016 软件，对成果进行整理和输出。

16.1 节：应用注释。

介绍尺寸标注、高程点标注、符号标注和类型标记，并对项目立面施工图和剖面施工图进行处理。

16.2 节：详图设计。

介绍卫生间大样、女儿墙大样和门窗大样的创建方法。

16.3 节：明细表。

介绍构件明细表和关键字明细表的创建方式和编辑方法。

16.4 节：布图和打印。

介绍图纸创建、项目信息和图纸信息完善和图纸打印。

本章建议学习课时：4 课时。

本章配套的素材、练习文件及相关教学视频，请从百度云盘（地址：https://pan.baidu.com/s/1gpIpe6pvyg1q99qLo2e-gQ，提取码：GOOD）下载。

学习目标

在 Revit 软件中，利用现有的三维模型，可创建施工图图纸。在模型上做图纸变更，可以真正理解“模型和图纸是联动”的概念，只要修改模型的尺寸、样式等，其平立面图纸数据就可以自动更新。

能力目标	知识要点
掌握应用注释的用法	应用注释的用法
掌握详图的创建方法	详图的创建
掌握构件明细表的创建方式和编辑方法	构件明细表的创建和编辑
掌握关键字明细表的创建方式和编辑方法	关键字明细表的创建和编辑
掌握图纸的创建方法	图纸的创建
掌握图纸的打印方法	图纸的打印方法

16.1 应用注释

Revit 软件提供了尺寸标注、高程点标注、符号标注、类型标记等注释类型，并且注释符号都允许用户自行定制，正是因为应用注释工具的易用性，以及符号高度自定义的特点，使用户在 Revit 软件中可专注于建筑设计，使工作事半功倍。

打开“模块50：项目应用注释.rvt”文件，完成相应的模块练习，在该练习中，我们将添加钱江楼项目的尺寸标注、高程点标注、符号标注和门窗标记，并用应用注释工具对立面施工图和剖面视图进行处理。读者可扫描右侧二维码观看模块50教学视频。

“模块50：项目应用注释”教学视频

16.1.1 标　注

1. 尺寸标注

切换至二层楼层平面视图，如图16－1所示单击“注释”选项卡下面的“尺寸标注”面板中的“对齐”按钮，自动跳转到“修改/放置尺寸标注”上下文选项卡；单击“属性”浏览器中“编辑类型”按钮，弹出“类型属性”对话框，新建族类型名“钱江楼_对齐尺寸标注”，并修改其类型参数：颜色为“绿色”，文字字体为“仿宋”，如图16－2所示。单击“确定”按钮退出“类型属性”对话框。

灵活采用选项栏中的拾取方式“单个参照点”“整个墙”，移动鼠标至绘图区域，按图16－3所示添加尺寸标注。

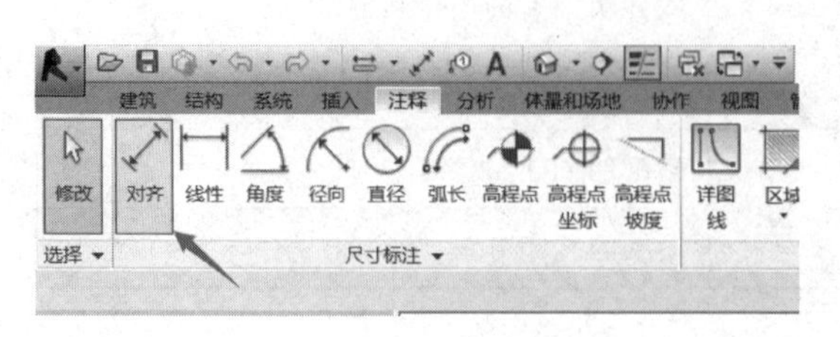

图 16-1 “对齐”按钮

图 16-2 尺寸标注“类型属性”对话框

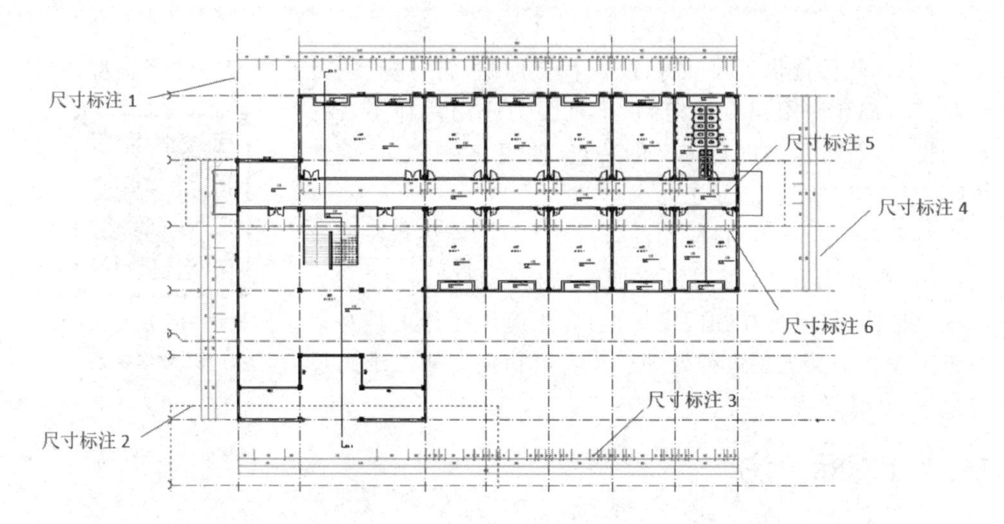

图 16-3 尺寸标注布置图

2. 高程点标注

如图 16-4 所示单击“注释”选项卡下面的“尺寸标注”面板中的“高程点”按钮，自动跳转到“修改/放置尺寸标注”上下文选项卡，单击“属性”浏览器中“编辑类型”按钮，弹出“视频范围”对话框，新建族类型名“钱江楼_高程点标注”，并修改其类型参

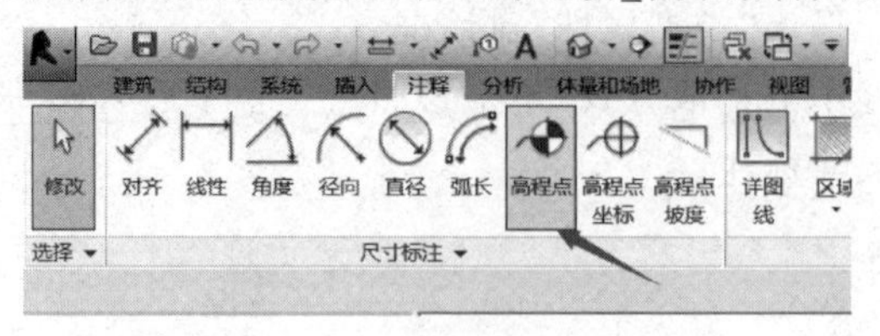

图 16-4 “高程点”按钮

数：颜色为“绿色”，文字字体为“仿宋”，如图 16－5 所示。单击“确定”按钮退出“视图范围”对话框。

类型属性

族(F)：系统族：高程点　　载入(L)...

类型(T)：钱江楼_高程点标注　　复制(D)...

重命名(R)...

类型参数

参数	值
颜色	绿色
符号	高程点
文字	
宽度系数	0.700000
下划线	☐
斜体	☐
粗体	☐
消除空格	☐
文字大小	3.0000 mm
文字距引线的偏移量	3.0000 mm
文字字体	仿宋
文字背景	透明

图 16－5　高程点“类型属性”对话框

在“选项栏”中取消勾选“引线”复选框，移动鼠标至绘图区域，按照如图 16－6 所示在二层楼层平面的房间、走廊、空调挑板、楼梯平台位置添加高程点标注。

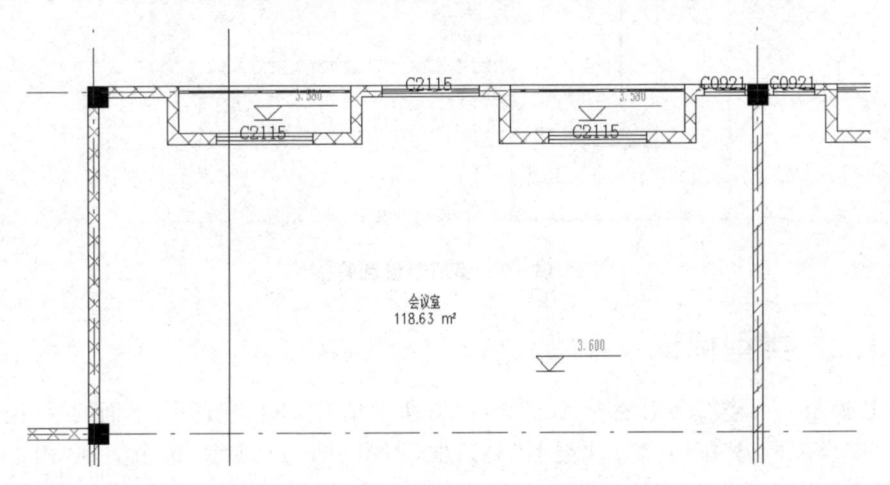

图 16－6　高程点标注

3. 符号标注

鼠标移动至“项目浏览器”中的“5F”楼层平面视图，单击鼠标右键，单击“复制视图”按钮列表中的“带细节复制”按钮，将新视图重命名为“屋顶”，双击切换至屋顶楼层平面视图，在“属性”浏览器中，单击“视图范围”后的“编辑”按钮，按照如图 16－7 所示设置“视图范围”对话框，单击“确定”按钮，退出“视图范围”对话框。

如图 16－8 所示，单击“注释”选项卡下面的“符号”面板中的“符号”按钮，自动跳转到“修改/放置符号”上下文选项卡，在“属性”浏览器中选择族类型“符号_排水箭头：排水箭头”，移动鼠标至绘图区域，按照如图 16－9 所示添加屋顶坡度箭头，并修改坡度的数值为“1%”。

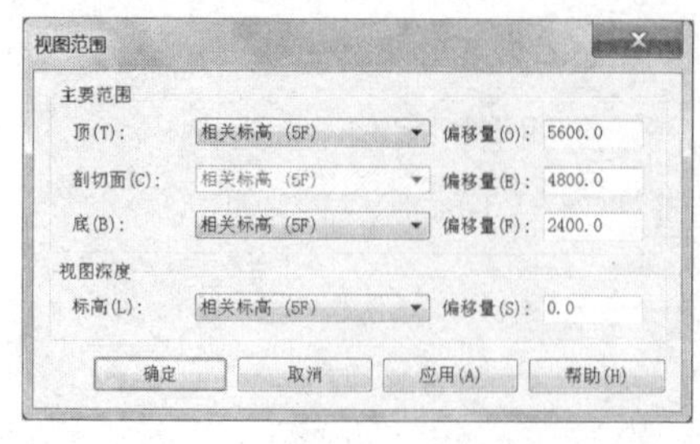

图 16－7　5F“视图范围”对话框

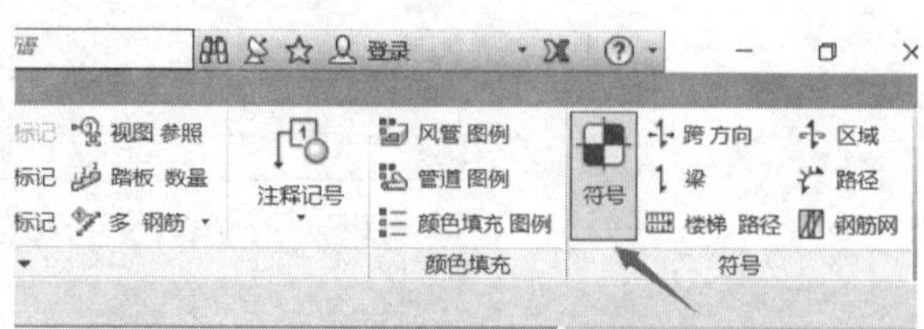

图 16－8　“符号”按钮

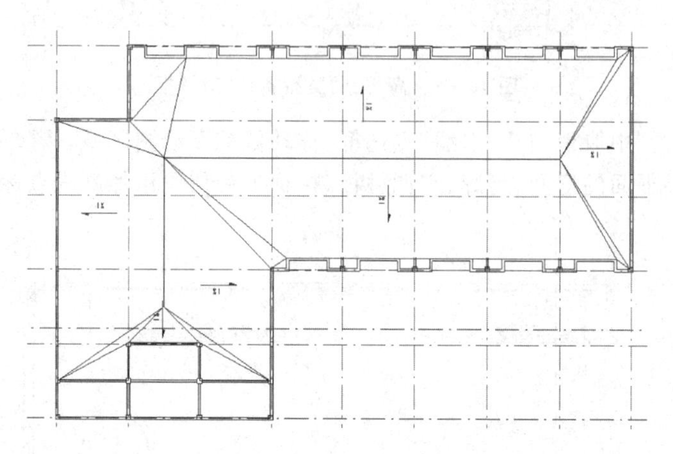

图 16－9　屋顶剖坡度箭头

16.1.2　类型标记

切换至二层楼层平面视图，如图 16－10 所示单击“注释”选项卡下面的“标记”面板中的“全部标记”按钮，弹出“类型”对话框，如图 16－11 所示，选中类别“门标记”“窗标记”，同时确认他们的标记族分别为“钱江楼_门标记”“钱江楼_窗标记”，单击“确定”按钮，软件将为二层所有的门、窗添加类型标记，如图 16－12 所示。

如图 16－13 所示单击“注释”选项卡下面的“标记”面板中的“按类别标记”按钮，自动跳转到“修改/标记”上下文选项卡中，在“选项栏”中取消勾选“引线”复选框，移动鼠标至绘图区域，给项目幕墙添加类型标记，如图 16－14 所示。

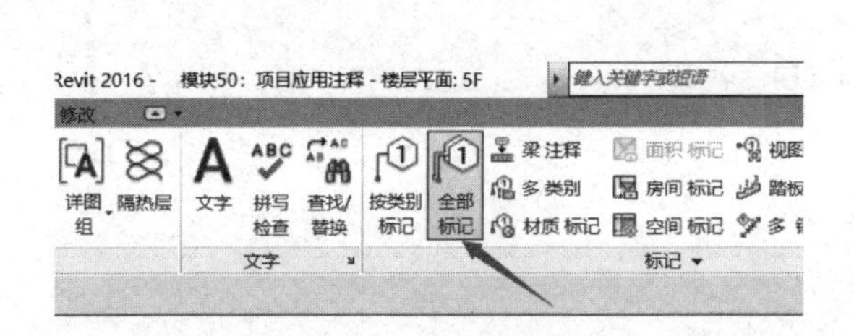

图16-10 “全部标记”按钮

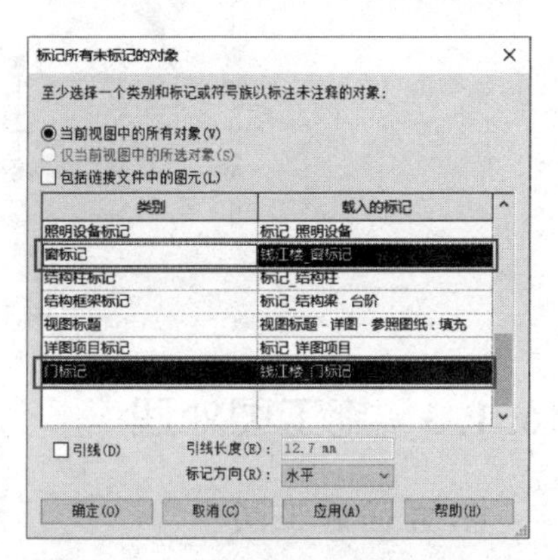

标记所有未标记的对象

至少选择一个类别和标记或符号族以标注未注释的对象:

类别	载入的标记
照明设备标记	标记_照明设备
窗标记	铁江楼_窗标记
结构柱标记	标记_结构柱
结构框架标记	标记_结构梁 - 台阶
视图标题	视图标题 - 详图 - 参照图纸：填充
详图项目标记	标记_详图项目
门标记	铁江楼_门标记

图16-11 “标记所有未标记的对象”对话框

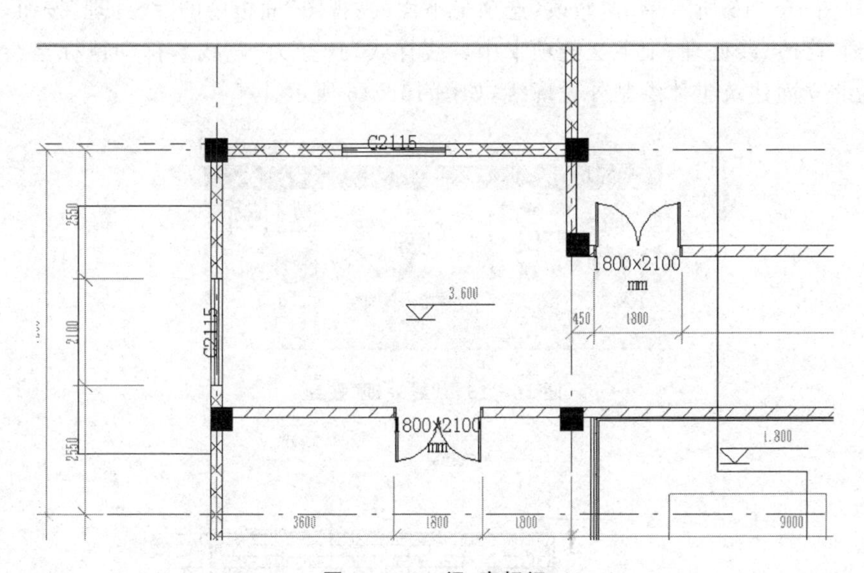

图16-12 门、窗标记

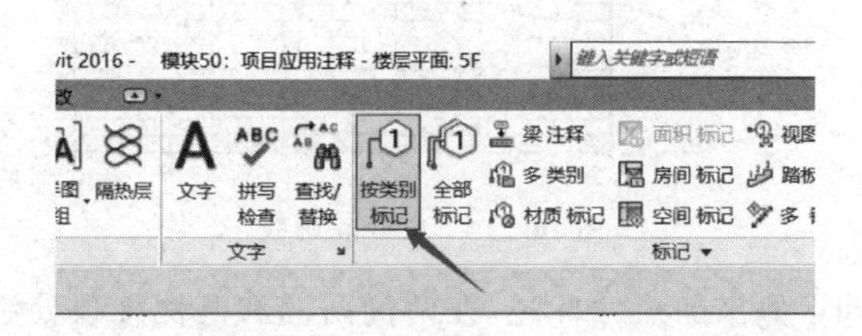

图16-13 “按类别标记”按钮

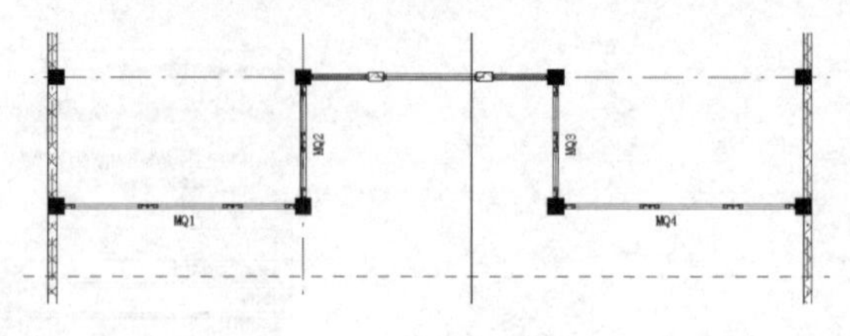

图 16－14 幕墙标记

16.1.3 施工图处理

1. 立面施工图

切换至北立面视图，鼠标选中 2～7 号轴，单击“视图控制栏”中的“临时隐藏/隔离”按钮列表，单击“隐藏图元”按钮，将 2～7 号轴隐藏。

如图 16－15 所示单击“修改”选项卡下面的“视图”面板中的“线处理”按钮，自动跳转到“修改/线处理”上下文选项卡中，“线样式”选择为“宽线”，移动鼠标至绘图区域，为北立面建筑主体绘制外轮廓线，如图 16－16 所示。

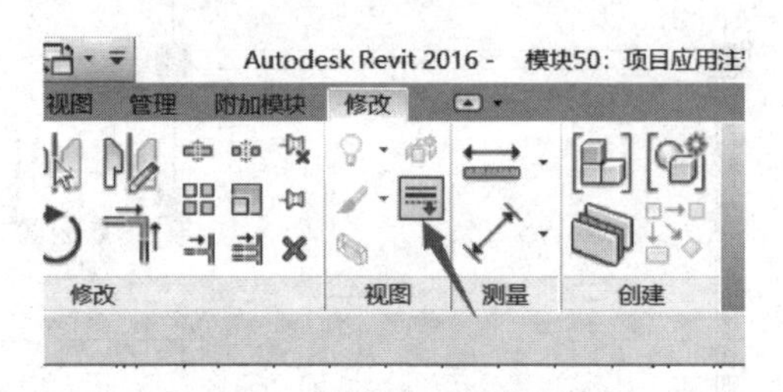

图 16－15 “线处理”按钮

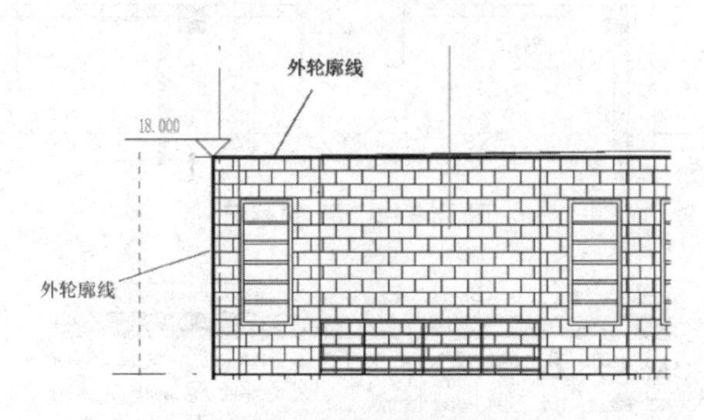

图 16－16 往外轮廓线

在建筑右侧和下侧添加尺寸标注，在两侧雨棚和两侧楼顶处添加高程点标注。如图 16－17 所示单击“注释”选项卡下面的“文字”面板中的“文字”按钮，自动跳转到“修改/放置文字”上下文选项卡中，放置格式选择为“二段引线”；在“属性”浏览器中选择族类型“钱江楼_文字标注”，单击“编辑类型”按钮，在弹出的“编辑类型”对话框中，设置类型参数：颜色为“绿色”，文字字体为“仿宋”，单击“确定”按钮退出“类型属

性”对话框，移动鼠标至绘图区域，如图 16－18 所示，添加“混凝土砌块”“不锈钢栏杆”文字标注。

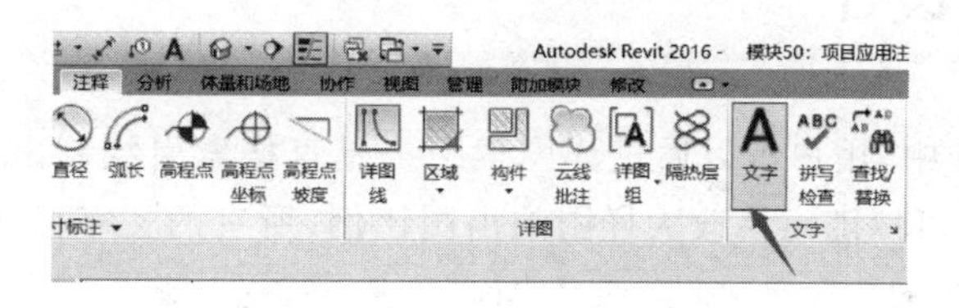

图 16－17　“文字”按钮

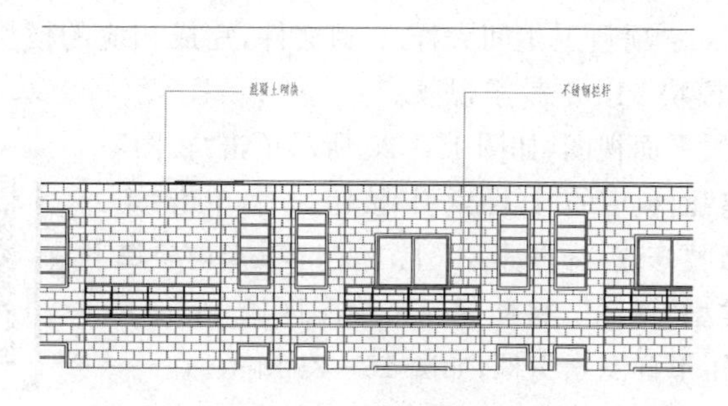

图 16－18　文字标注

2. 剖面施工图

切换至“剖面 1”剖面视图，在建筑右侧和下侧添加尺寸标注，在楼梯平台和天花板处放置高程点标注。为楼梯添加水平向和垂直向尺寸标注，双击水平向尺寸标注，在弹出的“尺寸标注文字”对话框中，勾选“以文字替换”复选框，并输入“300 mm×12 mm＝3 600 mm”，同样的方式，将垂直向尺寸标注以文字替换为“150 mm×12 mm＝1 800 mm”，完成后的图形如图 16－19 所示。

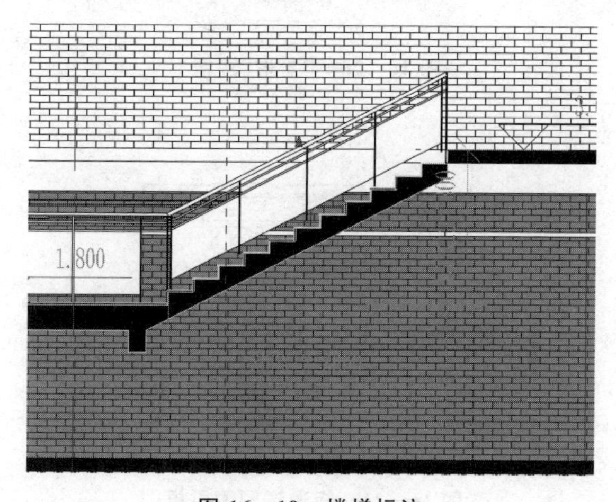

图 16－19　楼梯标注

保存文件，完成该模块练习。

16.2 详图设计

在 Revit 软件中，用户可以通过详图索引工具直接索引绘制出平面、立面、剖面的大样视图，而且可以随意修改大样图的出图比例，所有的文字标注、注释符号等会自动缩放与之相匹配。

16.2.1 卫生间大样

打开“模块 51－1：项目卫生间大样.rvt”文件，完成相应的模块练习。读者可扫描右侧二维码观看模块 51－1 教学视频。

切换至二层楼层平面视图，如图 16－20 所示单击“视图”选项卡下面的“创建”面板中的“详图索引”按钮列表，单击“矩形”按钮，自动跳转到“修改/详图索引”上下文选项卡；在“属性”浏览器选择族类型“详图”，移动鼠标至绘图区域，在右上角卫生间位置绘制矩形详图索引框，如图 16－21 所示。

“模块 51－1：项目卫生间大样”教学视频

在“项目浏览器”中将新建的详图视图命名为“卫生间大样”，并双击进入到该视图，调整详图框大小，如图 16－22 所示，单击“视图控制栏”中的“隐藏裁剪区域”按钮。

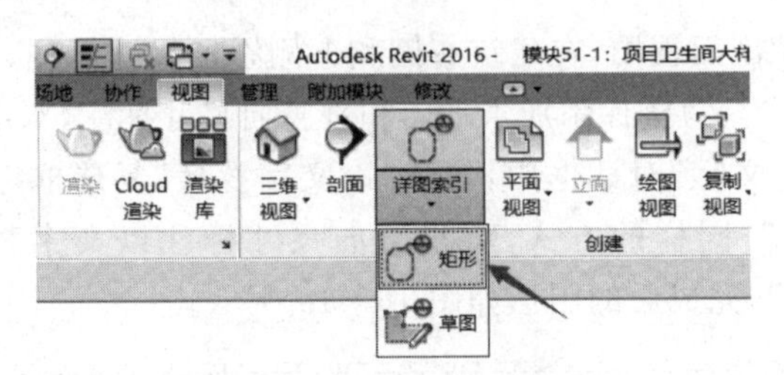

图 16－20 “矩形”按钮

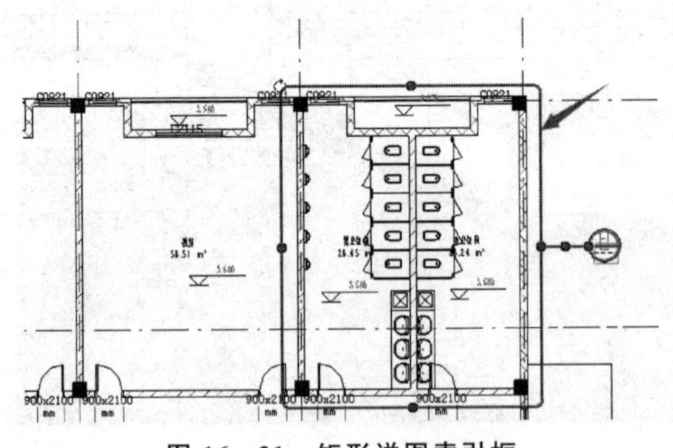

图 16－21 矩形详图索引框

图 16－22　“隐藏裁剪区域”按钮

如图 16－23 所示单击“视图”选项卡下面的“详图”面板中的“构件”按钮列表，单击“详图构件”按钮，自动跳转到“修改/放置详图构件”上下文选项卡，在“属性”浏览器中选择族类型“M_折断线：M_虚线”，移动鼠标至绘图区域，在左侧墙体处放置该折断线。

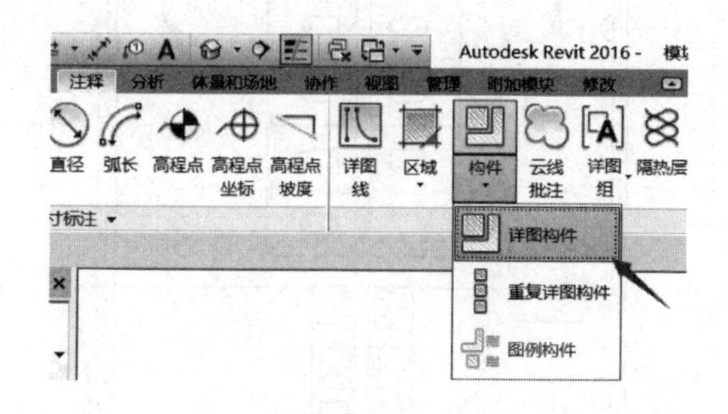

图 16－23　“详图构件”按钮

如图 16－24 所示单击“建筑”选项卡下面的“构建”面板下的“构件”按钮列表，单击“放置构件”按钮，自动跳转到“修改/放置构件”上下文选项卡，在“属性”浏览器中选择族类型“2D 地漏”，移动鼠标至绘图区域，在卫生间角落处放置该地漏。

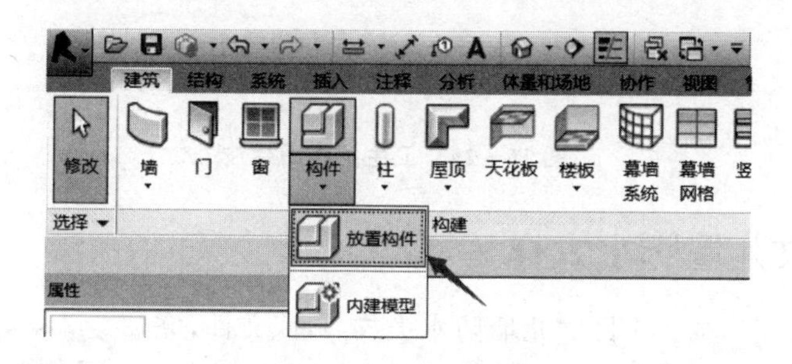

图 16－24　“放置构件”按钮

采用前述方法，给卫生间大样图添加尺寸标注，采用“符号”的方式，添加高程点标注和坡度标注，其中，高程标注族类型为“标高_卫生间”，坡度标注族类型名为“排水箭头”。完成后的图形如图 16－25 所示。

保存文件，完成该模块练习。

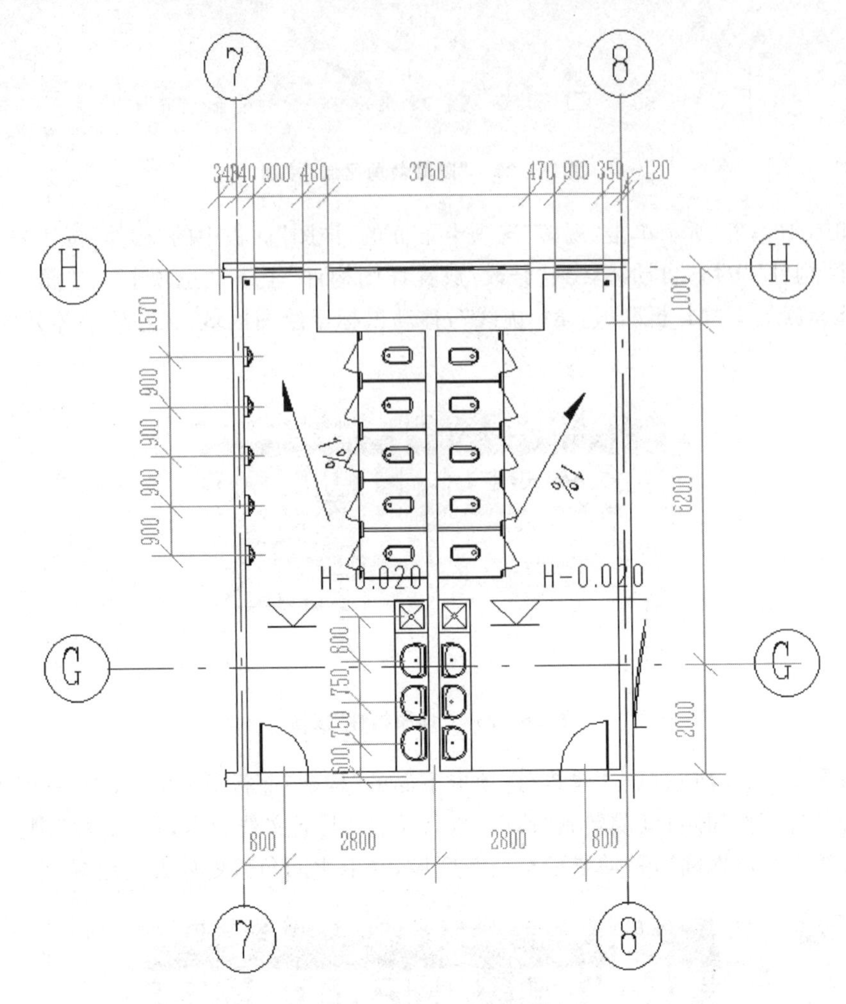

图 16-25　卫生间详图标注

16.2.2　女儿墙防水大样

打开“模块 51-2：项目女儿墙防水大样.rvt”文件，完成相应的模块练习。读者可扫描右侧二维码观看模块 51-2 教学视频。

“模块 51-2：项目女儿墙防水大样”教学视频

切换至北立面视图，单击“视图”选项卡下面的“创建”面板中的“详图索引”按钮列表，单击“矩形”按钮，自动跳转到“修改/详图索引”上下文选项卡，勾选“参照其他视图”复选框，移动鼠标至绘图区域，在女儿墙位置绘制矩形详图索引框。将该详图视图名称重命名为“女儿墙防水大样”，双击进入到该视图。

单击“插入”选项卡下面的“导入”面板中的“导入 CAD”按钮，在弹出的“导入 CAD 格式”对话框中，选择该模块练习文件夹下“RFA”文件夹中的“女儿墙防水大样.dwg”文件，勾选“仅当前视图”复选框，颜色为“黑白”，导入单位为“毫米”，如图 16-26 所示，单击“打开”按钮导入图纸。

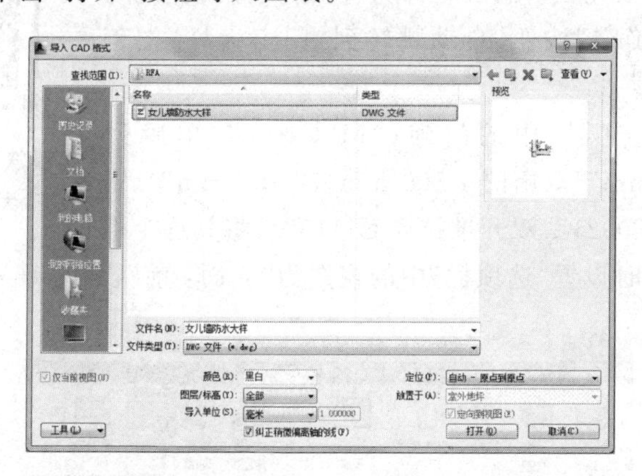

图 16-26　“导入 CAD 格式”对话框

在“视图控制栏”中，将视图比例修改为“1∶5”，详细程度修改为“精细”，完成后的图形如图 16-27 所示。

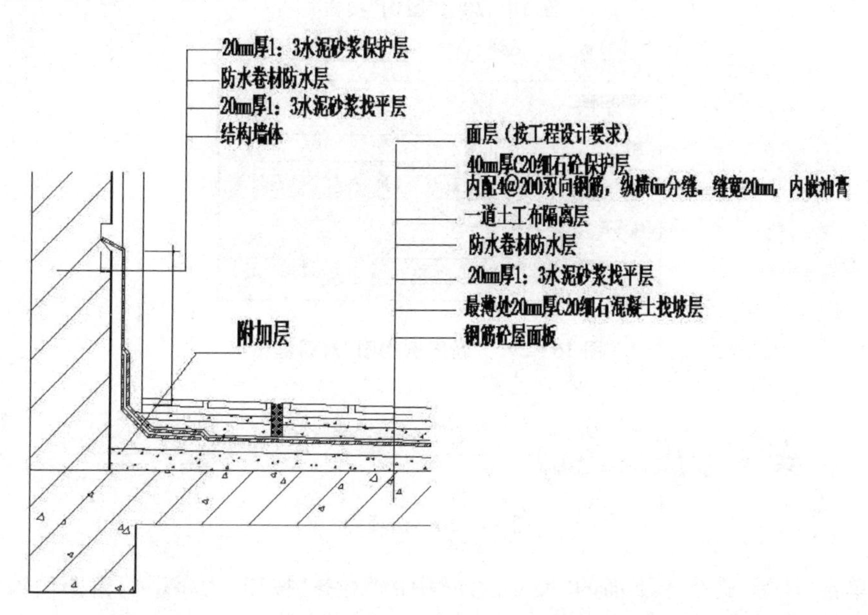

图 16-27　女儿墙防水大样图

16.2.3　门窗大样

打开“模块 51-3：项目门窗大样.rvt”文件，完成相应的模块练习。读者可扫描右侧二维码观看模块 51 - 3 教学视频。

单击“视图”选项卡下面的“创建”面板的图例按钮列表，单击“图例”按钮，如图 16 - 28 所示，弹出“新图例视图”对话框，如图 16 - 29 所示，输入名称为“门窗大样”，比例为“1∶50”。单击“确定”按钮，自动跳转到“门窗大样”图例视图。

“模块 51 - 3：项目门窗大样”教学视频

找到“项目浏览器”中的门族（“MLC - 1”“单扇门 900 mm×2 100 mm”“双扇门 1 800 mm×2 100 mm”）、窗族（“单扇六格窗 C0921”“双开推拉窗 C2115”），将其逐个拖入绘图窗口，拖入时设置“选项栏”中的视图为“立面：前”，如图 16 - 30 所示。

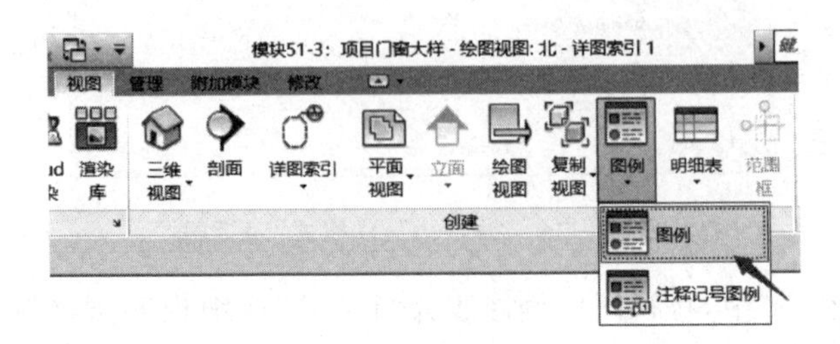

图 16 - 28 “图例”按钮

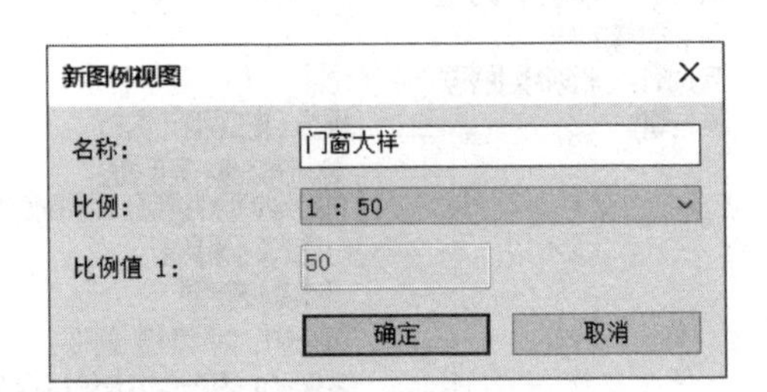

图 16 - 29 “新图例视图”对话框

图 16 - 30 选项栏

单击“注释”选项卡下面的“尺寸标注”中的“对齐”按钮，为每个门窗图例添加尺寸标注。单击“注释”选项卡下面的“符号”面板中的“符号”按钮，在“属性”浏览器中选择族类型“符号-视图标题”，移动鼠标至绘图区域为每个门窗图例添加视图标题，并修改图名和视图比例，完成后的图形如图 16 - 31 所示。

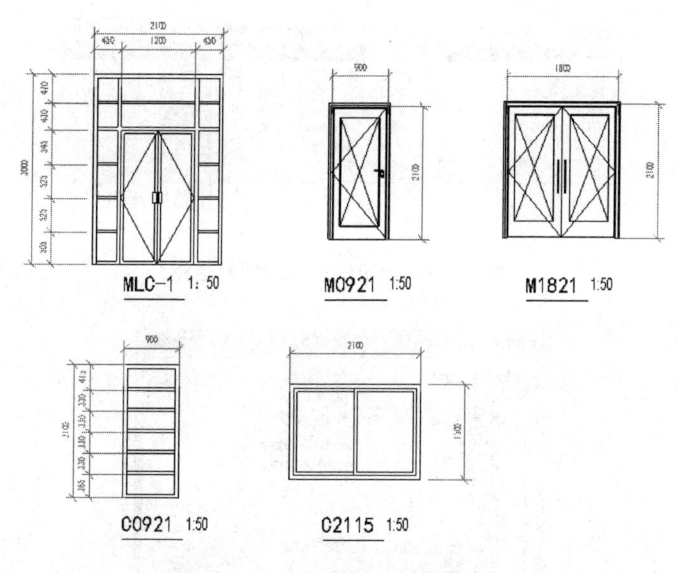

图 16-31 门窗大样图

16.3 明细表

明细表是 Revit 软件的重要组成部分。通过定制明细表，可以从所创建的 Revit 软件模型中获取项目应用中所需的各类项目信息，应用表格的形式直观地表达。此外 Revit 软件模型中所包含的项目信息还可以通过 ODBC 数据库导出到其他数据库管理软件中。

16.3.1 构件明细表

打开“模块 52-1：项目构件明细表.rvt”文件，完成相应的模块练习。读者可扫描右侧二维码观看模块 52-1 教学视频。

“模块 52-1：项目构件明细表”教学视频

1. 门明细表

如图 16-32 所示单击“视图”选项卡下面的“创建”面板中的“明细表”按钮列表，单击“明细表/数量”按钮如图 16-33 所示，弹出“新建明细表”对话框，类别列表中选择“门”，名称为“钱江楼-门明细表”，单击“确定”按钮，进入到“明细表属性”对话框。

在“明细表属性”对话框的“字段”面板中，将“类型”“宽度”“高度”“注释”“合计”和“框架类型”六个字段添加到右侧的明细表字段中，并顺序排列，如图 16-34 所示。

图 16-32 “明细表/数量”对话框

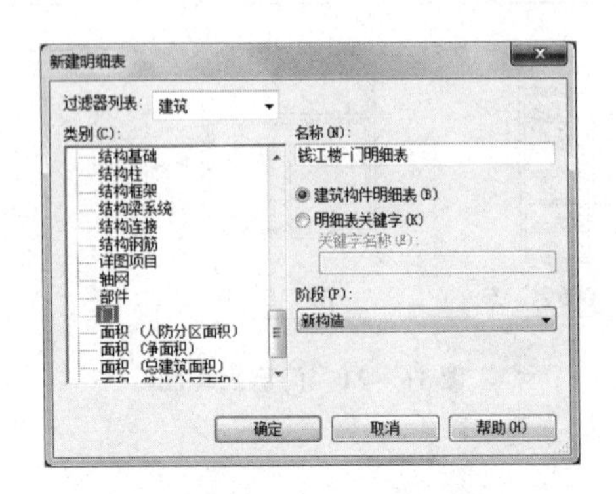

图 16-33 “新建明细表”对话框

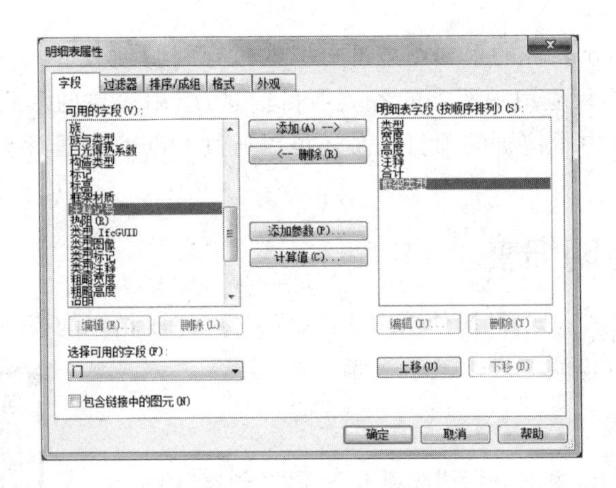

图 16-34 “字段”面板

切换至“排序/成组”面板，排序方式为“类型”，勾选“升序”复选框，取消勾选“逐项列举每个实例”复选框，如图 16-35 所示。

切换至“外观”面板，勾选“轮廓”，选择“中粗线”，取消勾选“数据前空行”，将文字全部设置为“仿宋_3.5 mm”，如图 16-36 所示，单击“确定”按钮，完成钱江楼-门明细表的创建，如图 16-37 所示。

鼠标同时选中明细表中的“宽度”“高度”网格，单击“修改明细表/数量”选项卡下面的“标题和页眉”面板中的“成组”按钮，将在上方新增一个网格，输入“尺寸”。

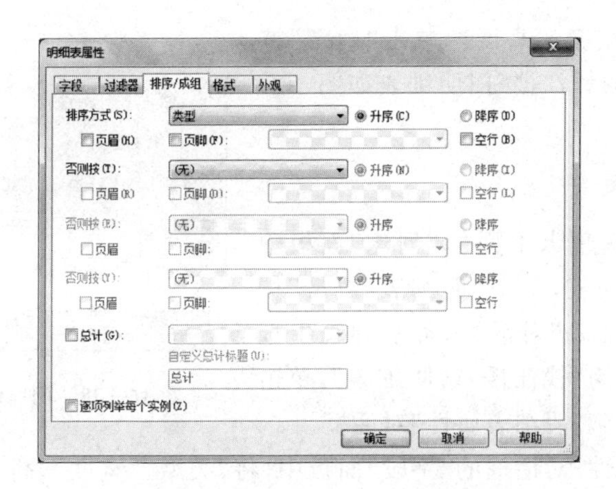

图 16－35　“排序/成组”面板

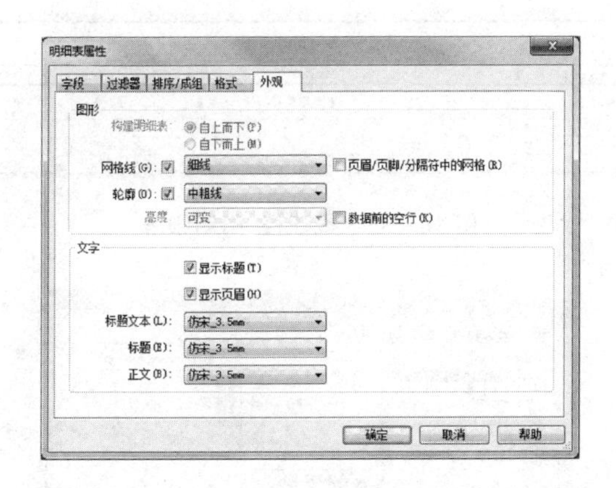

图 16－36　“外观”面板

<钱江楼-门明细表>					
A	B	C	D	E	F
类型	宽度	高度	注释	合计	框架类型
900x2100 mm	900	2100		100	
1800x2100 mm	1800	2100		20	
MLC-1	2100	3000		2	

图 16－37　钱江楼-门明细表

修改明细表中的标头名称：“类型”修改为“门编号”，“注释”修改为“参照图集”，“合计”修改为“数量”，“框架类型”修改为“类型”。

修改类型值：900 mm×2 100 mm 的类型值为“单扇平开门”，1 800 mm×2 100 mm 的类型值为“双扇平开门”，MLC－1 的类型值为“门连窗”。

单击“属性”浏览器中“字段”后的“编辑”按钮，在弹出的“明细表属性”对话框中，单击“计算值”按钮，弹出“计算值”对话框，如图 16－38 所示，名称为“洞口面积”，类型为

“面积”,公式为“宽度 * 高度”,单击“确定”按钮退出。完成后的钱江楼-门明细表如图 16-39 所示。

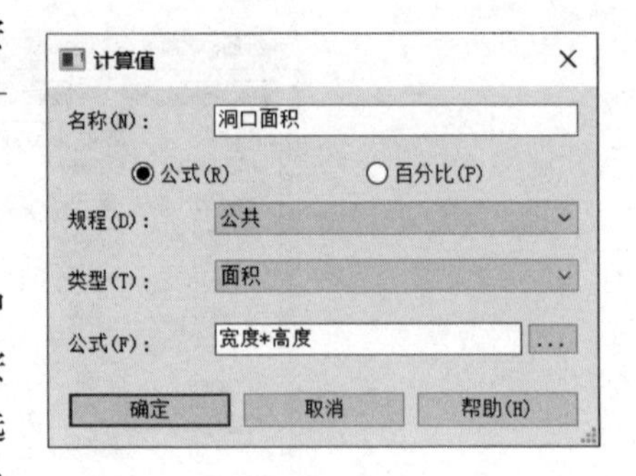

图 16-38 门“计算值”对话框

2. 窗明细表

单击“视图”选项卡下面的“创建”面板中的“明细表”按钮列表,单击“明细表/数量”按钮,弹出“新建明细表”对话框,类别列表中选择“窗”,名称修改为“钱江楼-窗明细表”,单击“确定”按钮,进入到“明细表属性”对话框。

在“明细表属性”对话框的“字段”面板中,将“类型”“宽度”“高度”“注释”“合计”五个字段添加到右侧的明细表字段中,并按图 16-40 所示顺序排列。

<钱江楼-门明细表>

A	B	C	D	E	F	G
门编号	尺寸		参照图集	数量	类型	洞口面积
	宽度	高度				
900x2100 mm	900	2100		100	单扇平开门	1.89
1800x2100 mm	1800	2100		20	双扇平开门	3.78
MLC-1	2100	3000		2	门连门	6.30

图 16-39 钱江楼-门明细表

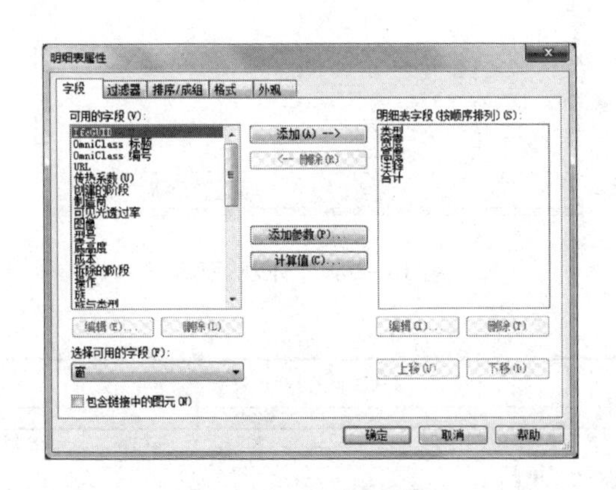

图 16-40 “字段”面板

切换至“排序/成组”面板,排序方式为“类型”,勾选“升序”复选框,取消勾选“逐项列举每个实例”复选框。

切换至“外观”面板,勾选“轮廓”,选择“中粗线”,取消勾选“数据前空行”,将文字全部设置为“仿宋_3.5 mm”,单击“确定”按钮,完成钱江楼-窗明细表的创建,如图 16-41 所示。

鼠标同时选中明细表中的“宽度”“高度”网格,单击“修改明细表/数量”选项卡下面的“标题和页眉”面板中的“成组”按钮,将在上方新增一个网格,输入“尺寸”。

修改明细表中的标头名称:“类型”修改为“窗编号”,“注释”修改为“参照图集”,

〈钱江楼-窗明细表〉				
A	B	C	D	E
类型	宽度	高度	注释	合计
C0921	900	2100		105
C2115	2100	1500		88

图 16-41 钱江楼-窗明细表

“合计”修改为“数量”,“框架类型”修改为“类型”。

单击“属性”浏览器中“字段”后的“编辑”按钮,在弹出的“明细表属性”对话框中,单击“计算值”按钮,弹出“计算值”对话框,如图 16-42 所示;名称输入“洞口面积”,类型为“面积”,公式输入“宽度 * 高度”,单击“确定”按钮退出。完成后的钱江楼-门明细表如图 16-43 所示。

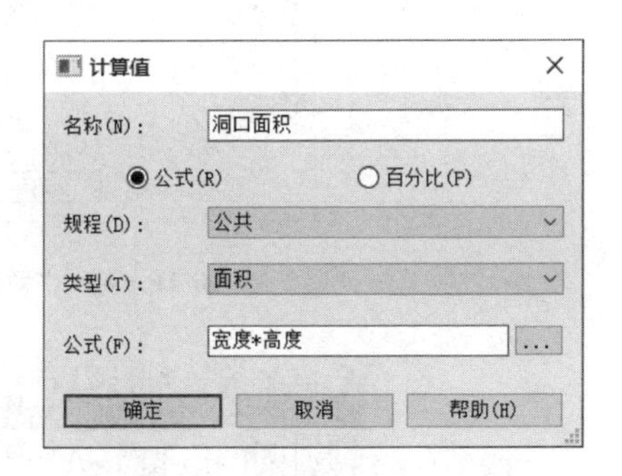

图 16-42 窗“计算值”对话框

保存文件,完成该模块练习。

〈钱江楼-窗明细表〉					
A	B	C	D	E	F
窗编号	尺寸		参考图纸	数量	洞口尺寸
	宽度	高度			
C0921	900	2100		105	1.89
C2115	2100	1500		88	3.15

图 16-43 钱江楼-窗明细表

16.3.2 关键字明细表

在功能区“视图”选项卡“创建”面板中的“明细表”下拉列表中的选择“明细表/数量”选项,弹出“新建窗明细表”对话框选择要统计的构件类别为房间;设置明细表名称,选择“明细表关键字”单选按钮,如图 16-44 所示,单击“确定”按钮。

按上述步骤设置明细表的字段、排序/成组、格式、外观等属性。

单击“修改明细表/数量”选项卡下面的“行”面板中的“插入”按钮,向明细表中添加新行,创建新关键字,并填写每个关键字的相应信息,如图 16-45 所示。

将关键字应用到图元中:在图形视图中选择含有预定义关键字的图元。

将关键字应用到明细表:按上述步骤新建明细表,选择字段时添加关键字名称字段,如“房间样式”,设置表格属性,单击“确定”按钮。

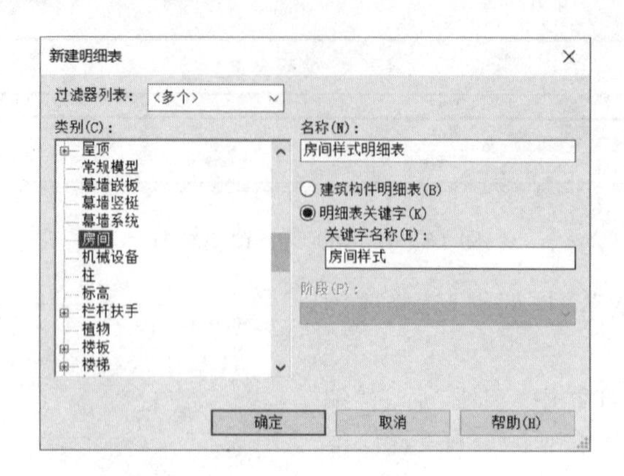

图 16-44 “新建窗明细表”对话框

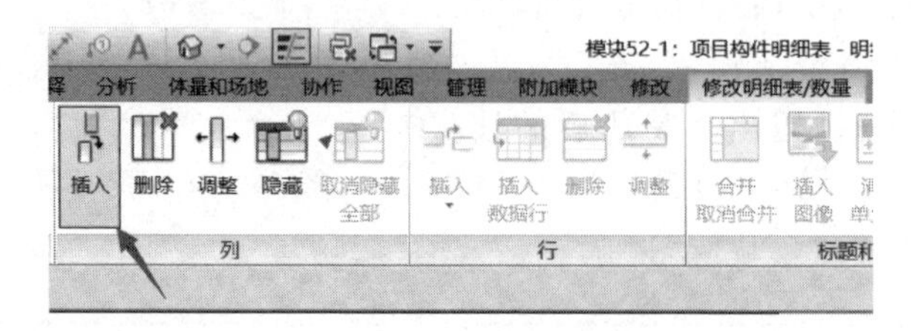

图 16-45 “插入”按钮

16.4 布图和打印

创建标准图纸后，可在图纸中添加建筑的一个或多个视图，包括楼层平面、场地平面、天花板平面、立面、三维视图、剖面、详图视图、绘图视图和明细表视图等。然后，对图纸位置、名称等视图标题信息进行设置，同时可设置项目信息，如项目名称、客户名称、项目建设日期等。最后打印出图，可出具 DWG 和 PDF 格式的图纸。

16.4.1 图纸创建

打开“模块 53-1：项目图纸.rvt”文件，完成相应的模块练习。读者可扫描右侧二维码观看模块 53-1 教学视频。

“模块 53-1：项目图纸”教学视频

1. 二层平面图

如图 16-46 所示单击“视图”选项卡下面的“图纸组合”面板中的“图纸”按钮，打开“新建图纸”对话框，选择“A0”，单击“确定”按钮。

如图16－47所示单击“视图”选项卡下面的“图纸组合”面板中的“视图”按钮，在弹出的“视图”对话框中，选中“楼层平面：2F”，单击“在图纸中添加视图”按钮，移动鼠标至绘图区域，在图纸中央放置该视图。

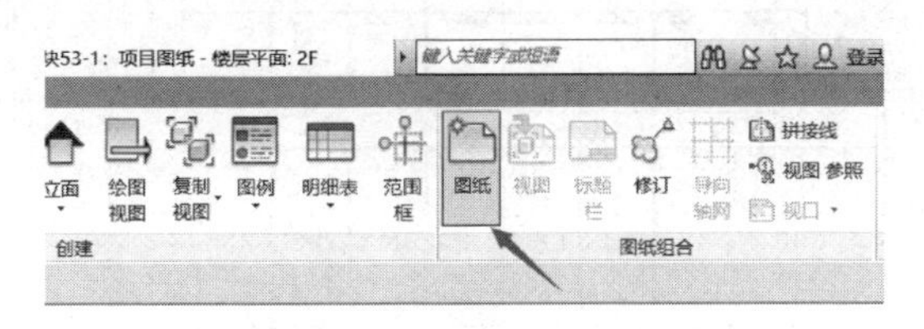

图16－46 “图纸”按钮

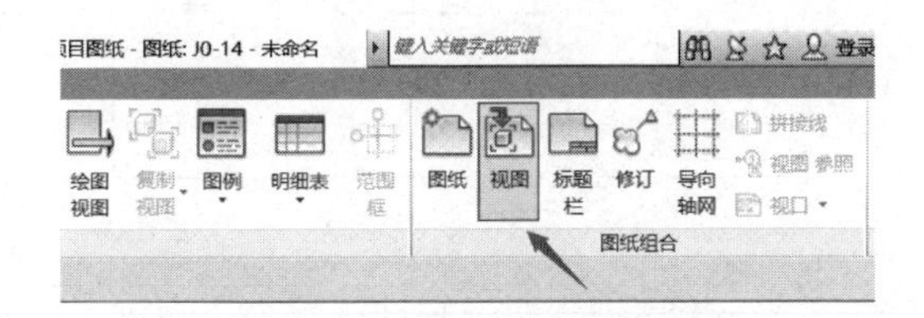

图16－47 “视图”按钮

如图16－48所示，选中该视口，在“属性”浏览器中选择族类型“钱江楼_视图标题”，并修改实例参数的视图名称为“二层平面图”。完成后的图纸如图16－49所示。

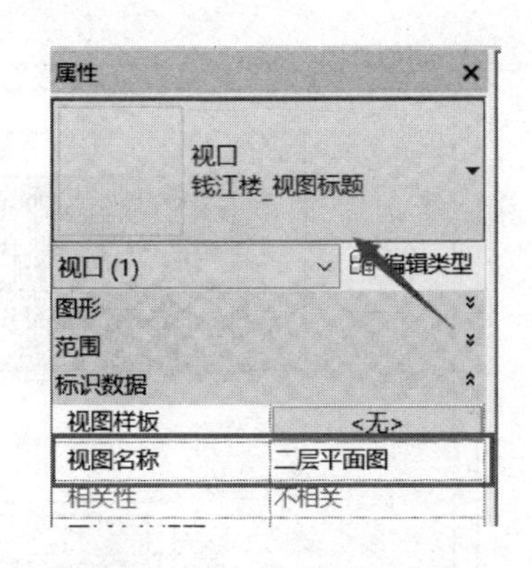

图16－48 “属性”浏览器

2. 北立面和楼梯剖面图

参照上述同样的操作，新建“A0”图纸，将“立面：北”和“楼梯剖面图”两个视图布置到该图纸中，修改视图标题族类型为“钱江楼_视图标题”，图纸上的标题修改为“北立面和楼梯剖面图”，完成后的图纸如图16－50所示。

3. 做法大样图

参照上述同样的操作，新建“A1”图纸，将“卫生间大样”“女儿墙防水做法大样”“门窗大样”“钱江楼-门明细表”和“钱江楼-窗明细表”五个视图布置到该图纸中，修改视图标题族类型为“钱江楼_视图标题”，图纸上的标题修改为“做法大样图”，完成后的图纸如图16－51所示。

4. 图纸目录和设计说明

如图16－52所示单击“插入”选项卡下面的“导入”面板中的“从文件插入”按钮列表，单击“插入文件中的视图”按钮，在弹出的“打开”对话框中，选择该模块练习文件夹下“RFA”文件夹中“建筑设计说明. rvt”文件；单击“打开”按钮载入到项目中，自

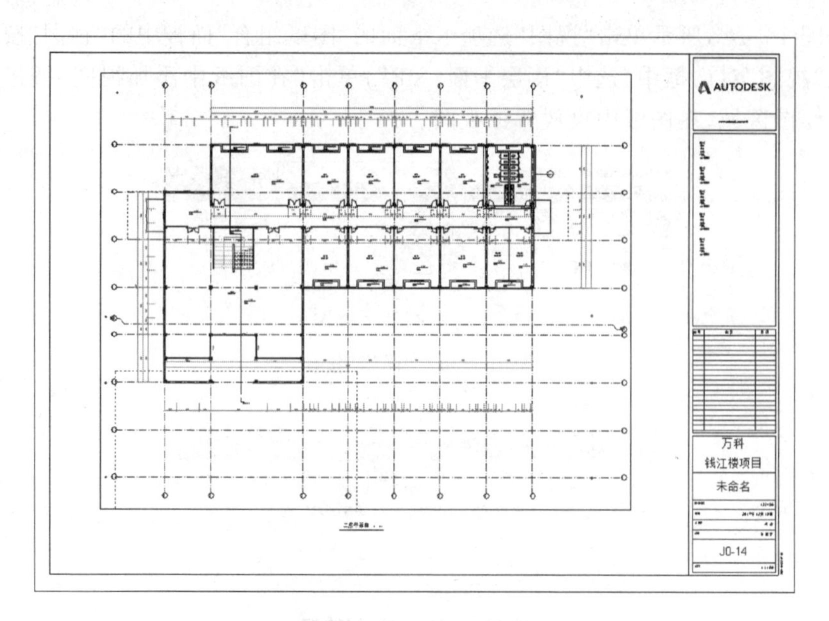

图 16－49　二层平面图

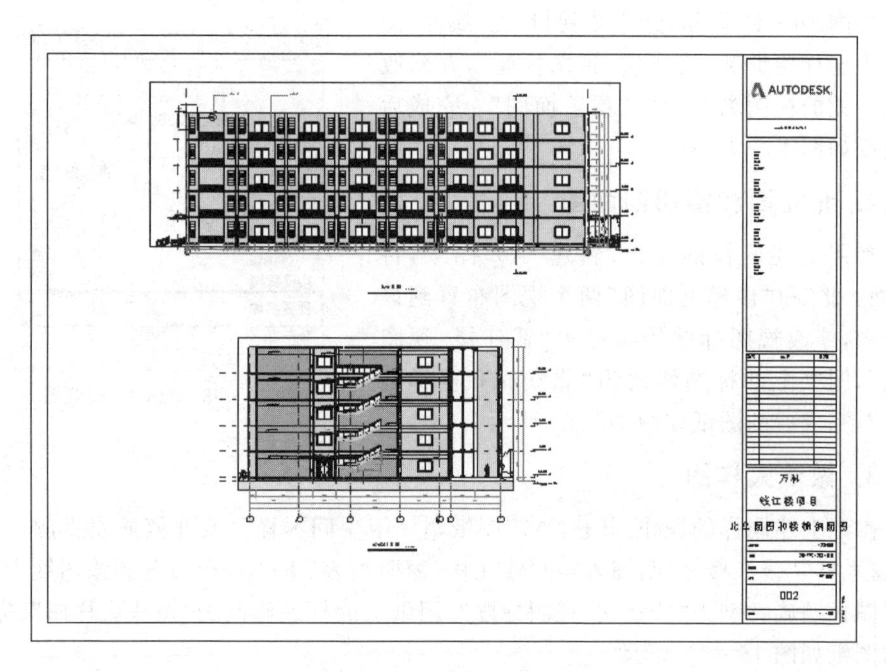

图 16－50　北立面和楼梯剖面图

动弹出“插入视图”对话框，如图 16－53 所示，视图列表中选择“仅显示图纸”，构建“图纸：001-图纸目录”“图纸：002-建筑设计说明”两个复选框，单击“确定”按钮。

项目浏览器中图纸的编号和名称，如图 16－54 所示。

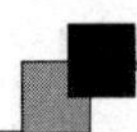

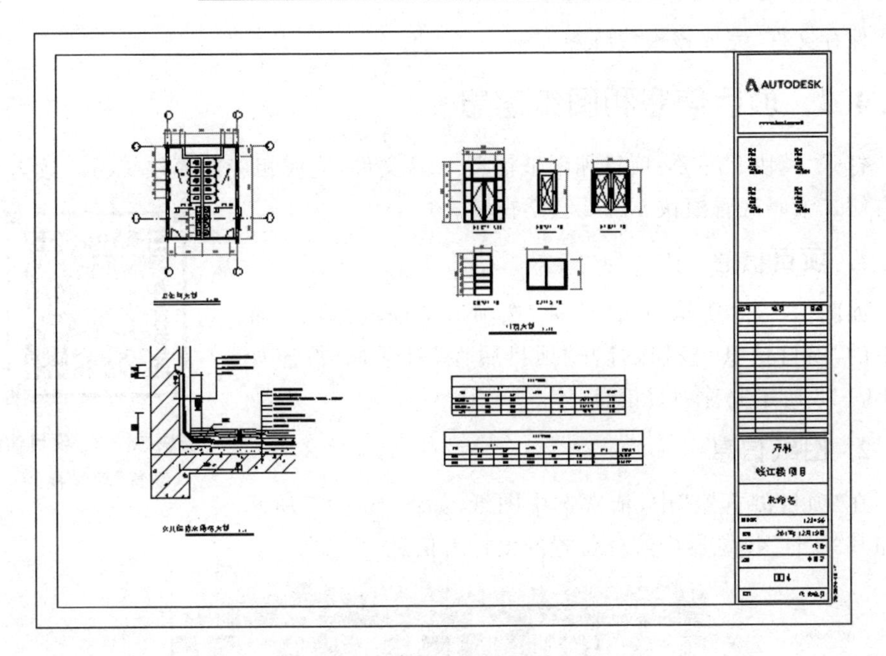

图 16－51　做法大样图

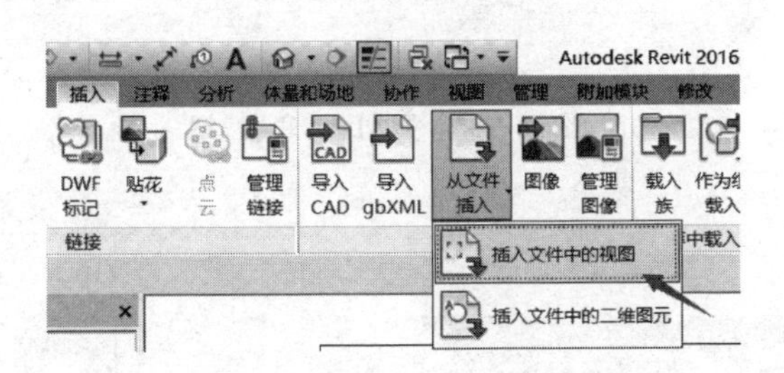

图 16－52　“插入文件中的视图”按钮

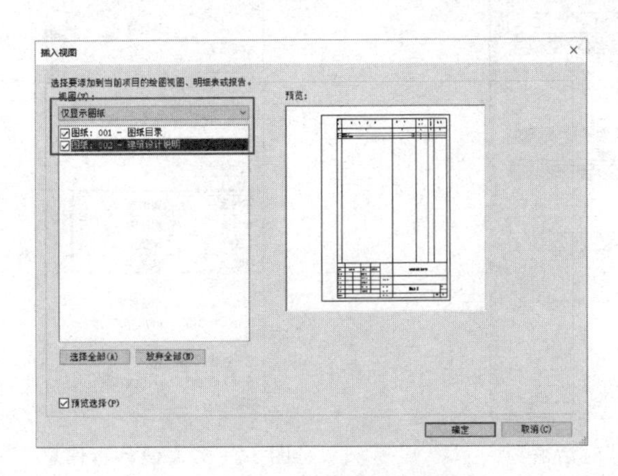

图 16－53　“插入视图”对话框

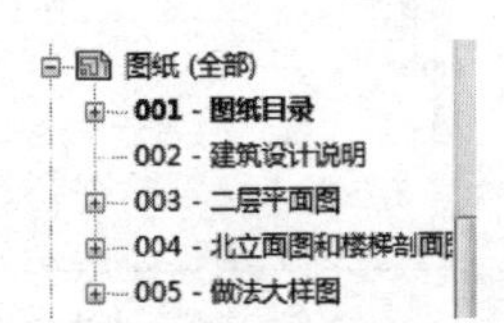

图 16－54　名称修改

保存文件，完成该模块练习。

16.4.2 项目信息和图纸信息

打开“模块 53-2：项目和图纸信息.rvt”文件，完成相应的模块练习。读者可扫描右侧二维码观看模块 53-2 教学视频。

“模块 53-2：项目信息设置”教学视频

1. 项目信息

如图 16-55 所示单击“管理”选项卡下面的“设置”面板中的“项目信息”按钮，打开“项目属性”对话框，按照如图 16-56 所示完善项目信息。

2. 图纸信息

在“项目浏览器”中，依次选中图纸，如图 16-57 所示添加其“属性”浏览器中红框位置的设计者信息。

图 16-55 “项目信息”按钮

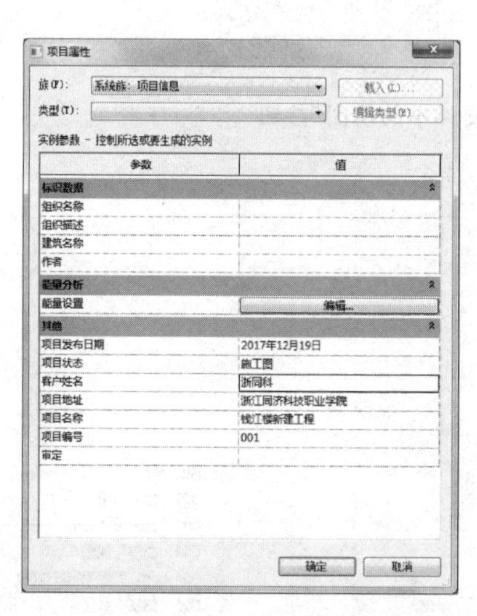

图 16-56 “项目属性”对话框

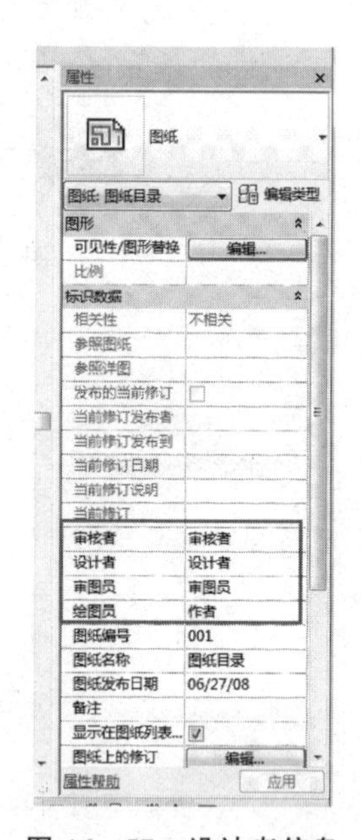

图 16-57 设计者信息

保存文件，完成该模块练习。

16.4.3　图纸打印

打开“模块 53－3：项目导出 CAD. rvt”文件，完成相应的模块练习。读者可扫描右侧二维码观看模块 53－3 教学视频。

“模块 53－3：项目导出 CAD”教学视频

单击“应用程序菜单”中的“导出”按钮列表，单击“选项”按钮列表中的“导出设置 DWG/DXF”按钮如图 16－58 所示打开，“修改 DWG/DXF 导出设置”对话框如图 16－59 所示，设置“根据标准加载图层”项，选择该模块练习文件夹下“RFA”文件夹中的“exportlayers-Revit 软件-tangent. txt”文件，单击“确定”按钮，完成设置。

单击“应用程序菜单”中的“导出”按钮列表，单击“CAD 格式”按钮列表下的“DWG”按钮。如图 16－60 所示在“DWG 导出”对话框中，勾选处理好的五张图纸，单击“下一步”按钮。如图 16－61 所示在弹出的“导出 CAD 格式”对话框中，将文件名/前缀改为“钱江楼”，取消勾选“将图纸上的视图和链接作为外部参照导出”复选框，单击“确定”按钮，打印 CAD 图纸。

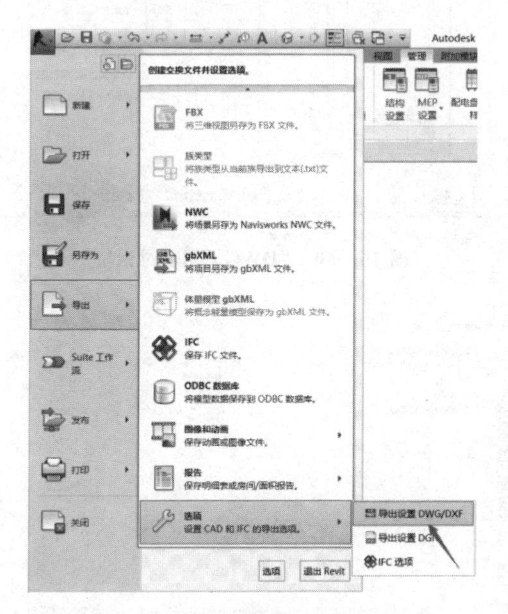

图 16－58　“导出设置 DWG/DXF”按钮

保存文件，完成该模块练习。

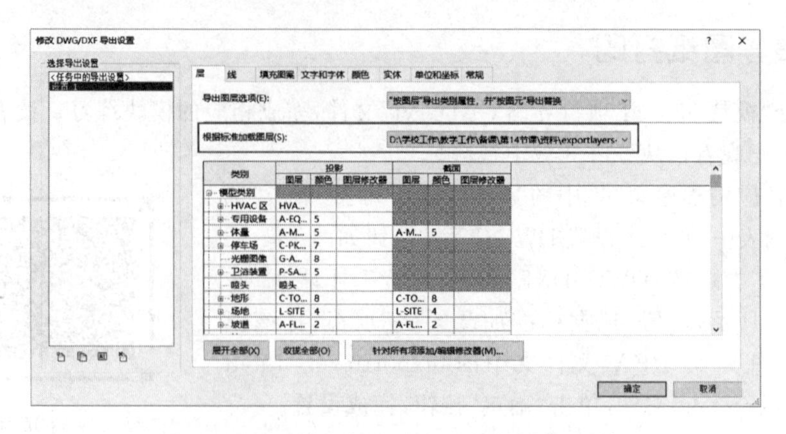

图 16-59 “修改 DWG/DXF”导出设置对话框

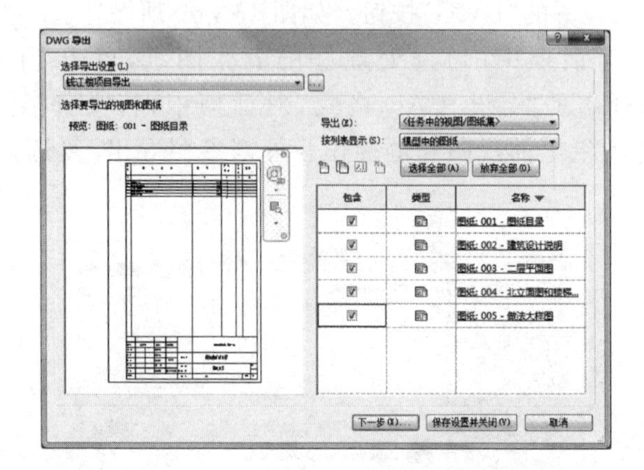

图 16-60 “DWG 导出”对话框

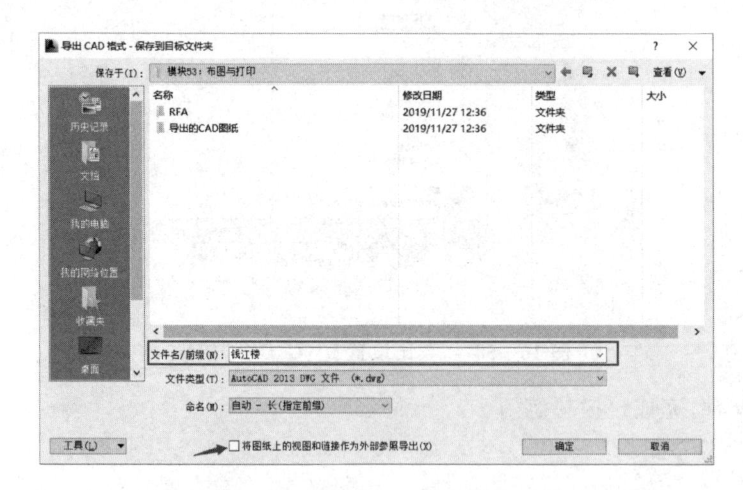

图 16-61 “导出 CAD 格式”对话框

习　题

操作题

打开“模块 52－2：项目样式明细表.rvt”文件，完成钱江楼项目关键字明细表的创建，读者可扫描右侧二维码观看模块 52－2 教学视频。具体要求如下：

“模块 52－2：项目样式明细表”教学视频

1. 单击“视图”选项卡下面“明细表”按钮列表中的“明细表/数量”按钮，弹出“新建明细表”对话框，在明细表对话框中，选择类别为“窗”，勾选“明细表关键字”，如图 16－62 所示。

2. 在“明细表属性”对话框的“字段”面板中，将需要用到的字段（注释）添加到右侧的明细表字段中，并单击“添加参数”，将参数名称命名为“窗构造类型”，参数类型改为“文字”，如图 16－63 所示。

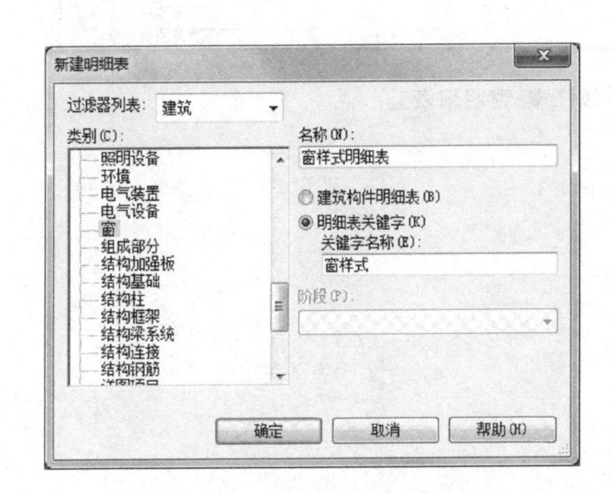

图 16－62　“新建明细表”对话框

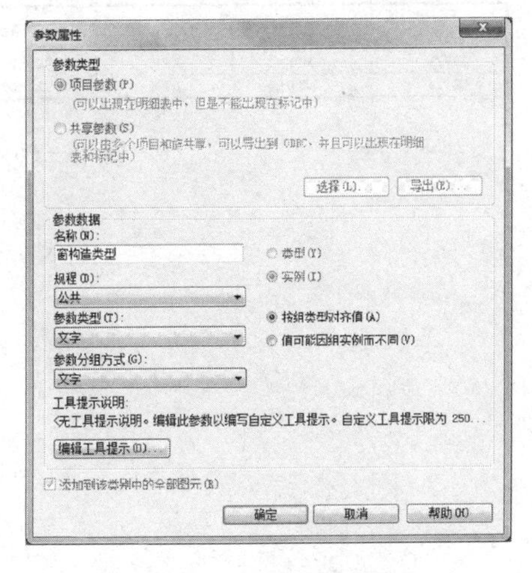

图 16－63　“参数属性”对话框

3. 参照上述同样的操作，将门样式明细表修改为，如图 16－64 所示。

4. 选择“钱江楼-窗明细表”，将“窗样式”“窗构造类型”字段添加到右侧的明细表字段中，“明细表属性”对话框，如图 16－65 所示。

5. 将 C0921 的窗样式选为“1”，C2115 的窗样式选为“2”，查看最终结果，如图 16－66 所示。

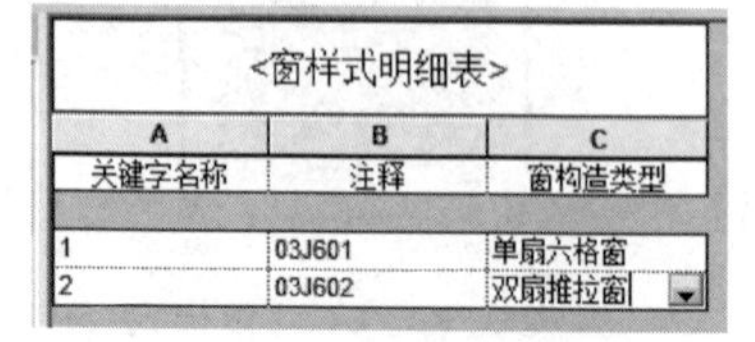

<窗样式明细表>

A	B	C
关键字名称	注释	窗构造类型
1	03J601	单扇六格窗
2	03J602	双扇推拉窗

图 16-64　窗样式明细表

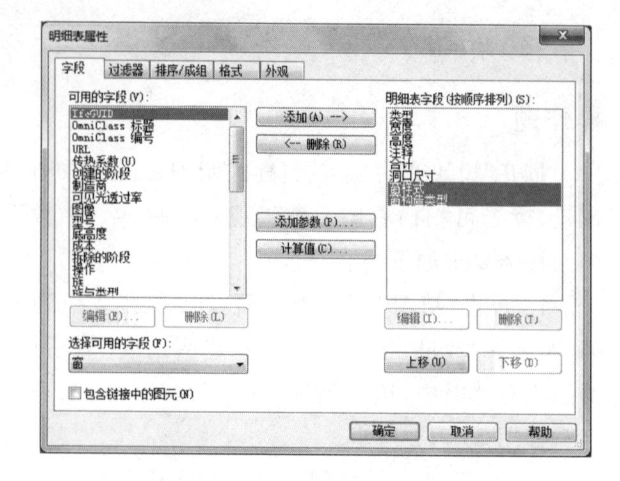

图 16-65　“明细表属性”对话框

<钱江楼-窗明细表>

A	B	C	D	E	F	G	H
窗编号	尺寸		参考图纸	数量	洞口尺寸	窗样式	窗构造类型
	宽度	高度					
C0921	900	2100	03J601	105	1.89	1	单扇六格窗
C2115	2100	1500	03J602	88	3.15	2	双扇推拉窗

图 16-66　钱江楼-窗明细表

第 17 章

设计协同

本章导读

本章我们将基于钱江楼项目和深化练习素材，依托 Autodesk Revit 软件 2016 软件，对成果进行整理和输出。

17.1 节：设计选项。

介绍设计方案比选的设置方法。

17.2 节：协同设计。

介绍链接文件、复制与监视、工作集设置。

本章建议学习课时：2 课时。

本章配套的素材、练习文件及相关教学视频，请从百度云盘（地址：https://pan.baidu.com/s/1gpIpe6pvyg1q99qLo2e-gQ，提取码：GOOD）下载。

学习目标

能力目标	知识要点
掌握设计方案比选的设置方法	设置方案比选
掌握链接文件的操作	链接文件
掌握复制与监视	复制与监视
掌握工作集的设置	工作集设置

17.1 设计选项

在处理建筑模型的过程中，随着项目的不断推进，一般希望探索多个设计方案。这些方案既可能仅仅是概念性设计方案，也可能是详细的工程设计方案。在 Revit 软件中提供了设计选项的工具，使用户可以在一个项目文件中创建多个设计方案。因为所有设计选项与主模型同存于项目之中，从而方便用户进行方案的汇报演示和比选。

打开"模块 54：项目大厅设计方案比选.rvt"文件，完成相应的模块练习。读者可扫描右侧二维码观看模块 54 教学视频。

"模块 54：项目大厅设计方案比选"教学视频

切换至一层楼层平面视图，如图 17－1 所示单击"管理"选项卡下面的"设计选项"面板中的"设计选项"按钮，打开"设计选项"对话框如图 17－2 所示。单击"新建"按钮，并单击"重命名"按钮，将其命名为"方案一"；再次单击"新建"按钮，并单击"重命名"按钮，将其命名为"方案二"。单击"关闭"按钮，退出对话框。

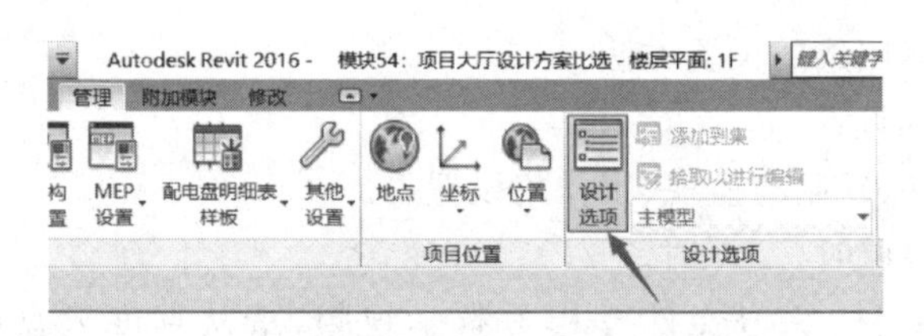

图 17－1 "设计选项"按钮

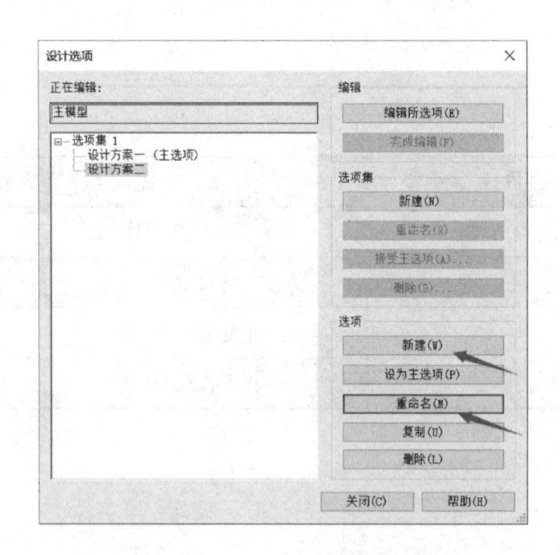

图 17－2 "设计选项"对话框

在“设计选项”面板中将“活动设计选项”设置为“设计方案一(主选项)”,并按照如图 17 - 3 所示绘制 3 600 mm 高的建筑墙。

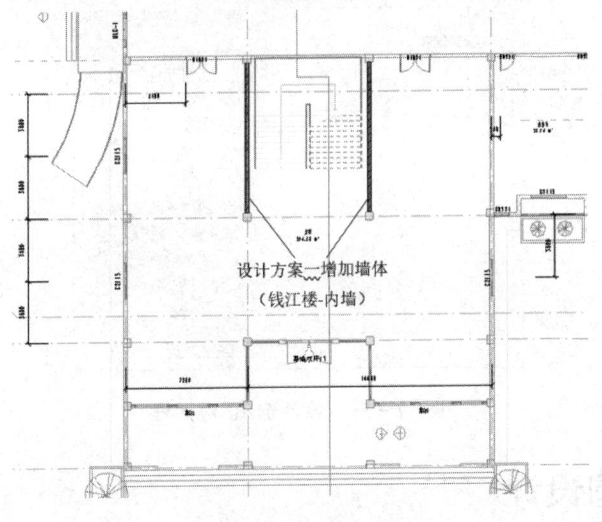

图 17 - 3　设计方案一

在“设计选项”面板中将“活动设计选项”设置为“设计方案二”,并按照如图 17 - 4 所示绘制 3 600 mm 高的建筑墙,并添加建筑门。

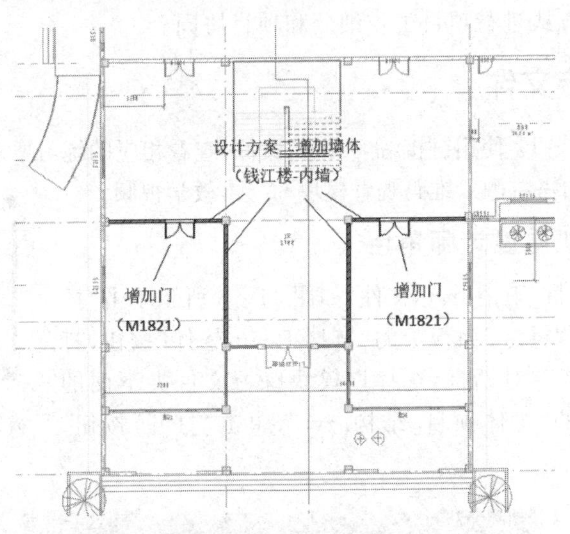

图 17 - 4　设计方案二

继续单击“管理”选项卡下面的“设计选项”面板中的“设计选项”按钮,打开“设计选项”对话框如图 17 - 5 所示,单击“设为主选项”按钮,并单击“接受主选项”按钮,项目将保存“设计方案二”,并删除“设计方案一”的图元。

保存文件,完成该模块练习。

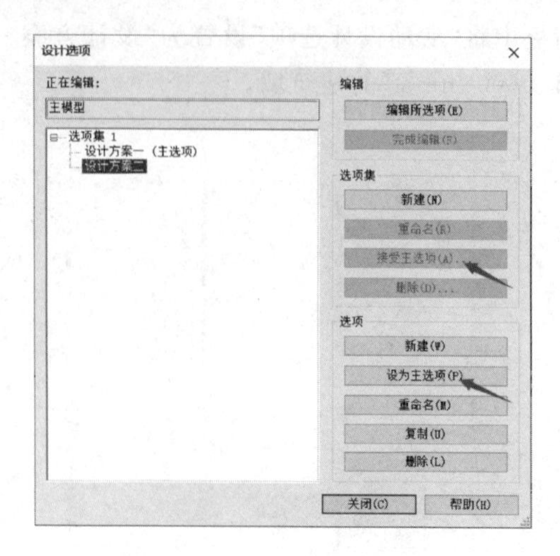

图 17-5 “设计选项”对话框

17.2 协同设计

对于许多建筑项目,建筑设计人员都会进行分专业建模和团队协作,这就会出现在同以时间要处理和保存项目的不同部分的情况。Revit 软件可以通过链接文件和细分工作集两种方式进行项目工作细分和项目协同。

17.2.1 链接文件

打开“模块 55-1:使用链接练习.doc”文件,查看相应的练习要求,并在 Revit 软件中完成。读者可扫描右侧二维码观看模块 55-1 教学视频。

“模块 55-1:使用链接练习”教学视频

1. 切换为机电设计师角色

打开“主体项目_卫浴.rvt”文件,如图 17-6 所示单击“插入”选项卡下面的“链接”面板中的“链接 Revit 软件”按钮,打开“导入/链接 RVT”对话框,选择该模块练习文件夹下面的“RFA”文件夹中的“主体项目_结构.rvt”,单击“打开”按钮,将其载入项目中。

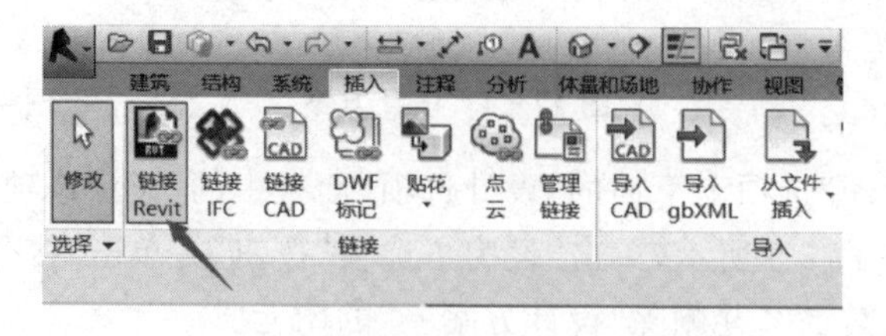

图 17-6 “链接 Revit 软件”按钮

如图 17－7 所示单击“协作”选项卡下面的“坐标”面板中的“碰撞检查”按钮列表，单击“运行碰撞检查”按钮，弹出“碰撞检测”对话框，如图 17－8 所示，设置参数记录问题模型 ID 号为“440765”，并反馈给结构工程师。

图 17－7　“运行碰撞检查”按钮

图 17－8　“碰撞检查”对话框

2. 切换为建筑设计师角色

打开“主体项目_结构.rvt”文件，单击“管理”选项卡下面的“查询”面板中的“按 ID 选择”按钮如图 17－9 所示，跳出“按 ID 号选择图元”对话框，输入 ID 号“440765”，单击“确定”按钮，将激活并显示该 ID 号图元。

修改问题模型，将洞口往右移动 300 mm，保存文件，修改结果反馈给机电工程师。

3. 切换为机电设计师角色

打开“主体项目_卫浴.rvt”文件，单击“插入”选项卡下面的“链接”面板中的“管理链接”按钮，打开“管理链接”对话框，如图 17－10 所示，选中链接名称“主体项目_

图 17－9 “按 ID 选择”按钮

结构.rvt”，并单击“重新载入”按钮。

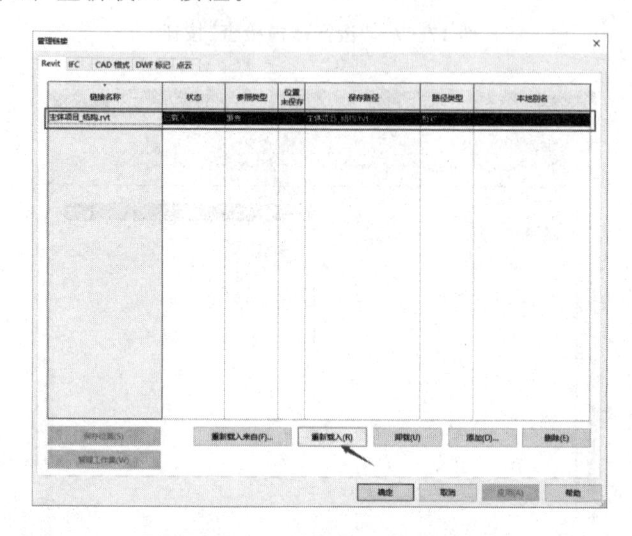

图 17－10 “管理链接”对话框

再次运行上述碰撞检测，运行结果为“无碰撞”。

保存文件，完成该模型练习。

17.2.2 复制与监视

打开“模块 55－2：复制与监视.doc”文件，查看相应的练习要求，并在 Revit 软件中完成该练习。读者可扫描右侧二维码观看模块 55－2 教学视频。

“模块 55－2：复制与监视”教学视频

1. 切换为机电设计师角色

打开“复制监视练习主体文件.rvt”文件，单击“插入”选项卡下面的“链接”面板中的“链接 Revit 软件”按钮，在弹出的对话框中选择该模块练习文件夹下“RFA”文件夹中的“复制监视练习链接文件.rvt”文件，单击“打开”按钮，将其插入项目中。

如图 17－11 所示单击“协作”选项卡下面的“坐标”面板中的“复制/监视”按钮列表，单击“选择链接”按钮，自动跳转到“复制/监视”上下文选项卡中，单击“工具”面板中的“选项”进行墙体类型的设置，单击“工具”面板中的“复制”按钮，在选项栏中勾选“多个”复选框，在绘图界面选中所有墙体，完成后单击选项栏中的“完成”按钮。

图 17－11　“选择链接”按钮

如图 17－12 所示单击“复制/监视”上下文选项卡下面的“工具”面板中的“监视”按钮，移动鼠标至绘图区域，依次单击主体文件中的“B 轴”和链接文件中的“B 轴线”，单击“完成”按钮。

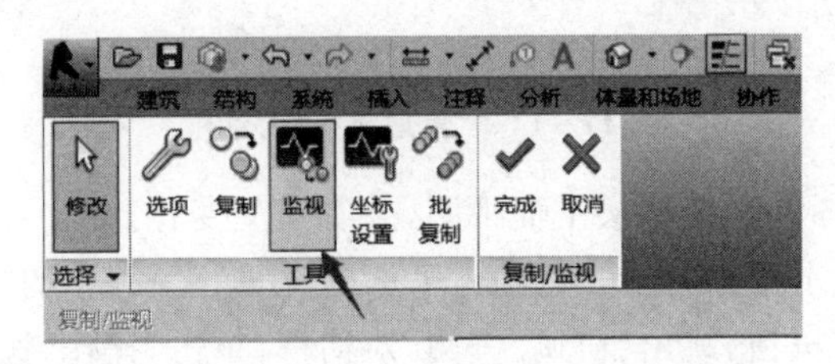

图 17－12　“监视”按钮

2. 切换为建筑设计师角色

打开“复制监视练习链接文件. rvt”文件，按照如图 17－13 所示修改 B 轴线和建筑门，保存文件。

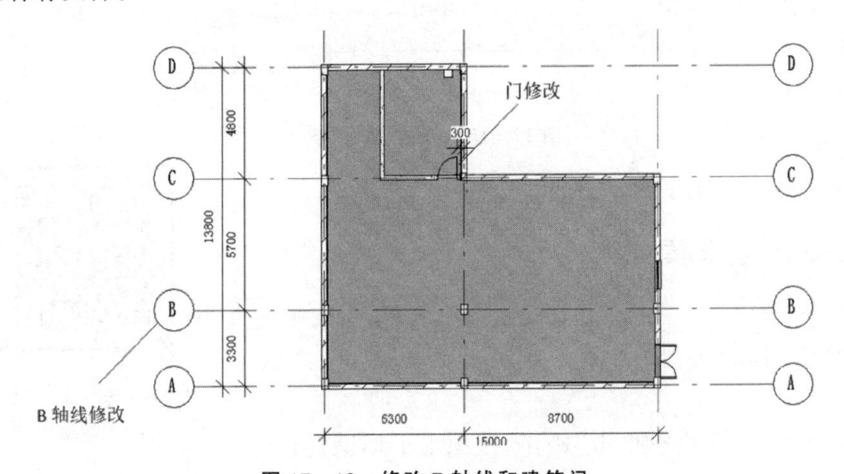

图 17－13　修改 B 轴线和建筑门

3. 切换为机电设计师角色

打开“复制监视练习主体文件. rvt”文件，单击“插入”选项卡下面的“链接”面板中的“管理链接”按钮，打开“管理链接”对话框如图 17 - 14 所示，选中链接名称“复制监视练习链接文件. rvt”，并单击“重新载入”按钮。

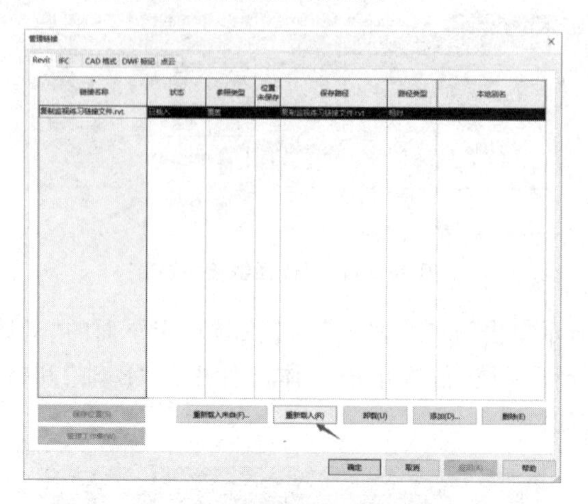

图 17 - 14 “管理链接”对话框

切换到三维视图和一层楼层平面视图，查看模型变化。

如图 17 - 15 所示单击“协作”选项卡下面的“坐标”面板中的“协调/查阅”按钮列表，单击“选择链接”按钮，跳出“协调/查阅”对话框，单击“操作”按钮，接受修改值，观察模型变化。

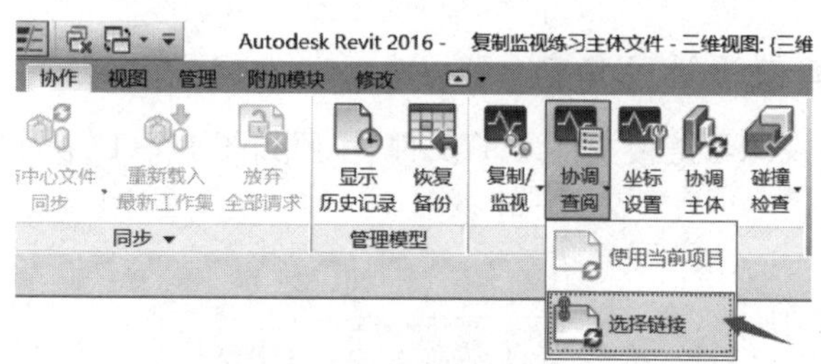

图 17 - 15 “选择链接”按钮

保存文件，完成该模块练习。

17. 2. 3 工作集

打开“模块：55 - 3：工作集设置. rvt”文件，完成相应的模块练习。读者可扫描右侧二维码观看模块 55 - 3 教学视频。

“模块：55 - 3：工作集设置”教学视频

如图 17 - 16 所示单击“协作”选项卡下面的“管理协

作”面板中的“工作集”按钮，打开“工作共享”对话框，如图 17－17 所示，在“将剩余图元移动到工作集”后面输入“建筑”，单击“确定”按钮。如图 17－18 所示，在弹出的“工作集”对话框中单击“新建”按钮，输入“结构”，单击“确定”退出，并将“结构”设置为活动工作集。

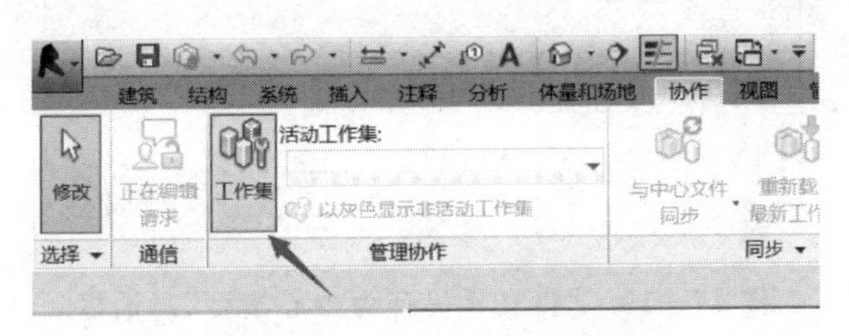

图 17－16　“工作集”按钮

工作共享

您将启用工作共享。

注意：共享项目需要仔细计划和管理。单击“确定”启用工作共享，或单击“取消”不启用工作共享并返回项目。

将标高和轴网移动到工作集(M)：共享标高和轴网

将剩余图元移动到工作集(R)：建筑

确定　取消

图 17－17　“工作共享”对话框

工作集

活动工作集(A)：建筑　以灰色显示非活动工作集图形(G)

名称	可编辑	所有者	借用者	已打开	在所有视图中可见
共享标高和轴网	是	lenovo		是	☑
建筑	是	lenovo		是	☑

新建(N)　删除(D)　重命名(R)　打开(O)　关闭(C)　可编辑(E)　不可编辑(B)

新建工作集

输入新工作集名称(E)：结构

☑在所有视图中可见(V)

确定　取消　帮助(H)

显示：☑用户创建(U)　☐项目标准(S)　☐族(F)　☐视图(V)

确定　取消　帮助(H)

图 17－18　“工作集”对话框

单击“保存”按钮，“将文件另存为中心模型”对话框，如图 17－19 所示。模型保存为中心文件模型后，“保存”按钮，只能“同步并修改设置”至中心文件。

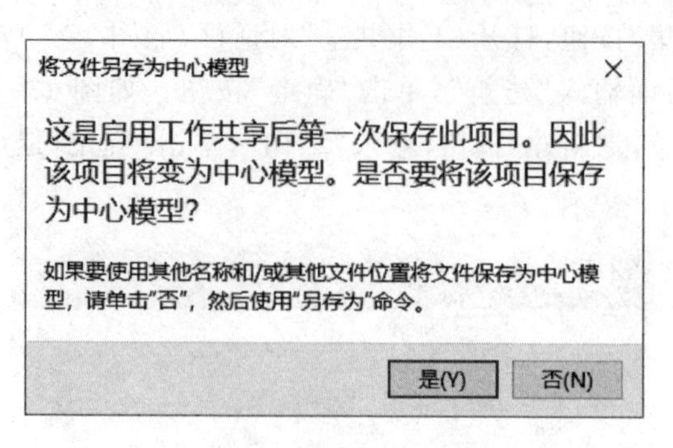

图 17-19 “将文件另存为中心模型”对话框

习　题

选择题

1. 在 Revit 软件中，下列(　　)工具能够实现设计方案对比的功能。

A. 链接文件　　B. 设计比选　　C. 工作集　　D. 复制和监视

2. 在 Revit 软件中，下列(　　)工具能够实现协同设计的功能。

A. 设计比选　　B. 复制　　C. 监视　　D. 工作

参考文献

[1] 王琳,潘俊武,类琮味,等. BIM 建模技能与实务[M]. 北京：清华大学出版社,2017.
[2] 郭仙君,张燕. BIM 应用基础教程[M]. 北京：北京理工大学出版社,2018.
[3] 唐艳,郭保生. BIM 技术应用实务——建筑部分[M]. 武汉：武汉大学出版社,2018.
[4] 孙庆霞,刘广文,于庆华. BIM 技术应用实务[M]. 北京：北京理工大学出版社,2018.
[5] 安娜. Revit 软件建模基础[M]. 北京：北京理工大学出版社,2018.
[6] 吴琳,王光炎. BIM 建模及应用基础[M]. 北京：北京理工大学出版社,2017.
[7] 李军,潘俊武. BIM 建模与深化设计[M]. 北京：中国建筑工业出版社,2019.
[8] 刘新月,张宁. BIM 建筑设计与应用[M]. 重庆：重庆大学出版社,2017.